U0814489

中国科协学科发展研究系列报告

中国科学技术协会/主编

2016—2017 心理学学科发展报告

中国心理学会 | 编著

REPORT ON ADVANCES IN PSYCHOLOGY

中国科学技术出版社
·北京·

图书在版编目（CIP）数据

2016—2017心理学学科发展报告 / 中国科学技术协会主编；中国心理学会编著 .—北京：中国科学技术出版社，2018.3

（中国科协学科发展研究系列报告）

ISBN 978-7-5046-7914-7

Ⅰ. ① 2… Ⅱ. ①中… ②中 Ⅲ. ①心理学—学科发展—研究报告—中国— 2016-2017 Ⅳ . ① B84-12

中国版本图书馆 CIP 数据核字（2018）第 047507 号

策划编辑	吕建华　许　慧
责任编辑	韩　颖　冯建刚
装帧设计	中文天地
责任校对	焦　宁
责任印制	马宇晨

出　　版	中国科学技术出版社
发　　行	中国科学技术出版社发行部
地　　址	北京市海淀区中关村南大街16号
邮　　编	100081
发行电话	010-62173865
传　　真	010-62179148
网　　址	http://www.cspbooks.com.cn

开　　本	787mm × 1092mm　1/16
字　　数	325千字
印　　张	15.25
版　　次	2018年3月第1版
印　　次	2018年3月第1次印刷
印　　刷	北京盛通印刷股份有限公司
书　　号	ISBN 978-7-5046-7914-7 / B · 49
定　　价	80.00元

（凡购买本社图书，如有缺页、倒页、脱页者，本社发行部负责调换）

2016—2017
心理学
学科发展报告

首席科学家 杨玉芳

专 家 组（按姓氏笔画排序）

万明刚 王 芳 王轶楠 乐国安 任孝鹏
刘永芳 许 燕 孙向红 李永瑞 李玫瑾
李金珍 杨 波 杨玉芳 杨沈龙 吴胜涛
邱炳武 张书维 张志学 陆静怡 林丹华
胡天翊 高承海 郭永玉 蒋 奖 谢晓非
赖凯声

学术秘书 张 蔓 孔 君

序

FOREWORD

党的十八大以来，以习近平同志为核心的党中央把科技创新摆在国家发展全局的核心位置，高度重视科技事业发展，我国科技事业取得举世瞩目的成就，科技创新水平加速迈向国际第一方阵。我国科技创新正在由跟跑为主转向更多领域并跑、领跑，成为全球瞩目的创新创业热土，新时代新征程对科技创新的战略需求前所未有。掌握学科发展态势和规律，明确学科发展的重点领域和方向，进一步优化科技资源分配，培育具有竞争新优势的战略支点和突破口，筹划学科布局，对我国创新体系建设具有重要意义。

2016 年，中国科协组织了化学、昆虫学、心理学等 30 个全国学会，分别就其学科或领域的发展现状、国内外发展趋势、最新动态等进行了系统梳理，编写了 30 卷《学科发展报告（2016—2017）》，以及 1 卷《学科发展报告综合卷（2016—2017）》。从本次出版的学科发展报告可以看出，近两年来我国学科发展取得了长足的进步：我国在量子通信、天文学、超级计算机等领域处于并跑甚至领跑态势，生命科学、脑科学、物理学、数学、先进核能等诸多学科领域研究取得了丰硕成果，面向深海、深地、深空、深蓝领域的重大研究以“顶天立地”之态服务国家重大需求，医学、农业、计算机、电子信息、材料等诸多学科领域也取得长足的进步。

在这些喜人成绩的背后，仍然存在一些制约科技发展的问题，如学科发展前瞻性不强，学科在区域、机构、学科之间发展不平衡，学科平台建设重复、缺少统筹规划与监管，科技创新仍然面临体制机制障碍，学术和人才评价体系不够完善等。因此，迫切需要破除体制机制障碍、突出重大需求和问题导向、完善学科发展布局、加强人才队伍建设，以推动学科持续良性发展。

近年来，中国科协组织所属全国学会发挥各自优势，聚集全国高质量学术资源和优秀人才队伍，持续开展学科发展研究。从 2006 年开始，通过每两年对不同的学科（领域）分批次地开展学科发展研究，形成了具有重要学术价值和持久学术影响力的《中国科协学科发展研究系列报告》。截至 2015 年，中国科协已经先后组织 110 个全国学会，开展了 220 次学科发展研究，编辑出版系列学科发展报告 220 卷，有 600 余位中国科学院和中国工程院院士、约 2 万位专家学者参与学科发展研讨，8000 余位专家执笔撰写学科发展报告，通过对学科整体发展态势、学术影响、国际合作、人才队伍建设、成果与动态等方面最新进展的梳理和分析，以及子学科领域国内外研究进展、子学科发展趋势与展望等的综述，提出了学科发展趋势和发展策略。因涉及学科众多、内容丰富、信息权威，不仅吸引了国内外科学界的广泛关注，更得到了国家有关决策部门的高度重视，为国家规划科技创新战略布局、制定学科发展路线图提供了重要参考。

十余年来，中国科协学科发展研究及发布已形成规模和特色，逐步形成了稳定的研究、编撰和服务管理团队。2016—2017 学科发展报告凝聚了 2000 位专家的潜心研究成果。在此我衷心感谢各相关学会的大力支持！衷心感谢各学科专家的积极参与！衷心感谢编写组、出版社、秘书处等全体人员的努力与付出！同时希望中国科协及其所属全国学会进一步加强学科发展研究，建立我国学科发展研究支撑体系，为我国科技创新提供有效的决策依据与智力支持！

当今全球科技环境正处于发展、变革和调整的关键时期，科学技术事业从来没有像今天这样肩负着如此重大的社会使命，科学家也从来没有像今天这样肩负着如此重大的社会责任。我们要准确把握世界科技发展新趋势，树立创新自信，把握世界新一轮科技革命和产业变革大势，深入实施创新驱动发展战略，不断增强经济创新力和竞争力，加快建设创新型国家，为实现中华民族伟大复兴的中国梦提供强有力的科技支撑，为建成全面小康社会和创新型国家做出更大的贡献，交出一份无愧于新时代新使命、无愧于党和广大科技工作者的合格答卷！

2018 年 3 月

前言
PREFACE

党的十八大以来，“社会治理”已成为我国的一项重要国策，体现在党中央一系列的重要文件和会议精神中。2013 年 11 月 12 日，中国共产党第十八届中央委员会第三次全体会议通过《中共中央关于全面深化改革若干重大问题的决定》，明确全面深化改革的总目标是完善和发展中国特色社会主义制度，推进国家治理体系和治理能力现代化。2016 年上半年出台的《中华人民共和国国民经济和社会发展第十三个五年规划纲要》进一步提出，要加强和创新社会治理，并且从多个方面切入，对未来我国如何推进社会治理进行布局。2017 年 10 月，党的十九大报告再次强调在新时代中国特色社会主义建设中，要提高保障和改善民生水平，加强和创新社会治理。

在这个时代背景下，中国心理学会在 2016 年初上报中国科协的学科发展报告项目中，确定了“心理学与社会治理”这个主题。随后，在 2016 年 9 月召开了项目启动会议，邀请中国心理学会理事和各专业委员会主任及相关领域专家对项目内容进行研讨并确定各报告的撰写人选。11 月，中国心理学会成功举办了主题为“心理学与社会治理”的香山科学会议，丰富和加深了心理学界对社会治理各相关心理学研究领域的认识。同年 12 月，又专门围绕报告撰写在福州开了一次研讨会。2017 年 8 月报告各项内容基本定稿，中国心理学会根据科协的要求，开了一次定稿研讨会，对报告内容进行修改和完善。

综合报告从社会治理的核心理念出发，基于社会治理执政理念中重要的方针与原则，有针对性地选取其中涉及的四个核心的心理学问题展开探讨，主要包括社会治理中的公众心态、社会规范与价值观、社会治理中的组织与管理、危机与风险管理。这四个方面各有侧重地涵盖了社会治理中不同侧面的心理学问题，按照“从社会治理理念中来，落脚到社会治理实践中去”的思路来开展，可以在一定程度上互为补充，共同构成了社会治理中心理学问题的相对完整的画面。

专题报告的选取来源于与社会治理有关的、近几年获批的国家重大基金项目和取得的重要成果，包括 7 个具有代表性的主题，即人类合作行为、民族认同与民族关系、价值观、网络大数据、危机情境中个体与群体的身心互动、全面深化改革与心理学研究以及早期逆境对个体健康发展的影响，这 7 个主题集中反映了我国心理学界有关社会治理方面的研究进展。

本报告由中国科学院心理研究所杨玉芳研究员担任首席科学家，孙向红研究员负责组织和项目的实施，书中文稿的组织与撰写得到了心理学界多位专家学者的支持。希望本报告能够促进心理学界为我国社会治理工作做出更大的贡献。

中国心理学会

2017 年 11 月

目录
CONTENTS

综合报告

专题报告

ABSTRACTS

Comprehensive Report

Reports on Special Topics

综合报告

心理学与社会治理

1 引言

1.1 本卷学科发展报告的定位

自从中共十八届三中全会提出将“推进国家治理体系和治理能力现代化”作为全面深化改革的一个总目标之后，社会治理的概念和思想大量地出现在我国的政治生活和学术话语体系之中。从过去强调的“社会管理”到今天越来越通行的“社会治理”，表述上的一字之别，却真实体现了中共执政理念的创新，以及从传统的一元、线性的管理模式向多元、系统化治理范式转变的决心。2016 年上半年出台的《中华人民共和国国民经济和社会发展第十三个五年规划纲要》（以下简称“十三五规划纲要”）进一步提出，要加强和创新社会治理，并且从多个方面切入，做出了未来我国推进社会治理的布局。这为各个学科围绕社会治理展开深入研究，在治理实践工作中发挥作用，提供了重要指引。2017 年 10 月，党的十九大报告再次强调在新时代中国特色社会主义建设中，要提高保障和改善民生水平，加强和创新社会治理。可见，在这样的时代背景之下，关注社会治理中面临的现实问题，并且从学科专业的角度提供智力支持，是包括心理学在内的每一门科学都需要严肃对待和深入探求的。

“社会治理”在西方学术界是一个社会科学术语，但作为一种“治国理政”的基本政治活动，治理根植于每一种文明之中。对现代国家治理系统深入专门的研究确实起源于西方发达国家，但国家治理体系和治理能力现代化的概念却绝非对于西方治理理论的照抄照搬，它是中国共产党在长期执政经验的基础上提出的新概念。根据十九大报告的思想，未来我国要打造共建共治共享的社会治理格局，加强社会治理制度建设，完善党委领导、政府负责、社会协同、公众参与、法治保障的社会治理体制，提高社会治理社会化、法治化、智能化、专业化水平。这就要求各级政府、社会组织、公民等多元主体在党的领导下，在相互信任的基础上，为实现公共利益就社会事务管理进行相互协商、合作与互动。

在为中国社会治理的改革与创新提供智力支持的过程中，来自政治学、社会学、法学等学科背景的研究者纷纷从理论上或实践上进行了大量论述，也提供了很多建议。但越来越多的学者发现，社会治理研究不能不考虑心理学在其中的作用。如前所述，社会治理是多元主体共同参与的过程，强调通过基层民主的方式，让不同利益群体之间开展良性互动沟通，以此来预防和化解矛盾。因此它无法脱离具体的人，更不能忽视特定的个体、群体和社会阶层的心态、诉求、社会行为及其互动过程，而心理学恰恰致力于探索这些问题及其内在机制。2016 年 5 月 18 日，习近平在哲学社会科学工作座谈会上的讲话中，将心理学列为“对哲学社会科学具有支撑作用的学科”。那么心理学的研究是否能够回应社会现实的需求？它又与社会治理理念有着怎样的本质联系？近年来心理学的研究能够为社会治理提供哪些基础智力支撑呢？为了回答这一系列具有重要理论和实践意义的问题，本次心理学学科发展报告的综合报告部分以“心理学与社会治理”为主题，将系统介绍心理学围绕着当代中国社会治理问题所做的研究。

本报告的一个基本目标是兼顾现实性与前瞻性，既介绍中国心理学研究者围绕社会治理所开展的应用研究，也关注以社会治理为目的的社会心理学基础研究。总体来说，本报告力图体现“问题导向、学术前沿、项目基础、智库参考”方针，既期待能够回应新时期中国特色社会主义建设过程中与社会治理相关的心理学问题，又坚持反映最具前沿性的高水平研究成果，而且立足于已经结项或者已经产生了重要阶段性进展的国家级项目课题成果，最终旨在能够为推进国家治理体系和治理能力现代化，从心理学的角度提供一定的参考借鉴。

1.2 概貌

社会治理是一个宏大的系统工程，其中涉及的心理学问题也是千头万绪。综合报告拟从社会治理的核心理念出发，基于社会治理执政理念中重要的方针与原则，有针对性地选取其中涉及的核心心理学问题来展开探讨。

社会治理理念的提出有别于传统的社会管理模式。它体现了党和国家执政理念的创新，以及从传统的一元、线性的管理模式向共建、共治、共享的社会治理范式转变的思路。这一创新至少包括以下四个方面的内容：在治理的方式上，社会治理更多地依靠民主协商的方式；在治理的手段上，社会治理强调的是依靠社会规范与社会自主调节能力；在治理目标上，社会治理非常重视建立和健全公共与国家安全体系；在治理主体上，社会治理在坚持党领导一切的前提下，更倡导多元主体的协同。这四个方面都涉及复杂的社会心理问题：民主协商要依靠对于社会公众心态的准确把握；运用和调动社会自主调节能力，需要涉及多个层面的社会规范价值观问题；实现多元主体共治的局面，必须对于各个治理主体在组织与管理过程中的个体、群体心理特点有深度的了解；最后要保障国家和社会公共安全，离不开对于公众在危机中的心理行为规律的把握。因此综合报告基于社会治理这几方面的重要理念，将其与心理学问题一一对照定位，从以下四个方面来展开。

首先是社会治理中的公众心态。民情民意和公众利益诉求是社会治理的源头，也可以看作本领域研究的基础。从近年来国内的研究来看，心理学者重视探究公众心态的现实状况，对全社会的一般心理特性做出勾画与描述，涉及的是公众基本心理过程层面。接下来是社会规范与价值观层面的心理研究。社会规范与价值观是维持日常社会治理过程和社会生活秩序的关键要素，也是中共中央社会治理思想中高度强调的部分。心理学既对于社会主义核心价值观所倡导的如道德心理展开研究，也对违背社会规范的心理和行为如犯罪及其矫治做出探索，因此第二部分将综合涉及这两个方面的内容。第三方面将关注社会治理中的组织与管理问题，报告将介绍与分析国内外关于社会治理中的组织行为和管理心理最新的研究进展。最后，在健全公共安全体系、加快社会治安建设中也涉及民众一系列的社会心理规律，报告将从民众风险认知、安全感与风险决策以及群体性事件这些危机心理过程入手，通过对国内外研究的梳理，旨在为良好、有序、高效地应对突发危机事件，特别是处理好突发事件中涉事群众的心理和行为反应，提供一定的启示与参考。

本报告的四个方面内容分别对应于社会治理理念的四个重要创新点，这是本报告框架的根本立足点。进一步来看，这四个方面各有侧重地涵盖了社会治理中不同侧面的心理学问题，按照“从社会治理理念中来，落脚到社会治理实践中去”的思路来开展，可以在一定程度上互为补充，共同构成了社会治理中心理学问题的相对完整的画面。

2 学科近年的最新研究进展

2.1 社会治理中的公众心态

社会治理离不开对公众心态的深刻把握，这是因为在治理方式上，社会治理非常强调协商民主的方式。它倡导在治理决策中的公民参与、对话协商与理性沟通，并认为通过这种方式，人们能表达、协商和反思自己的观点和诉求，加深对所探讨事务的理解，进而实现利益的最优化。进一步来说，民主协商强调促进对话协商各方的相互理解，辨别且重视所有主体的需求和利益，它要求协商主体不仅考虑自身群体的利益，而且是要在考虑其他参与群体的利益之后，以解决分歧的原则做出决策。这一过程必然涉及复杂的各阶层公众心态问题。根据学界目前的研究开展状况，公众心态是一个囊括了众多指标的概念体系，其每一个维度下又涉及了诸多的指标。然而本报告并不贪图探讨公众心态的所有方面，而是重点考察在社会治理中密切受关注的公众心态内容，具体的关注问题包括：公平感知、社会情绪与社会信任这三个方面。

2.1.1 社会分层与公平感知

本部分重点探讨和介绍的内容是公众社会心态中对于社会公平的感知。当然，社会阶层本身是一个社会学范畴，不属于社会心态的内容。然而在当今社会，社会阶层又与社会公平有着非常紧密的联系，很多学者都认为探讨社会公平问题无法避开社会分层的现实[1]。因此这一部分对于社会公平感知的讨论我们将更多结合社会阶层的视角。

2.1.1.1 不同社会阶层的一般心理差异

社会阶层（social class）是指由于经济、政治等多种原因而形成的，在社会层次结构中处于不同地位的群体，这些群体之间存在着客观的社会资源（收入、教育和职业）的差异以及主观上感知到的由此造成的社会地位的差异[2, 3]。基于这一定义我们可知，社会阶层这一概念包含了客观和主观两个成分。客观社会阶层反映的是个体生活中享有的物质资源和社会资本。主观社会阶层则以每个人感知到的自己所处的相对等级为核心，是个体同他人进行社会比较时，对自己在社会层级中相对位置的理解和感受[4]。

心理学研究中对于社会阶层关注很多，不过在过去很长一段时间里，社会阶层这一变量在心理学研究中常常扮演的是人口学变量或者协变量的角色，而并非核心的研究主题。这在一定程度上与心理学前沿阵地——美国的社会传统有关。在美国，社会阶层一度被认为是一种相对表浅的社会分类标准，是一种对人的心理几乎构不成多少影响的属性；而且一个人的阶层被认为是比较容易通过个人努力来改变的[5]。然而近年来，随着研究的深入，越来越多的证据表明，阶层不仅客观存在，相对固化，而且会对人的心理与行为带来很多根源性的影响，也就是说，高低阶层者存在着很多根本性的心理差异；更重要的是，这些差异又反过来维护甚至加剧了阶层的固化[1]。这使得一些心理学家意识到，阶层不只是一个人某一时期的标签，而常常是人终其一生要经历、共享并打下深刻烙印的一种社会背景[6]。

那么一个人的阶层背景会带给其怎样的影响呢？首先，不同社会阶层者的心理差异会体现在一些个体层面的稳定特征上，这其中与社会公平问题关系最为紧密的，就是高低阶层者在智力技能（intellectual skills）相关因素上的差异。例如，高阶层的个体通常具有较高的自我调节能力、自我效能感、高水平阅读能力，而低阶层个体通常缺乏这些能力，进而导致学业成就较差[7]。国内研究也发现了类似的效应[8]。

除了智力方面，不同阶层群体内部还存在一些更具宏观性的不同点，研究者通常将这类差异概括为文化因素差异。这里所强调的文化因素虽然也通过个体来得以体现，不过它更侧重的是在人与环境交互作用下形成的，为一个阶层内部所共享的一种具有泛化意义的文化心理，如自我、规则、价值观念和习惯系统等[9]。例如在美国社会中，展现自我的独特性是一种为主流价值观所高度认同的美德——这恰恰是高阶层者的优势，而在低阶层者的文化价值观念中，他们更强调人与人之间的和谐互助，更少地强调自我独特性。又因为高阶层在社会中掌握更多的权力与资源，所以他们会更加标榜自己信奉的文化价值观；

而低阶层则很难在这种文化冲突中处于优势，也很难融入高阶层的文化体系中[10]。再如，实证研究发现，来自不同阶层背景的个体拥有不同的礼节规矩[11]。总之，这种强调文化差异的观点更多视阶层为一种文化形式，是一套共有的社会情境，这个社会情境塑造了不同阶层具体的价值观和行为剧本[12]。

虽然在客观上，上述差异仅仅是因高低阶层处在不同环境所造成的一些区别，但是上述种种因素都常常是低阶层者在向上流动中处于被动的原因。更严重的是，这些因素不仅仅影响某一代的低阶层者，而会一代一代地在低阶层群体中传递。正是这种代际传递将阶层分化变成了阶层固化，使不平等发展和延续。这种差异虽然不一定会被人清晰地意识到，但它却会以一种潜移默化的方式深刻地影响人的一生[13]。

2.1.1.2　不同社会阶层的公平感知

（1）高低阶层对于社会分层的归因差异

研究表明，个体如何对于社会分层进行归因，是其感知社会公平的一个基础因素。这其中的归因主要涉及的是内外归因。如果个体将社会分层归于内因（如将高低阶层的贫富和地位差异归因为个体能力不同），则会形成相对较强的公平感。反之，外归因（如归因为机会不平等）则对应着较低的公平感。这一结果无论是在西方还是中国样本中均得到了有力的支持[14]。因此探讨高低阶层对于社会分层的归因差异，是了解其公平感知的重要方面。

为了比较深入而全面地探讨中国不同阶层对于社会分层的归因差异，有学者广泛调查了广东、湖北、贵州等多个省份的1000余名城乡居民。结果显示主观阶层水平对于外归因倾向有极显著的预测作用，主观阶层越低的人越倾向于对分层做出外归因；不论是基于问卷测量，还是实验启动的主观阶层，效应都是如此[15]。也就是说，高阶层者多认为低阶层者之所以处于社会底层是因为他们自身能力本来就差；而低阶层者却认为高阶层者之所以处于社会上层并非源于他们的能力与努力，而是基于某种外部因素，如关系、门路、体制漏洞。这一结果充分体现了当前社会不同阶层彼此之间的偏见与歧视。

（2）高低阶层感知社会公平的差异

高低阶层解释社会分层的差异会直接关系到他们对于社会公平的感知。大量研究表明，与高阶层者相比，更多低阶层者感到社会不公平[16]。国内的研究进一步表明，对于社会分层的归因是高低阶层者感知社会公平存在差异的心理机制[15]。也就是说，低阶层者之所以不公平感更高，很大程度上就是出于他们更多地从外部归因的角度来理解阶层分化。这再次体现了阶层分化问题对于社会公平的影响，这种影响不仅是客观存在的，而且在民众主观心态中也是如此，只有当他们感到阶层分化是基于某种正当性的因素，他们才会认为社会是公平的。另外还有研究表明，高阶层更倾向于认为社会本就应该是不平等的，有些群体就应该一直处于上层；低阶层者则更倾向于反对这种看法，他们更强烈地呼吁社会平等，认为人与人不应该有等级与地位之别[17]。通过这一研究结果，我们可以更明显地看出高低阶层者在理解社会公平上的深度隔阂。

（3）高低阶层对于不公的敏感性差异

低阶层不仅更加感到社会不公，而且即使是遭遇了同样的不公，他们也比高阶层更为敏感。也就是说，低阶层者对于公平的敏感性和依赖性要比高阶层者高，可是在现实社会中他们却更难以得到公平对待[18]。根据社会阶层心理学的理论观点，高阶层者因为掌控的资源更为丰富，所以他们在追求自身目标的过程中，相对来说心理上并不大依赖环境的支持，因而对于客观情境要素（如是否公平）相对不很敏感；但是低阶层者自身资源有限，在目标行动中就特别依赖于环境的助力，长此以往使得他们对环境要素是否符合自己的预期变得非常敏感[8, 19]。很多研究都支持了这一观点，比如低阶层者更容易将模棱两可的事件解释为不公平事件[20]，真正遭遇不公平时也比高阶层者表现出更低的容忍程度，甚至在生理指标上（脉搏、呼吸、皮电、肌电等）表现得也更为强烈[18]。

2.1.1.3　社会公平感的影响作用

上文关注了社会阶层对于社会公平感的影响，总体而言，低阶层者所感知到的公平水平更低，这是值得当前管理者高度重视的一个问题。不过，社会公平感到底是不是越高越好呢？当前研究对此也存在争议。过往研究一般强调社会公平感的积极作用，但近些年来很多研究却倾向于强调其负面影响。下文将分别介绍这两种观点及代表研究。

社会公平感的积极作用首先体现在它可以促进低阶层者的目标追求和目标达成。众所周知，要想改善我国贫富差距拉大的现状，就要保证低阶层能够通畅地向上流动，而这又依赖于低阶层者个人目标的追求与达成[21]。在组织行为学领域，很多研究表明组织公平可以显著地预测目标承诺[22]。那么推广到社会情境，社会公平感是否会促进低阶层者的目标承诺，进而促进其目标达成呢？最近有国内学者对此做出了探讨。研究通过相关、准实验和实验研究三种不同的方法，一致揭示出社会公平感、社会阶层对目标承诺和目标达成的影响存在一个有中介的调节模型。首先，社会公平感显著正向影响了低阶层者的目标达成，对高阶层者来说，社会公平感对目标达成的影响不显著。然后，阶层对于公平感影响目标达成的调节作用是通过目标承诺来实现的：对于低阶层者来说，社会环境越公平，则其目标承诺水平越高，进而其目标达成得分也越高；而对于高阶层者来说，这种效应则不显著[19]。

此外，也有研究关注了另外一种感知社会公平的构念——公正世界信念（belief in a just world）的积极作用。如果说社会公平感是人对于社会公平与否的直接感知的话，那么公正世界信念则是人对于自己所在的这个世界是否公正的一种更深层次的认识，具有高公正世界信念的人相信世界是公正的，人们得其所应得，所得即应得[23]。国内外研究均表明，公正世界信念可以为人们提供有意义的框架来解释和应对不公正，重建公正感，维护心理健康，并促进个体对长远目标的追求[24, 25]。

尽管社会公平感与公正世界信念的积极作用在实证研究中有所体现，不过很多研究者还是坚持认为，个体将社会感知为公平和公正的，也会给个人和社会带来消极影响。在公正世界信念的研究领域，目前已有大量此类的论述。有学者就明确提出，公正世界信念是一把双刃剑，它会使弱势群体对于一些明显不合理的现状作出合理化的解释，从而起到维护和强化阶层间不平等现状的作用[26]。国内的实证研究也对此观点予以了支持[27]。

还有一些学者提出了类似的观点，例如 Jost 及其合作者在其一系列的研究中，总结出社会公平感可能引发了许多消极效应。比如，高公平感的人会对社会中的弱势群体进行污名化，认为这些弱势者处于不利地位是理所当然的；再如，高公平感的人会拒绝社会变革，对于社会财富的再分配也更多持否定态度[28, 29]。国内还有研究者发现，公平感还可正向预测个体对腐败的容忍态度[30]。总结来看，虽然感到社会公平对于个体短期存在积极作用，但如果客观社会公平性较低而个人主观公平感较高的话，长期来看对于社会发展和进步将起到不利的作用。

2.1.1.4　增强阶层流动的心理学策略

根据前文所述，在当今现实社会中，社会分层的状况已经和社会公平问题密切地联系在一起。当然我们不认为社会分层本身必然导致不公，但是要在一个分层的社会中更好地实现公平，就必须增强社会阶层之间的流动性，使下层民众有更多机会能够向上流动，打破阶层固化的陷阱。在这一方面，最近心理学也做了一些有益的探索，从干预的角度提出了促进阶层流动的思路。

一是环境干预的探索。研究表明，低阶层在其所处的环境中感受到更为强烈的限制感，也就是说，他们更多会认为自己的生活事件和人生目标遭受到了外界的干扰和限制，进而使得他们习惯性地感到自己的命运更多是由别人决定的，而不是由自己掌控的。也正是这一点，使得他们更多从外部归因的角度来理解社会分层，并导致了他们更多地将不公平归咎于社会体制[15]。那么如果减少相关的社会限制，增强弱势群体的自我掌控感，是否就可以改变上述心理过程呢？已经有明确研究支持了这一思路，表明限制感的减少能够明显改变低阶层者对社会分层和社会公平的态度[15, 31]，进而提升低阶层者的目标承诺和目标达成水平，促进其向上流动。

二是自我干预的探索。如果说环境干预是从社会治理者的角度出发的，那么自我干预则是从低阶层个体自身着眼。例如，研究表明低阶层学生总体来说在学业表现上不如高阶层学生，但是当运用了自我肯定（self-affirmation）这一心理干预策略之后，低阶层的考试成绩可以有明显提高[32]。自我肯定的技术也很简单，其核心思想就是让个体强调、确认和肯定自己最看重的价值观。这一方法背后的逻辑，是这种对自我所珍视的价值的强调能够在一定程度上克服来自于社会的歧视与威胁，重构整合的自我意识，使自我系统恢复平衡。在一项长达两年的追踪研究中，自我肯定干预对于低阶层学生的积极效应得到了很好的支持，结果显示其干预效应不仅明显，而且可以维持较长时间。这一系列研究成果均发表在 *Science* 杂志上，显示了自我肯定技术的强大作用[32-34]。显然，这种对于健全自我的塑造能够更有利于低阶层者在竞争中有好的表现。

三是行为干预的探索。这一干预基于的逻辑思路，是认为低阶层者由于经常处于贫困的境地，贫穷削减了他们用于行为决策的心理资源，因此常常使他们在做出行为决策时更为短视，只看重眼前利益，却忽略了那些虽然看起来短期不能收益但是有长远利益的选项。例如对于印度种植甘蔗的农民来说，他们在每年甘蔗收获之前处于相对贫穷的时段，研究者发现这时当让他们对一些投资行为做决定时他们常常目光短浅，在一般性的智力测试中他们的表现也很差。而如果将其决策时间调整为他们甘蔗收获之后，这时他们经济上相对宽裕，研究发现他们的决策也有了明显的改观[35]。类似这样的干预策略，简单易行，效应显著，在未来有着良好的研究与应用价值。

2.1.2 群体情绪

2.1.2.1 群体情绪的概念

虽然一些事件与个体没有直接关联，但个体依然会产生情绪反应。该现象推动了情绪研究从个体水平向群体水平的扩展。于是研究者提出了群体情绪（group-based emotion）这一概念，又称社会情绪（social emotion）或群际情绪（intergroup emotion）。为行文方便，下文统称为群体情绪。由于看待问题的角度不同，在何为群体情绪的问题上研究者们并没有达成共识。陈满琪（2013）梳理了现存的三种主要观点[36]。

第一种概念强调群体情绪被激发源于与内群体相对的外群体。比如，Smith 认为群体情绪是个体对某一特定群体或者社会成员所产生的情绪体验[37]。群体情绪来源于对内、外群体群际关系的评估，突出外群体是群体情绪的客体，因此在群体情绪诱发背景中需设置外群体。第二种概念强调群体成员身份的激活在群体情绪诱发中的作用。它不关注情绪指向对象是内群体还是外群体，而是强调群体情绪的主体性，关注个体对群体利益的情绪反应。比如，Iyer 和 Leach 认为群体情绪是自我类别化为群体成员的个体所体验到的情绪[38]；Kuppens 和 Yzerbyt 认为，群体情绪是群体成员以群体利益为中心对情景进行群体评价后产生的情绪体验[39]。可以看出，该定义条件下的群体情绪往往不需要设置外群体，只需设置特定的事件，通过改变背景中群体成员身份操控社会认同显著性，考察群体成员身份如何影响群体情绪。第三种概念认为群体情绪主体是激活了群体成员身份的个体，客体是内群体的其他群体成员，将群体情绪的产生看成个体情绪的总和。这一定义的群体情绪往往不需要设置特定的情景或者设立外群体，亦不需要进行社会认同显著性的测量，只需要确认个体的群体成员身份。前两种概念的情绪主体依然是个体，实质上还是个体情绪，是个体的群体身份和群体或社会认同被激活后的个体情绪反应，应该属于个体的社会性情绪；只有第三种概念涉及作为一个主体的群体共有的情绪[40]。

2.1.2.2 群体情绪凝聚及其影响因素

群体情绪凝聚是随着时间推移，群体成员的情绪体验逐渐趋于一致的现象[41]。群体情绪凝聚有助于促进团队效能、提升群体成员的合作意识和合作行为；有助于成员间的相互谅解，以及提升群体凝聚力和吸引力。因此，揭示群体情绪凝聚现象的内在机制及其影响因素对于促进群体或团队绩效、提升群体凝聚有重要意义。中国学者汪祚军等人（2015）对群体情绪凝聚的产生机制及其影响因素进行了较为深入的探讨[42]。

（1）群体情绪凝聚的形成机制

具有相似情绪体验的个体更容易聚集在一起形成群体。研究表明，情侣间之所以具有相似的情绪主要是因为他们更愿意同与自己有相似情绪体验的人在一起[43]。此外，研究者对人们在 Twitter.com 上表达的主观幸福感分析发现，同质吸引是影响人们在网络上进行社会性联结的重要因素[44]。如果个体与群体其他成员的“情绪反应图式”不一致，个体就会产生不适感。为了摆脱这种不适，个体通常会采取一系列应对行为。比如影响、改变其他成员，或者割断彼此间的关系，寻找与其具有相同情绪反应图式的个体并建立关系[45]。

个体具有自动化模仿、体验他人情绪的行为倾向[46, 47]。在人际互动过程中，个体通常会自动地模仿他人的面部表情、身体姿势和语音语调，这些变化经由外周神经系统反馈给大脑，最终被个体意识到并形成相应的情绪[48]。经常在一起的人们会出现相似的抑郁症状，也就是说，人们在一起相互感染了抑郁情绪[49]。在无领导小组讨论中，个体的情绪会传染给其他小组成员[50]。情绪传染不仅存在于传统的互动形式中，还存在于网络。网络信息的积极表达减少时，人们会有更少的积极跟帖和更多的消极跟帖；当消极表达减少时，积极跟帖增加，消极跟帖减少[51]。

群体身份认同是激活群体情绪的重要条件。当一个人把自身归属于某个群体时，他就会站在所在群体的角度考虑问题，从而体验到与其作为一个独立个体时不同的情绪[52]。一旦出现群体身份认同，个人不必与事件产生直接联系，只要事件对群体产生积极的或消极的影响，其成员就会体验到相应的积极或消极情绪[53, 54]。通常个体在群体身份凸显时所体验到情绪的一致性显著高于他们作为个体时所体验到情绪的一致性[55]。比如，在要求被试分别评估作为一个个体和某一群体成员（如某所大学的学生）时说体验到的情绪，结果发现作为群体成员情境下被试的情绪一致性更高。此外，群体身份认同的程度与群体情绪存在关联。有些研究表明，个体对所在群体的更强的认同感会诱发其更强的群体情绪，进而增加其参与集体行动的可能性；所在群体出现过错时，高的群体身份认同会导致个体产生更强的否认倾向，通过否认群体的过错行为来减轻或避免消极的情绪体验[56]。

群体具有一定的强制力，它能塑造和规范其成员的情绪体验和情绪表达。群体中存在着一套共享的文化、知识体系，这一体系中包含了对事件的一致的解释策略及情绪表达规范，使得群体成员体验到一致的情绪。为了维护良好的社会形象，个体必须根据社会情境做出适宜的反应；而为了得到群体成员的认同，满足归属感，个体需要尽力与群体的其他成员保持一致[57]。举个简单的例子，根据社会规范，个人在参加葬礼时需要展现悲伤而非喜悦，否则自己的社会形象就容易遭到破坏。正因为如此，你正在参加一场葬礼时，即使与死者从未谋面，也会表现出悲伤情绪。

情绪比较可以使个体依据群体中其他成员的情绪信息调整自己的情绪，尽量与他人保持一致，最终形成情绪凝聚。在某些情境中，特别是在某些充满不确定性或缺乏客观评价标准的情境中，个人会依据来自他人的信息对自身的当前状态做出评价和调整，即判断自身的情绪类型、情绪强度是否恰当，自己是否对当前环境做出了适当的反应。如果发现自己与他人不一致，则会对自身情绪进行调整，保证自己与他人情绪保持一致。被试者在高威胁情境中比在低威胁情境中更愿意选择与他人待在一起[58]。之所以高威胁情境中被试者更愿意与他人待在一起，是因为被试者希望能够更多地获取他人的情绪信息；当被试者已经获取了他人情绪信息的条件下，其愿意与他人一起等待的倾向会降低[59]。

（2）群体情绪凝聚的影响因素

除了上面已经介绍的动力机制外，还有一些影响群体情绪凝聚的外在因素，概括起来包括情绪特征、群体特征和个体特征三个方面的内容。

情绪特征是影响群体情绪凝聚的重要因素。不同的情绪类型产生的情绪凝聚效果存在显著差异：相对于积极情绪，消极情绪更容易造成情绪感染，如愤怒比快乐更能影响他人并在网络上广泛传播[60]；即使情绪效价相同，也不一定产生相同的情绪凝聚效果，唤醒水平高的情绪更容易传染，如愤怒和慵懒都属于负性情绪，但是愤怒比慵懒更容易影响他人[50，61]。

群体成员间的关系、共同经历以及群体稳定性、任务关联性、情绪表达倾向的组合等因素都会影响群体情绪凝聚。群体中成员的关系越密切，越容易产生一致情绪[62]，比如熟人组被试者在观看视频时的情绪凝聚性显著高于陌生人被试者组[63]。共同参与某项集体行动的个体之间会产生高度一致的情绪体验[64]。群体越稳定，群体任务关联性越高，群体成员情绪的一致性越高[65]。群体情绪形成是一个“传递—接收”的过程，高情绪表达个体和低情绪表达个体在一块儿时，他们两人之间的情绪相似性最高[66]。

群体情绪凝聚的一个重要环节就是群体中的个体调整自身的情绪，进而实现自身与他人情绪的高度一致。为此，群体成员的个体特征在情绪凝聚中必然具有重要影响。已有研究表明，集体主义倾向个体的情绪更容易受到群体其他成员情绪的影响，表现为与群体其他成员的平均情绪水平更一致[67]；低权力群体成员通常会做出更多让步，更大程度地改变自身情绪体验进而与高权力者的情绪体验保持一致[68]。此外，个人对群体的认同感越强，其与群体平均情绪水平的匹配度就越高[55，69]。

2.1.2.3　群体情绪行为倾向

研究发现，群体情绪对群体行为有显著的预测作用[70–72]。根据分析水平的不同，群体情绪可以分为群体内和群体间两种类型[40]。接下来将对这两类群体情绪的研究进展进行介绍。

研究者关注最多的是愤怒、内疚等负性群体情绪。当群体个别成员做出损害群体利益的行为时，可以引发其他群体成员的愤怒情绪，充满愤怒情绪的群体成员会产生惩罚集体利益破坏者的行为意向[73]。群体做出破坏行为时，作为群体成员的个体所体验到的内疚感，当被试者认识到人类而非其他是破坏环境重要原因时便会产生群体内疚，这种内疚感会促使其采取更多的环境保护行为[74, 75]。群体的形象受到损害时或者群体的“缺陷”公之于众可以引发群体成员的羞愧体验感。群体羞愧会导致回避和补偿两种行为倾向，并且受到群体认同和消极事件强度的影响[76]。也有研究者关注积极的群体情绪。Harth 等人给被试者呈现被试者所在群体为环境保护做出了重要贡献的新闻材料，被试者的群体自豪感显著提升，且群体自豪感对捐款给环保组织的行为意向有预测作用[73]。此外，研究表明，积极的群体情绪可以显著增强团队韧性，进而提升团队的表现[77]。

杨宜音（2015）认为，虽然目前我国民众的群体情绪总体上是积极健康的，但在诸多问题上仍存在消极情绪高于积极情绪的现象：社会治安、国际舆情和灾害事故类事件都存在较高的社会焦虑，社会治安和灾害事故类事件引发了较高的愤怒和悲伤情绪[78, 79]。乐国安等人（2012，2013）指出，群体的消极情绪（比如，愤怒）可以有效地预测群体成员对外群体的态度[54]，甚至引发集体行动[80]。因此，关注社会群体的消极情绪及其对后续群体行为的影响，适时地采取切实有效的干预措施对社会安定团结具有重要意义。

2.1.3 社会信任

2.1.3.1 信任概念和理论

信任是个体基于认知或情感，在对自身脆弱性和风险承受力判断的前提下，对他人未来行为结果抱有的积极期待心理状态[81]。信任关系体现出互动主体间所蕴含的相互依存性，互动过程所内生的发展性以及互动结果的预期互惠性。

信任通常是一种用来减少理性判断必要性的捷径[82]，因此，信任通常并不是基于直接证据推理判断的结果，而是基于普遍上的一致或者赞同的情感契约[83]。另外，功能性理论（functioning theory）从信息加工方式和表征类别的角度来解释信任，把信任看成是一种内隐加工，也认为信任本质上类似于一种社会情感。

2.1.3.2 我国当前的信任研究现状

在当今社会中，信任起着至关重要的作用。我国学者围绕着信任做了大量的研究。按照关注问题的不同，对信任的研究主要有两类：一是对影响信任的前因变量的研究；二是将信任作为前因变量，关注信任存在或缺失所造成的社会与经济影响。

（1）影响信任的因素

近年来，国内学者们对影响信任的前因变量进行了广泛的研究，分析了认知、家庭、人际互动情境、人格特质、情绪等因素对信任的影响。同时，对信任相关的脑神经机制也有了进一步的了解。

王沛、梁雅君、李宇和刘雍鹤（2016）认为特质认知和关系认知对信任有着重要的影响，而且，在中西方不同的文化背景下，这种影响并不一致[84]。在东方的互依文化中，人际关系可能成为影响人际信任的重要因素[85]，其中，在中国人身上，对领导与下属、长辈与晚辈或者阶层等上下位关系的认知可能调节着特质认知对人际信任的影响。

池丽萍[86, 87]关注了家庭对个体信任的影响，对信任的代际传递效应进行了一系列的研究。结果发现，在儿童以及青少年被试中，父母的信任水平均能够预测子代男孩的信任水平，但不能预测子代女孩的信任水平。其中，这种代际传递效应的机制可能是两条路径所中介的，其中，普遍信任的中介变量包括了亲子依恋、世界观、亲子沟通、教养方式等，而特殊信任的中介变量包括了交往经验、交往情景、人际经验以及替代经验等因素[88]。

辛自强等人主要从人际互动情境及互动者特征的角度出发，对影响人际信任及群际信任的因素进行了研究。他们的研究发现：在熟人之间，与没有竞争关系相比，无论是同一小组内竞争，还是不同小组间竞争，都会提高对互动对方的信任水平[89]。在具有生存压力的投资游戏中，“朋友或对手”相关的线索的激活将会提高或降低对对方的信任水平[90]，即使是由简单的点阵图所构成的微弱的面部表情线索，也会对信任产生影响[91]。此外，信托者所具有的经济人信念可能会降低他们的人际信任[92]，而他们的社会认同复杂性则会提高他们的人际信任水平[93]。基于这些研究，他们提出社会认同和群际接触可以提高群际信任[94]。此外，他们的研究还发现了主题情境对大学生的信任有显著影响：借钱情境下的信任圈规模显著大于分享负面信息情境，且两者的信任对象排序也有所不同[95]。除了这些微观层面的研究外，辛自强与周正（2012）还采用元分析的方法，对大学生人际信任进行了横断的历史研究，结果发现，大学生人际信任水平在过去 10 年间呈下降趋势，他们提出，可能是由于中国社会的变迁，导致了信任的普遍降低，而大学生人际信任的变迁只是作为社会整体信任变迁的缩影[96]。

除此之外，有研究发现，大五人格中的宜人性、外向性和开放性能够正向预测人际信任，而神经质负向预测人际信任[97]。另外，还有研究者发现，人格特质中的人际责任和人际开放能够预测人际信任，且这种预测具有大五人格所不能解释的独特作用[98]。李彩娜、孙颖、拓瑞和刘佳（2016）研究验证了安全依恋对人际信任的“拓延 – 建构环”效应，对于促进社会信任的提升具有积极的现实意义[99]。

何晓丽、王振宏和王克静（2011）的研究发现，积极情绪对人际信任的影响存在受信者信息与情境线索的依赖性[100]。丁如一、王飞雪、牛端与李炳洁（2014）的研究发现：高确定性的情绪（开心和愤怒）比低确定性的情绪（悲伤）更容易使被试的信任判断受到与“受信任者”是否值得信赖有关的线索所影响[101]。Dong 等研究还发现：与表现为中性或悲伤面孔的图片相比，高兴的面孔更容易被判断为是值得信任的[102]。

王益文、张振、原胜、郭丰波、何少颖和敬一鸣（2015）对信任的脑机制进行了初步的探索，他们在研究中发现，决策阶段中不信任选择比信任选择诱发了更正的 P2 成分（150~250 ms），差异波溯源分析定位于额中回（middle frontal gyrus，BA 46）和额下回（inferior frontal gyrus，BA 46）。反馈阶段中损失反馈比获益反馈诱发了更负的 FRN 成分

(200~300 ms)，而获益反馈比损失反馈诱发了更短的 P300 潜伏期[103]。

(2)信任对社会和谐及经济发展的影响

朱慧劼和姚兆余（2015）的调查研究发现社会信任影响公众的身心健康，其中，关系信任、家属信任和制度信任，对城市居民的自评身体健康和自评精神健康都有显著影响，而一般信任则只对城市居民的自评精神健康有显著影响，对自评身体健康没有影响[104]。对于社会信任为何会影响公众的身心健康问题，存在两种理论解释：第一，社会信任越高，个体参加社会活动的可能性也就越高，由此而报告出更高的健康水平；第二，个人层面的信任影响到了社会的总体的政治环境，进而影响个人的健康水平[105]。

提高社会信任，能够减缓阶层之间的对立，金枭枭和侯志阳（2017）的研究发现，社会信任能够提高农民工与城市居民的交友意愿，从而降低农民工的社会距离[106]。赵欢欢和张和云（2013）发现社会信任的缺失使得人们利他行为减少，造成社会冷漠[107]。张和云、赵欢欢和许燕（2016）的研究指出只有当人们知觉到他人是善良可信赖的时候，人们才可能会有更多地提供帮助的行为[108]。而社会信任的缺失容易导致社会秩序紊乱，阶层矛盾加剧。马广海（2012）提出社会信任缺失尤其是民众与政府信任关系的缺失，导致政府对群体性事件的控制和处置效力大为削弱[109]。刘宏伟和刘元芳（2013）指出社会信任缺失引发阶层关系紧张，表现为阶层之间的共识减少、阶层认同减低，进一步加剧了底层民众的不公平感[110]。

社会信任促进经济发展。研究发现，社会信任与家庭消费支出呈现一定的正相关，主要影响家庭衣着消费、居住类消费及家庭设备和文教娱乐类消费，随着经济的发展，社会信任在经济发展的较低和较高阶段能够显著影响居民家庭消费[111]。杨超和曹雪峰（2006）采用 40 个亚洲国家的数据研究也表明：一个国家的社会信任与其经济增长有显著的正相关[112]。全球范围内经济发展的滞后大都源于相互信任的缺失[113]，一项意大利不同地区的研究表明，在控制了其他相关因素外，社会信任的差异能够解释意大利各地区经济发展存在巨大差异的很大部分变异[114]。

周广肃、谢绚丽和李力行（2015）研究发现，信任能够影响到家庭创业决策的倾向[115]。李勇、徐延辉和兰林火（2014）的研究发现，社会信任与社会认同对社会创新有着显著的影响[116]。李晓梅（2013）指出，社会信任之所以能够促进创新，原因在于三方面：第一，社会信任降低了社会交易的成本，从而促进了创新活动；第二，社会信任极大地促进信息的传播与沟通，特别是在复杂程度越来越高的创新活动中，知识交流与传播的高效性与及时性将极大地促进创新活动的开展；第三，社会信任为创新过程中的信息共享提供了道德标准和规范，打消人们在思想交流及碰撞过程中的顾虑，并通过这种高频率的知识交流、开放的思想交换进一步促进创新活动[117]。

2.1.3.3　当前我国社会的信任变迁

伍麟等指出当今社会存在的一些新特点。第一，社会活动呈现多、杂、快等新特点；

第二，参与社会活动的主体从“熟悉人”转变为“陌生人”；第三，劳动分工的专业化程度不断加深导致社会活动的复杂化趋势；第四，快捷的信息传播和大规模人口流动孕育了多元观念及冲突的思想基础[81]。

在这样的时代背景下，我国社会的信任将表现出一系列新的变化。社会信任经历着从内群信任转向外群信任的变迁，也由此将经历从人际信任向制度信任的转变，当然，最终也必然将是一个从低社会信任转向高社会信任的过程[81]。

（1）内群信任向外群信任的转变

在传统社会中，劳动分工水平低，社会活动集中于熟悉人之间，内群信任发挥主导力量。尽管内群体凝聚力也比较重要，但接受、认同和信任外群体是社会现代化进程中实现有机团结和社会整合的重要条件。伴随现代化进程，依赖内群体凝聚力占主导的状况逐步消失，个体对内群体的依赖程度将渐渐减小，来自连接型群体的合作产生出更大的收益，人们需要对外群体成员付出信任，由此，社会将逐渐由内群信任向外群信任转变。

（2）人际信任向制度信任的转变

由内群体信任向外群信任的发展过程，同时也将是一个由人际信任转向制度信任的过程。由于传统社会是一个“面对面”的、基于熟人的情感性信任，而现代社会中，更多的是陌生人之间的认知性信任，社会变迁促使人与人之间由情感性信任过渡到认知性信任，由此，制度信任作为一种被更多人认可和接受的认知信任，具有明显优于人际信任的特点，制度信任也将会是判断社会现代化的一个标准[118]。

（3）低社会信任向高社会信任的转变

社会信任由内群信任向外群信任转变，人际信任向制度信任发展，结果必然促进了社会整体信任水平的升高。尽管有一些学者认为，我国当前经历着信任危机，即当今中国经济的单向发展，非但没有建立一种新型的信任机制，其传统根基反而受到动摇[119]。但实际上，这种现象可能只是反映了传统信任向现代制度信任的艰难转变过程。如另一些学者就指出我国社会正在经历一个由低信任转向高信任的过程。唐丽娜和王记文（2016）进行了两项相关调查，根据 2003 年和 2013 年中国综合社会调查的结果，对陌生人表示不信任的比例从 2003 年的 73.4% 下降至 2013 年的 52.2%，对陌生人表示信任的比例却从 4.3% 上升至 18.8%，并指出“这些都与世界价值观调查里的中国数据结果相一致”[120]。

2.2 社会规范与价值观

社会规范是社会建设中涉及社会稳定与社会秩序的主要内容。社会规范的有序运行依赖于正反两种心理现象，具有正向特征的道德心理是衡量一个人自觉遵守社会规范的高低的标尺，是维系社会稳定和建设和谐社会的重要心理基础；反之，具有负向特征的犯罪心理则是违背或破坏社会规则的行为表现特征，是扰乱社会治安的不利心理因素。近几年，随着中国社会发展特征与要求，社会心理学家们越来越关注道德心理与犯罪心理现象的研究。

2.2.1 道德心理

道德心理学是关于人类在道德情境下如何扬善弃恶的经验科学，是心理学与伦理哲学的交叉学科[121]。每逢社会重大变革，善恶是非问题总是特别引人注目。动荡不安的第一次世界大战前后，弗洛伊德、涂尔干关于“本我”和“失范”的讨论成为重要的时代主题；第二次世界大战以后，津巴多、科尔伯格关于“路法西效应”和“海因茨悖论”的研究成为那个时代的热点；如今人类进入新的千年，个人主义和自由主义的泛滥引发了“道德阵营”、“道德自由”等问题的大讨论。

尤其近年来，*Moral Psychology*[122]、*Handbook of Moral Development*[123]及*The Moral Psychology Handbook*[124]相继出版，标志着道德心理学在心理学众多分支中越发重要。仅使用“Moral”或“Morality”关键词对4本顶级英文期刊和4本心理学相关英文综述期刊进行标题检索，就发现近年来发表的道德心理学论文达到前所未有的数量，其中近10年来（2007—2016）*Science*发表15篇，*Nature*发表3篇，*Proceedings of National Academy of Sciences*（PNAS）发表20篇，*The Royal Society*（RS）系列发表10篇，共48篇；近5年来（2012—2016），*Annual Review*发表5篇，*Psychological Review*发表1篇，*Current Directions in Psychological Science*发表6篇，*Personality and Social Psychology Review*发表9篇，共21篇。使用“道德”或“伦理”对中国心理学会主办的三本心理学期刊《心理学报》、《心理科学》、《心理科学进展》进行标题检索，发现近两年来（2015—2016）发表的相关论文共有36篇。

2.2.1.1 道德心理的理论进展

早期的道德心理学理论常常认为道德判断是理性思考的过程。例如，Kohlberg的经典理论就认为随着儿童认知能力的发展，他们就能够对道德问题进行越来越复杂的理性思考，从而到达道德自律阶段[125]。另外，道德心理学的研究还深受康德道义论（道德是一种绝对义务）的影响，相信道德法则是理性和普适的、而非是情境或多元的，因此很难接受公平、关爱之外的道德准则[126]。然而，随着心理学的发展，新的理论和证据开始质疑道德的理性主义和普适主义。例如，双过程模型强调了情绪在认知加工过程中的作用，神经生理学研究则发现可以通过人们的神经活动在人们意识到自己的决策之前就预测他们的道德决策，而行为经济学研究挑战了理性人假设，文化心理研究则发现在西方人的公平、关爱标准之外还存在多元的道德法则。尽管近年来提出的道德理论有数十种之多，但最具颠覆性的还是社会直觉模型和道德多维模型。此外，道德本位主义（Moral Parochialism）也对传统道德理论提出了挑战。

（1）社会直觉模型

Jonathan Haidt等人提出的社会直觉模型（social intuitionist model）认为，人们的道德判断来自于快速的、情绪化的直觉反应，而理性思考则更多的是事后的合理化过程[127]。

例如，人们对乱伦会有一种难以名状的恶心感，之后则会用各种方法寻找理由来解释和辩护自己的直觉反应；当通过催眠使人无意识地产生恶心感时，被试者会对不道德行为做出更严厉的判断[128]。另一些学者则对道德直觉理论提出了质疑，并且提出了道德判断与决策的双过程模型（dual-processing），认为道德判断和决策同时涉及快速的、直觉的、情绪驱动的系统一加工（system one）以及缓慢的、受控的、理性驱动的系统二加工（system two）[129]。Haidt 本人在后来的著作中也修改了他的早期理论，他提出在道德判断中直觉加工与受控加工之间的关系如同“大象与骑手”（elephant and rider），即大多数时候道德判断都是快速、直觉的，但有意识的、理性的思维过程仍然会起到规范、引导作用[130]。进而，Joshua Greene 提出了道德判断的双加工模型：情绪与认知同时起作用，共同决定我们的道德判断[131]。

虽然目前关于情绪与道德的关系是一般的还是特异的，以及对道德的直觉加工与受控加工之间的关系仍然存在很多争论，但总体而言情绪在道德判断与决策中起关键作用已经成为学界的共识[132]。此外，一些特定的积极情绪还被证明与道德过程有着密切的联系。例如，Bai（2017）等人发现敬畏感无论在集体主义还是个人主义文化中都能减弱人们的自我感，进而提升集体投入的倾向[133]；旨在提升同情心的同情训练能提升积极情绪和助人行为[134]。

（2）道德多维模型

Richard Shweder 把文化与道德结合起来，认为以往的道德心理学过于关注公平与伤害，存在文化偏见。Shweder 等将道德划分为三大领域：社群（community）、自治（autonomy）和神圣（divinity）。其中，社群道德涉及人们在特定社区和群体中的职责、社会阶级地位以及人与人之间的相互依赖关系，以及成为某个社会群体一员的责任和义务。自治道德则把人看成是独立自主的能动个体，主要涉及人们的个体权利和社会上的公平正义。最后，神圣道德涉及来自于宗教、传统的神圣秩序与规范，还与保持身体和灵魂的纯洁有关[135]。传统的西方道德心理学研究多涉及的是自治道德的范畴，该模型极大地扩展了道德心理学的研究范围，并使得它具有了跨文化意义。Haidt 等人之后把 Shweder 等人提出的三大道德领域进一步细分为五大道德基础：关爱 / 伤害（care/harm）、公平 / 欺骗（fairness/cheating）、忠诚 / 背叛（loyalty/betrayal，又称内群体，ingroup）、权威 / 叛逆（authority/subversion）和圣洁 / 堕落（sanctity/degradation，又称纯洁，purity）。其中，关爱与公平对应Shweder模型中的自治，内群体和权威对应社群，而纯洁则对应神圣；进而，涉及个体自由和权利的关爱和公平道德基础又合称为个体化道德基础，而把内群体、权威和纯洁道德基础则合称为团结道德基础[136]。

（3）道德本位主义

Daniel M. T. Fessler 与 H. Clark Barrett 等人与从道德判断的进化功能及可达性上提出了道德本位主义观点，继续挑战道德的理性主义和普世主义。他们认为，道德规范是在地方文化中建构、演化的产物，因此，作为旁观者或第三方的道德判断通常是本位主义的（parochialism），这一心理机制可以帮助个体适应社会环境、并建立声望（reputation）。例如，防止自己受到伤害、增加内群体合作的机会、避免受到权威的惩罚；进而，这些优势只有在当下的社会场域（social arena）中才能累积生效，因为道德判断应该主要解决目前的、与个人有关的问题，重复远距离的问题就像“虚假警报”一样分散个体有限的注意力，会增加社会行动的成本、降低社会声望的资本。来自小型部落群体（如斐济的雅撒瓦人和非洲的辛巴人）和工业社会群体（如美国人和乌克兰人）研究一致地表明，个体在进行道德判断时主要考虑事件是否发生在当下或内群体成员身上，而不是行为者道德意图的高低；如果事件发生在过去或外群体身上，人们对其道德严重性的判断则会显著降低[137, 138]。道德本位主义是个体在特定社会场域中对他人行为进行判断时的利弊权衡和无意识计算，是进化而来的群体规范与地方标准。Fehr 等人关于利他行为的研究也表明，被试者倾向于帮助内群体的受害者去惩罚独裁者，而不倾向于帮助外群体的受害者[139]；这种本位主义的利他倾向在 12/13 岁就开始形成[140]。此外，诸多研究发现，对内群体的爱（帮助、同情）以及对外群体之恨（伤害、漠视）是社会冲突的重要心理基础[141, 142]。

2.2.1.2　道德与社会治理中的问题

（1）道德与社会冲突

Haidt 和 Graham 等人发现，美国国内的意识形态之争已经使得美国在道德问题上沿着政治意识形态光谱出现了文化分裂，导致美国正进行着一场没有硝烟的“文化战争”（Culture War）[131, 143]。例如，随着政治光谱从自由移向保守，人们越来越倾向于认为涉及内群体、权威和纯洁的问题与道德有关[144]。进而，与意识形态有关的道德分歧会上升为客观、普适的道德判定标准（moral conviction）——自由派坚信关爱、公平的客观、普适性，认为医保改革和性别平等是绝对正确的；而保守派坚持内群体、权威、圣洁的客观、普适性，认为堕胎、移民和同性恋是绝对错误的[145]。正是由于道德既能使人们维持社群，又能够使人们分裂成不同的群体，Haidt 提出了他著名的口号：“道德使人团结，也使人盲目[131]。”

值得注意的是，经典的心理学理论常常把保守主义与忽视社会不公、维持体制现状联系起来，似乎保守主义者违背了公平、关爱这些明显的道德原则。然而 Haidt 和 Graham 提出保守主义者有这样的表现是因为他们的道德包含了更广的领域，他们不仅使用了个体化的道德基础，也使用了团结的道德基础，即他们不仅强调个人权利和自由，也强调对群体的忠诚和对传统的尊重[137]。Haidt 甚至进一步提出，由于保守主义者拥有更广的道德领域，这使得他们能更好地利用进化带来的五大道德基础，也更符合社会上多数的、持传统价值观的人们，因此具有保守主义优势（conservative advantage）[131]。此外，Graham，Nosek 和 Haidt 还提出正是由于保守派有着比自由派更广的道德领域，他们应该能更准确地理解自由派，而这对自由派则不成立[146]。

（2）阶层伦理与道德困境

阶层是理解社会伦理的重要视角，不同阶层的道德价值观迥然不同。总体而言，相对于个人主义的中产阶级，劳工阶级（working class）的集体主义更强。例如，劳工阶级更多地认为人和人是互相联系的、自己跟他人的重合度更高，也较少地表达个人的独特性[147]。此外，较低阶层的人也更多表现出同情心，在面对他人不幸时有更强的情绪和生理反应[148]；相反，较高阶层的人则更加自我、甚至自恋[149]，更可能违背社会规范（如闯红灯和斑马线）[150]。值得注意的是，这里的“阶层”主要指美国社会的分层，包括受教育水平、收入及主观评价等多个指标，上述研究的阶层差异在多个指标上均得到了重复验证，这说明社会经济地位影响了个体的文化价值观、乃至道德水准。

上述研究所发现的道德阶层差异恰好反映了西方社会精英的道德困境——上层阶级不再关注社会责任，而中下层阶级的处境又越来越艰难。随着贫富分化的加剧，底层社会（特别是白人劳工阶级）的集体道德逐渐被恐惧、焦虑和愤怒所代替，进而偏好更加严苛、紧张的社会规范，并以破坏性的、民粹主义的形式爆发。这一现象与 Jost 等人早年的研究结果截然相反，后者认为低阶层的美国人有更强的体制合理化倾向，维护、支持现存社会体制的正当合理性[151]。当然，Jost 的发现主要基于西方社会的研究，且近年研究也发现底层社会反抗体制的倾向[16]；更重要的是，体制合理化其实蕴含着社会分配的个人归因，进而转换成努力工作、向上流动的动力[152]。郭永玉团队关于中国社会阶层的研究发现，低阶层中国人在控制感较低时对贫富分化更少做内部归因，进而表现出更低的体制合理化倾向，即对社会现实不满、但又不愿意通过个人努力去实现向上流动的梦想。低层人群的失望感和个人责任推脱，反映了当下中国社会的消极工作伦理，或许意味着阶层固化的危险[31]。

（3）道德滑坡与爬坡

每逢社会急剧变革，均会产生新的社会规范，而旧的社会规范会受到挑战，如果两者没有很好地协调则难免引起道德失序和道德恐慌。美国 20 世纪 60 年代即是这样一个动荡不安的时代，伴随着反越战、民权运动、女权主义、性解放、嬉皮士、摇滚乐运动，道德价值观朝着自由、平等、强调个人权利的自由主义（Liberalism）方向转变，同时毒品、犯罪、婚前性行为、堕胎、离婚等也使西方社会陷入了“人性断裂”或社会资本耗尽的危险[153]。从更宏观的社会历史背景来看，这种价值转变也反映了人类社会由 Gemeinschaft（community）到 Gesellschaft（society）的转变（费孝通将其分别翻译为礼俗社会和法理社会）：前者以农业经济为主，社会规模小，分工简单低端，人们的行为大多受礼俗左右；后者以商品经济为主，社会规模大，分工复杂且角色分化多杂，人们的行为大多受法律法规的制约，只要法不禁止就可以自由做任何事。美国文化心理学者 Greenfield 据此认为，为了适应礼俗社会的农村环境，人们的社会行为 / 关系会表现出集体主义特征，例如更注重经验传承，更强调义务和服从；相反，为了适应法理社会的城市环境，人们的社会

行为 / 关系会表现出个人主义特征，例如更注重独立创新、更强调个人选择和和追求个人自由[154]。

因此，很难说道德在滑坡或爬坡，更准确的描述应该是，集体主义道德在滑坡，而个人主义道德在爬坡。研究确实发现，随着美国城市人口的增长和农村人口的下降，在Google 英语图书语料库（1800—2000）中集体主义词汇（如权威、义务、付出）的使用频率呈下降趋势，而关于个人主义词汇（如自我、选择、获取）的使用频率呈上升趋势[155]。随着城市变迁及经济增长，道德的个人主义倾向在世界范围内都呈上升的趋势[156]。中国正处在城市化、现代化与全球化的快速发展时期，也出现了个人主义（如自由、平等、开放、成功、物质、离婚）明显增长、集体主义（如传统、忠义、尊长、收敛）受到挑战的趋势，而一部分集体主义道德价值观（如亲情、爱国）趋于稳定[157]。值得注意的是，人是社会性的动物，集体主义道德具有优先性和稳定性。最近的一项研究证明，美国社会的个人主义 / 集体主义并非线性增长或下降，而是随着经济周期的起伏而呈现曲线特征，例如，失业率高时美国人在教养儿童的时候更强调帮助他人，流行歌曲的歌词里面“我们”的使用频率也更高[158]。相反，片面追求个人主义或放弃集体主义会带来自由、而不负责任的道德偏差，甚至表现出自私、自恋的畸形个人主义行为，例如对财富、权力的过分追逐以及“成功”之后的自由放纵，甚至对社会秩序、规范（如家庭稳定、关系和谐等）构成了威胁[159]。正如普特南所说，一个健全的社会既需要个人主义的“牛仔”，又需要互帮互助的“马车队”[160]。

（4）道德起源的各种争论

关于道德的起源，一直存在巨大的争议。有观点认为，具有自私基因或本性的人不太可能自发产生道德这样美好的品质，道德只可能来自神的启示和教化；但文艺复兴之后，很多学者认为道德是理性的产物，进而随着进化心理学的发展，大家又认为道德是遗传进化的结果，是天性的一部分。Norenzayan 等人提出亲社会宗教能够帮助解决陌生人之间的合作问题，促成大规模社会的产生，从而在文化群体的进化中获得优势并在世界上传播开来。大规模社会中的神是道德化的，惩罚恶行、奖赏善行，同时又无处不在、无所不知——研究者称之为“主神”（Big Gods），认为主神能够对人们起到监督作用，从而使得陌生人间的大规模合作成为可能[161, 162]。最近的元分析表明，启动宗教能够显著地增强信教者的亲社会行为，但对于不信教的人群则没有影响[163]。一项以世界各地的多个小规模社会为对象的研究发现，当地的道德化神能否发现人们的恶行以及他是否会惩罚恶行能够预测人们在经济学游戏中的亲社会行为[164]。

值得注意的是，与宗教有关的道德法则（Moral Imperatives）也是重要的冲突、乃至战争动力[165]。例如，为信仰而献身、为同胞而牺牲这样的神圣道德可以极大地促进内群体合作，但在会激发群体间的非理性冲突。即便是一些世俗的政治、经济主张，一旦被理解成与神圣价值有关（如某个地方是圣地、某个行为事关圣道），就会迅速转换成群体愤怒和暴力冲突[166]。此外，不同的宗教有不同的教义和传统，例如相对于基督教新教徒，天主教徒与犹太教徒更多表现出集体主义的倾向，例如，更看重家庭传承、而非个人皈依，在道德判断上更看重行为的社会后果而非个人观念[167, 168]；相对于西方基督教文化，东方佛教文化更加注重心境平和、对外群体也更加宽容[169]。

与上述观点相反，很多发展、进化及神经心理学家认为，道德是儿童、乃至灵长类动物的天性。例如，Hamlin 和 Bloom 向婴儿呈现一系列包含“好人”（helper）、“坏人”（hinder）的动画片，发现 3 个月大的婴儿就表现出对好人的注视偏好，而 6 个月大的婴儿则更喜欢接触好人[170, 171]。但值得注意的是，在具体的道德行为层面（如帮助他人），婴儿的道德有亲疏之别，在 4 岁以前很少对陌生的成年人表现出友善[172]。Brosnan 和 de Waal 的研究发现，合作、利他不仅来自于亲属之间的基因共存需要，即便在非亲属的黑猩猩之间合作行为也非常普遍，通过求助、示好、公平分配来组建同盟，从而形成超越于个体的群体竞争力[173, 174]；当然，大猩猩对无关同类的福祉也会漠不关心[175]。

近年来，神经科学家也探讨了道德行为的脑机制和基因 - 文化协同进化机制，暗示着道德认知、情感在一定程度上也是生理、生化反应[176, 177]。例如，道德直觉更多地与杏仁核、腹内侧前额叶（VMPEC）有关，而道德认知更多地激活前背侧扣带皮层（dACC）、背外侧前额叶（DLPEC）；集体合作行为与五羟色胺转运基因、环境压力有关，也会受到多巴胺和催产素的影响。Young 等人主张，心理理论的脑区——颞顶联合区（TPJ）在道德判断中非常关键，后续的研究也不断地证明了这一点[178]。此外，谢晓非团队探讨了道德认知的具身效应，发现道德违反带来的社会痛苦与生理痛苦有关[179, 180]；周晓林团队研究了道德决策的神经机制，发现公平感知与奖、惩中枢激活的关系会受到损失、收益框架的影响，以及社会关系对道德决策的影响（如朋友的不公平分配会诱发更大的反馈负波）[181, 182]。

2.2.2 犯罪心理

犯罪心理学在中国的兴起与中国社会的变革和发展密切相关。在 20 世纪 80 年代初期，刚结束“文化大革命”的社会呈现出较为严重的青少年犯罪问题，1987 年起中国社会的犯罪数量又呈迅猛上升的态势，不仅案件数量急剧上升，案件的性质也呈严重趋势。两次使用的治理方式是严打，一直延续到 2004 年。之后，犯罪类型呈现出多元化并渗透于许多领域，比如，经济领域的走私、制假；校园领域的暴力犯罪；职务领域的贪腐、邪教犯罪、网络犯罪、社会恐怖犯罪；等等。近年来，网络犯罪、邪教犯罪迅速发展，恐怖犯罪也日见增多。面对日益复杂的犯罪百象，人们越来越认识到，对犯罪行为的社会治理光靠严打是不行的，必须研究犯罪原因，重视犯罪预防。中国犯罪心理学的研究由此成为重要学科被国家注视。

犯罪心理学是以与犯罪有关的人和行为为研究对象，探讨人为什么出现犯罪行为及相关的心理问题，研究这种心理与生物遗传、社会环境和成长经历等的关系。从中发现哪些人容易犯罪，如何犯罪以及每一具体犯罪个案的心理问题。犯罪心理学的研究发现，这些角度可从人的罪错心理发现人性、抚养、环境、教育等多方面的问题，从而认识到，刑事惩罚永远是滞后的，是对行为结果的处置，而犯罪预防更有益于社会，会真正减少犯罪。犯罪心理学的研究还对侦查犯罪、评估犯罪风险等防控操作也具有重要的价值。

2.2.2.1 犯罪心理学的研究问题

中国犯罪心理学的研究进展大致有两条轨迹，即基础性研究和应用性研究。

（1）基础研究问题

基础性研究着重于犯罪行为发生的心理背景或基本问题研究。涉及具有普遍性的人性弱点研究。同时，犯罪心理学基础性研究最为丰富的应该是导致犯罪心理和行为发生的各种风险因素的研究。大致涉及：生理和遗传因素对个体犯罪的影响研究；社会及环境风险因素对个体犯罪发生的影响；成长与经历中的风险因素对犯罪行为发生的影响；学习和能力发展中的风险因素对个体犯罪发生的影响。研究方法偏于实验、观察等技术，注重个体的共性背景，发展的共同规律问题。这类基础性的犯罪心理研究在于理解一些复杂的犯罪行为背景、发现人的心理异常缘由，从而为养育人、教育人、管理人、治疗心理疾病等提供重要的参考价值。

（2）应用研究问题

应用性研究则着重于可操作和解决实际问题的研究，包括如何预防有犯罪风险的人员，比如，对潜在的犯罪高危人员的心理评估和识别研究；如何在侦查犯罪中进行犯罪心理画像；如何讯问犯罪嫌疑人；如何在犯罪发生的临暴现场进行心理干预；如何解析犯罪动机；如何鉴别犯罪时的心理状态或精神问题；司法中对即将刑满释放人员再次犯罪的风险评估等。这些应用研究中具有跨学科的融合性，涉及社会学、侦查学、法医学、刑事诉讼学、刑事证据学、精神医学等学科。同时，借助心理技术手段解决司法中的疑难问题，如心理测量工具、心理测试仪器和软件，近年来，已经开发并应用的心理技术有：多道生理测试仪、脑电测试仪、声音测试仪等，还有心理矫治。在此基础上，研究旨在能够为减少犯罪提出立法建议，为社区管理提出辨别与防控具有犯罪风险人员的方法，宣传犯罪心理发生与人的早期抚养教育有关的知识，开展危机时刻的心理健康教育等。总之，犯罪心理应用性研究的前景极为广阔。

2.2.2.2 犯罪心理学的基础性研究进展

有关犯罪心理的基础性研究最有价值的就是对人性的思考与实证。此外，还有与犯罪风险相关因素的研究、犯罪心理形成路径的研究等。

（1）对人性的实证研究

善良是一般社会活动中绝大多数人的行为选择。犯罪则以伤害他人为前提，因其邪恶而被社会立法所禁止。犯罪这种反人性行为的原因是什么一直争议不休，最有名的实验是1973年美国心理学家Zimbardo设计的斯坦福监狱实验（the Stanford Prison Experiment）[183]。

Zimbardo 对实验结果的总结是“许多人，也许是大多数，当其置身于一个心理上给人以强迫性和压制性的情境时，不管其品行、种族、价值观、态度、信念或个人信仰如何，他们几乎敢做任何事情”。反之，2012 年 Haslam 和 Reicher 英国广播公司监狱实验[184]研究重点是“‘囚犯’是适应现实还是挑战监狱内的不平等情境”，结果则不同。然而，近 10 年内美国在斯塔摩监禁中心对被拘禁者的虐待似乎再次证明 Zimbardo 的实验研究。

Zimbardo 提出的“许多人，也许是大多数，当其置身于一个心理上给人以强迫性和压制性的情境时，不管其品行、种族、价值观、态度、信念或个人信仰如何，他们几乎敢做任何事情”是否也可以用来解释：在社会活动中，当一个人置身在赋予的权力缺乏制约和监督的情境下，他们是否也敢做任何事情。从近年来中国反腐的行动中似乎可以找到许多实证，其中具有类似的心理现象。显然，犯罪心理学的实证研究对了解人性的弱点、完善社会对人与权力制衡的管理设计具有重要的理论价值。

（2）与犯罪风险相关的心理因素研究

就形形色色的犯罪行为和个体来说，导致其犯罪的影响因素相当多样与复杂。这方面的基础性研究可谓量大面广，主要归类为四个方面：遗传与生物因素，社会与环境因素，发展与经历因素，学习与能力因素。

一是遗传与生物因素。遗传研究最早起源于实证派犯罪学创始人龙布罗梭，通过解剖死囚尸体寻找人的颅骨、体型、相貌等因素与个人犯罪行为的关系。当代生物心理学家的研究涉及毒素、激素、大脑损伤等因素。遗传因素研究还在孪生子中寻找实证。但是，研究者仍然很难把社会环境（共享的或非共享的）从先天禀赋（遗传）与后天养成（环境）方式中分离开来，而且越来越清楚的是，社会学和生物学方法在理解人类行为方面是互补的。在分子遗传学领域，一般认为至少有 7 种基因与反社会行为相关。例如，单胺氧化酶的低级形式（也称低活性单胺氧化酶基因）与攻击性有关，有些基因多态性与低自我控制有关。对于大脑结构、尤其杏仁核方面的研究发现，人脑的额叶，包括杏仁核都是负责组织思考、计划和自我调节的区域。人脑在子宫内的发育缺陷或童年期大脑遭受创伤都会使一个人的行为出现暴力倾向，包括对冲动的低水平控制、冷酷无情特质、自我调节能力差。环境毒素也会对人脑发生不良影响，例如铅、镉、汞、锰。儿童对铅的接触，母亲抽烟和饮酒、营养不良等。近些年，科学家把研究视点集中在镉、锰、汞等环境毒素对大脑发育的有害影响。还有童年期之后的经历中遭遇过的脑部创伤，因为他们发现，经历过战争创伤并幸存下来的退伍老兵会表现出强烈的攻击性行为。

二是环境因素。事实上，所有犯罪或实施反社会行为的成年人或未成年人都深嵌于复杂的社会心理环境中并受其系统的影响。研究涉及贫困、同伴拒绝、学前教育缺失、课后照管不足、学业失败、单亲家庭、养育风格等。其中有关贫困的研究值得重视。虽然贫穷并不必然导致犯罪，但大量的研究都强调，贫困不仅是物质匮乏，还常常伴随着被偏见、歧视、家庭破裂、不安全的居住环境、失业、社会隔离及有限的社会支持系统。贫困的青少年更有可能去条件较差的学校，容易辍学、失业、携带凶器、成为被害者、目睹各种暴力事件。他们生活在卫生条件恶劣环境中，接触更多的杀虫剂、更多地暴露在铅和其他容易让神经中毒的环境中。贫困还与暴力犯罪有很强的联系。无论未成年男性还是女性，贫困都是其暴力犯罪最有力的预测指标之一[185]。生活在贫困环境中的儿童和青少年还容易成为犯罪的被害人。贫困会影响家庭的方方面面，不止是父母对孩子的态度。贫穷的压力会减少父母养育孩子的能力和耐心[186]。

三是发展与经历因素。这类研究着重关注个体在早期的不同阶段发展的问题。学前经历越来越被认为是风险因素的重要发生时期。低质量的养育，把孩子置身于较差的语言和认知发展风险中，置于社会交往不足的风险中。需要强调的是，青少年违法很显然并不局限于来自某个社会经济群体。当青少年被要求报告他们自己的不法行为时，自我报告的数据显示，来自社会不同阶层的青少年其差异很小。研究者发现养育风格和孩子的反社会行为相关，放任型和放纵型与青少年违法行为高度相关。同样，父母对孩子活动的监控或监管，尤其是从 9 岁到青春期中期的监管对其社会行为的发展非常关键。在各种文献中越来越常见的一个早期观察的风险因素是被同伴拒绝，被同伴拒绝的孩子常常具有攻击性，但单一的攻击性不是最主要的原因，他们还倾向于有破坏性、冲动性和较弱的人际交往能力。研究表明，反社会的青少年，尤其是那些表现出高度攻击性的青少年在童年期都遭受过明显的同伴拒绝。此外，他们经常与其他被拒绝的同伴形成团伙或帮派继续从事反社会的行为活动。在女孩中，青春期出现药物滥用以及违法行为也与她们在小学时就发生被同伴拒绝有关[187]。

四是学习与能力因素。引起违法行为的心理风险因素虽然在每个孩子身上都不一样。但智商水平低一直都与青少年违法相联系，这虽然不是导致犯罪的直接因素，但是智商低的孩子会导致在学校成绩不佳，而学业失败一般与反社会行为相关。但是，很多违法青少年还是很聪明。因此，讨论智商与违法犯罪的关系要小心谨慎。此外，注意缺陷多动障碍的孩子在少年期和成年期都有出现反社会行为的风险。这些特征往往会导致同伴拒绝。

除上述各种犯罪风险因素研究之外，还有研究者关注正面的、对减少犯罪具有重要价值的保护性因素，如心理弹性（resilience）。

（3）个体心理发展路径的研究

正如美国最新版《犯罪心理学》的序言中作者所言："来自不同学科背景的学者们都在研究个体的犯罪路径，已有的共识是犯罪人出现犯罪行为可有多种路径。例如：一些人在早年就开始表现出犯罪行为，而另一些人则到成年才出现犯罪行为[188]。"

青春期违法者具有两种发展路径。美国心理学家 Moffitt（1993）认为，有些人犯罪往往只在他们人生的某一时期，一般为青春期偶尔出现犯罪；另一些实施严重犯罪且不断重复的犯罪人，其犯罪生涯往往起始于他们人生的早年。

限于青春期的违法犯罪（adolescent-limited offenders，缩写 AL）。这种违法者从进入青春期前后开始出现各种躁动不安、逆反和破坏性表现，如逃学、结交不良同伴、打架伤害、使用毒品、发生不安全性行为、危险驾驶、霸凌等。还有犯罪行为，如强奸、杀人等。大多数人青春期违法犯罪人员在接近或度过成年初期后，即约到 25 岁前后，便停止逆反、躁动和破坏性，开始回归正常的社会生活，他们结婚、生子，有一份职业安稳度日。这类人的发展路径只是在青春期出现违法犯罪。

持续终身型犯罪人（life-course persistent offenders，LPOs）。这类违法者的问题持续一生，在人生不同阶段表现出各种反社会行为和暴力犯罪行为，例如 4 岁时咬人或打人，10 岁时开始扒窃、逃学，16 岁时开始贩毒、偷车，22 岁时会抢劫或强奸，30 岁时诈骗或者虐童等。这种人在各种情况下都会持续他们的反社会行为方式。持续终身型犯罪人即使进入成年期仍有神经类的问题，如脾气暴躁、认识力低下、解决问题能力不足，还有心理健康方面的问题等[189]。

同时，犯罪者的心理路径也存在危险人格与危险心结的两种路径。心理路径的划分是由中国的犯罪心理学学者李玫瑾提出[190]。首先他们通过实案研究将犯罪人分类列出指标，然后进入监所根据指标对在押和服刑人员进行调研并验证分类指标（2007—2008），结果证实：在所有犯罪人群中约有 40% 的人因危险人格导致其对社会具有重复或持续的犯罪危害；而 60% 左右的犯罪人则因为某种危险心结而犯罪。两种犯罪心理发生的路径有所不同。

其一，危险人格的发生路径。危险人格是指对他人或社会具有威胁与危害倾向的一种人格现象的总称。危险人格的犯罪心理发生路径从早年开始。根据人格形成的两大决定性背景，即遗传与早年抚养。将危险人格分为先天为主和后天早年为主的两类。先天为主的称“反社会人格犯罪人”，后天早年为主的又分为情感抚养缺失的“犯罪人格的犯罪人”和性格培养缺失的“缺陷人格的犯罪人”。三种危险人格都具有重复或持续性犯罪的特点。李玫瑾提出的三种危险人格的犯罪人是对莫菲特提出的“持续终身型犯罪人”又做了进一步的规范细分。而且，这三类人危险人格还在不同监所中进行了进一步论证。经过统计和差异检验可以大致确定，这三类危险人格在不同监狱中具有相近的比例关系，即反社会人格犯罪人在犯罪人格中约占 11%；犯罪人格犯罪人占 7%；缺陷人格占 22%。危险人格在全部犯罪人群中占 40% 左右。这部分人大多具有终身持续性犯罪倾向的危险特性。

其中，①反社会人格犯罪人的特点是，6 岁前后行为显现异常，10 岁前后已让周围人感到困扰，缺乏自然情感（即使亲自抚养无法建立依恋情感），家庭成员无犯罪记录，历史称其为道德白痴（即后天不可教化）[191]，犯罪行为不拘类型。且无明显的外部所致的犯罪原因。其最核心的特征是无法建立亲密情感，无人能牵制其心理和行为。②犯罪人格犯罪人的特点，大多出生并成长在不幸家庭中，缺乏情感抚养，缺乏依恋关系发展，导致被动脱离学校，早年离家出走，未成年期有流浪或独自生活经历，并开始出现生存性违法，逐渐形成不择手段的态度与习惯，多次进出监所后逐渐形成稳定的犯罪人格，由于以犯罪解决生存需要，最终常以奸杀犯罪被捕而结束人生[192]。③缺陷人格犯罪人的特点，出生并成长在亲情丰富且溺爱的家境中，由于长期缺乏约束和规矩教育，出现自我中心、任性、不能吃苦、不能忍耐、不愿被管教等性格缺陷，这种缺陷一般显现在青春期，结合躁动与逆反，他们先是主动放弃学业，进而出现肆意妄为的违法犯罪行为。如果在青春期及时予以强制矫正，有的人可以发生改变。但宠溺的家庭背景经常阻止这种强制矫正，一旦错过人格矫正的最后关键期，当他们因进入刑事责任年龄段被处罚，刑满释放后大多进入成年期，他们将面临更多的人生挫折，故造成再次犯罪或持续性犯罪的可能。

其二，危险心结的发展路径。危险心结是指因心理创伤所致的心理问题。因危险心结产生犯罪的人大多在青春期之前的人生发展基本正常，没有显现人格问题，没有明显的劣迹或任何麻烦行为，他们多是步入成年期后才犯罪。他们的犯罪多与失败后的痛苦创伤有关，创伤后出现心理发展的停滞、压抑，认知偏执、纠缠，发生严重的报复性犯罪；或者因为意识间冲突而压抑，逐渐出现症候性变态犯罪行为；还有因为情感创伤带来的痛苦情绪郁结爆发的严重暴力犯罪[193]。总之，危险心结的犯罪心理发生大多可在其人生路径上找到相关的刺激事件和创伤点。虽然危险心结的犯罪大多不具有持续终身的特点，但其危害性有时也非常严重。

2.2.2.3　犯罪心理学的应用性研究进展

（1）犯罪心理分析与嫌疑心理画像

犯罪心理画像（Criminal Profiling）是指在尽可能充分地掌握与犯罪行为有关的各种信息基础上，运用心理学对人的心理研究知识分析犯罪嫌疑人的行为意义、动机指向和个性特征，最终形成一个人物心理的文字描述，缩小嫌疑人排查范围，锁定重点人群，为侦查提供支持。从 20 世纪中后期，世界各国刑事侦查部门开始重视对疑难案件犯罪人的心理和行为研究，美国联邦调查局甚至专门成立犯罪行为研究机构并介入侦查活动，帮助侦查人员破解侦查中的犯罪心理难题，提供相关的心理分析。英国、西班牙、澳大利亚等国家也都成立了专门的研究部门开展这一研究。

犯罪心理画像发展至今大致有以下几种类型：犯罪现场的犯罪心理画像（crime scene profiling）、嫌疑人的犯罪心理画像（suspect-based profiling）、心理学的犯罪心理画像（psychological profiling）、地理学的犯罪心理画像（geographic profiling）等。

第一，刑事现场的犯罪心理画像，也可称作犯罪现场分析（crime scene analysis）、刑事侦查分析（criminal investigative analysis）。是基于各种刑事案件现场显现出来的作案人的行为模式、地域习惯、认知倾向、人格特质以及人口学特征进行的一种分析。最初以专业的形式进行研究是美国联邦调查局的行为科学部，提出了有组织力与无组织力的两种犯罪现场表现、犯罪人背景、犯罪人特征。另一代表人物道格拉斯（John Douglas）提出了以惯技（MO）、装扮或标记和伪饰（staging）进行分析画像[194]。

第二，嫌疑人的犯罪心理画像。嫌疑人的犯罪心理画像（suspect-based profiling）也称对潜在犯罪嫌疑人的心理画像（prospective profiling），通过某些表现于外的心理和行为特点锁定那些可能从事犯罪活动的人员。诸如校园暴力，恐怖主义活动，威胁恐吓，贩卖毒品，店贼，劫持飞机。例如，校园枪手的心理特征。嫌疑人的犯罪心理画像是建立在系统地收集过去类似案件作案人行为、人格、认知、人口统计学的数据，在此基础上通过统计方法而不是临床诊断性的经验技巧来对某人进行犯罪活动的可能性做出结论性判断。嫌疑人的犯罪心理画像经常被用于机场和边检，预防走私毒品和恐怖主义分子活动。

第三，心理学的犯罪心理画像心理学（psychological profiling），这是一种评估式的方法，通过对个人行为的识别和预测来判断，研究与犯罪行为相关联的负面特征。从这个角度说，心理学的心理画像包括两种基本的方法：威胁评估和风险评估。威胁评估（threat assessment）是判断某人（某群体）造成威胁的真实性和严重性。多数情况下威胁信号已经出现，例如评估一个高中学校发现某一学生在电话或网上扬言要“清除”校园。没有出现直接威胁信息，就属于风险评估（risk assessment），指被评估人还没有出现扬言类的威胁行为，但他已经表现出违反社会规范或者异于常人的不良行为，对这种人进行评估，特别是要评估他们已经出现的可怕行为或者让人感到叵测的行为。风险评估的基本目标是，评估特定的一种人自杀或杀人的可能性，更为重要的是，如何预防这种可能的危险或伤害的发生。

第四，地理学的犯罪心理画像（geographic profiling），这一门技术用来帮助定位某个系列案件作案人的居住地或他为作案而选择的某一基地，比如一个酒吧、工作场所或者有特定意义的住所。大多数情况下，地理学的犯罪心理画像依靠计算机软件程序完成分析过程。目前有三种这方面的流行软件：参宿七（rigel）[195]、犯罪域（crimestat）、猎网（dragnet）。

（2）心理测试在犯罪侦查中的作用

犯罪心理测试技术，俗称“测谎”，又称“犯罪记忆检测技术[196]”，是建立在心理活动与生理活动之间相互关系的基础上对人心理生物反映的检测。1921 年雷尔森（Larson）制造了第一台可记录脉搏的测试仪以检测证人证言。后来，基勒和里德（Keeler & Reid）研制出多道生理测试仪，同时检测脉搏、呼吸和皮肤电以相互印证。1982 年公安部引进了第一台美国 1972 年生产的 MAKE–II 型语音分析仪，1991 年我国第一台测谎仪——PG–I 型多道心理测试仪通过公安部科技司审定。1992 年第一次使用国产 PG–I 型测谎仪对某乡党委书记被杀案的几位嫌疑犯进行测试，成功排除排位第一的嫌疑人，并认定了真正的嫌疑人。这标志着中国心理测试技术研究开始运用于实战[197]。

目前，犯罪心理测试有更贴近脑生理科学的趋势，罗森弗尔德和法韦尔（Rosenfeld & Farwell）等人的探索使脑电检测谎言有了新的途径。犯罪心理测试技术在我国遵循着“有限采用”的原则，作为侦查的一种辅助手段，主要作用是明确侦查方向和缩小侦查范围。客观地看待现在我国存在的一些问题，包括基层侦查人员认识的片面性、立法和规范约束机制的缺失等。通过对心理测试技术在我国的应用现状进行探讨，促进心理测试技术在我国的健康发展[198]。

（3）刑事侦查中微表情研究

微表情是一种持续时间仅为 1/25 秒至 1/5 秒的非常快速的表情，表达出人试图压抑与隐藏的真正情感[199]。与普通表情相比，微表情出现时间短暂；现实生活中人们若不集中注意力有时很难发现别人稍纵即逝的微表现变化；微表情还是个体一种无意识的、自发性的生理应激反应，多为肌肉下的神经活动结果。因此，微表情被心理学用来观察人心理活动的真实情绪反应。

犯罪心理活动，尤其个体在实施犯罪之前，或犯罪嫌疑人在刚刚进入刑事调查初期的讯问阶段，大多是经过掩饰的心理表现。尤其犯罪谋杀，许多被害人在被杀之前大多没有觉察杀手的意图。在侦查讯问过程中，侦查人员对于嫌疑人也有一个试探并逐渐问出真相的过程。所以，在犯罪心理学应用微表情于侦查活动日益受到重视。尤其近年来电子技术的发展为人们提供了更为便捷的录音、录像、监控等技术手段，在公共场所的监控镜头下，犯罪嫌疑人的微表情可以提示监控前的安保人员或警察做出及时的抓捕反应。在侦查讯问中，通过直面观察和讯问录像技术，对嫌疑人在回答问题时的微表情进行分析，可具有确定嫌疑程度、掌控提问的关键时节、识别口供的迟疑和真伪、审核某些证据材料、扩大取证线索等应用的价值。目前，对微表情研究不仅用于破案，而且研究还向建立犯罪嫌疑人微表情数据库、开发犯罪嫌疑人微表情自动分析软件等方向发展[200]。

（4）犯罪心理评估技术

在犯罪危险性评估工具方面，积极引进并修订具有良好信效度的国外风险评估工具，例如，刘邦惠修订的精神病态量表（psychopathy checklist-revised，PCL-R）[201]，杨波、刘旭修订的冲动性 / 预谋性攻击量表（impulsive/premeditated aggression scales，IPAS）[202]，杨波、陈展修订的冷酷无情特质量表（the inventory of callous-unemotional traits，ICU）[203]，曹允猛修订的犯罪危险性评估问卷（the level of service inventory-revised，LSI-R）[204]，杨波、肖玉琴修订的暴力风险评估量表（violence risk scale，VRS）及其青少年版[205]等。

另外，自行编制的风险评估工具也很多。例如，以罗大华教授、周勇等为核心的课题组编制的《中国罪犯评估系统（COPA）》[206, 207]，刘柳等人编制的《暴力危险性评估问卷》[208]，曾赟编制的《罪犯出监前重新犯罪风险预测量表》[209]，曹建路等人编制的《服刑人员人身危险性动态因素评估问卷》[210]，宋行研制的《再犯风险评估表》[211]，江苏监狱管理局编制的《罪犯矫正需求评估表》《罪犯人身危险性简评表》和《罪犯心理认知行为表》[212]，许疏影项目组编制的《社区矫正人员再犯风评估工具》[213]等。

2.2.2.4　循证矫正

米歇尔・福柯在其代表作《规训与惩罚》中指出：自古以来，监狱都承载着两种“自然性质”：刑罚与矫正。监狱的这两种功能，在《中华人民共和国监狱法》的相关规定中也得以彰显，监狱法规定监狱工作的目的是“正确执行刑罚，惩罚和改造罪犯，预防和减少犯罪”。我国对现代监狱矫正功能的强调，不仅是观念的转变和制度的调整，更是一种技术与方法的创新。循证矫正作为一种新型的罪犯矫正理念和方法，在国际上已得到普遍认可和广泛应用，结合我国对现代监狱功能的界定，对罪犯开展循证矫正实践势在必行。

（1）循证矫正的概念

循正矫正（evidence-based corrections）是指矫正工作者在矫正罪犯时，针对罪犯的具体问题，寻找并按照现有的最佳证据（方法、措施等），结合罪犯的特点和意愿来实施的矫正活动。循证矫正主要包括风险评估和矫正两部分，其中风险评估是循证矫正的基础，犯因性需求是矫正关注的核心[214]。

（2）循证矫正简史

西方循证矫正的开启有其特定的历史背景。20 世纪 70 年代美国社会学家马丁森提出的“矫正无用”论对以往矫正的有效性提出了质疑。犯罪率高居不下，监狱人满为患给监管、矫正带来诸多问题，相关费用也随之不断上升[215]。为了应对现实压力，监狱必然要寻找更加优化的科学管理手段和方法，提高矫正效果，降低再犯率。此时，正值循证运动的蓬勃发展，循证在医学及其他学科领域取得的显著成绩，使得循证理念顺利引入罪犯矫正领域。加拿大是最早在监狱开展循证矫正的国家，目前循证矫正已获得该国的立法支持。英国早期主要针对罪犯个案进行循证矫正，1997 年之后循正矫正得到广泛应用。20 世纪 90 年代后期，美国也开始了循证实践，通过培训专业人员、提供技术和资金支持等扩大循证实践范围。随后澳大利亚、新西兰、挪威、瑞典、丹麦等国家也逐渐引入循证矫正实践[216]。

2012 年，我国司法部常务副部长张苏军在我国监狱系统率先引入了“循证矫正”的概念和方法[217]。2013 年，循证矫正研究与实践科研项目领导小组在京召开第一次会议，启动了项目实施工作。同年，司法部成立了循证矫正项目领导小组，张苏军副部长担任组长，正式开启了我国循证矫正的理论研究与实践工作[218]，并在全国开展了循证矫正的试点工作。2015 年，司法部在全国监狱工作会议上强调，加强心理矫治，加大罪犯心理干预、心理疏导力度，不断提高教育改造的针对性[219]。循证矫正是我国监狱系统正在积极推行的，具有理念创新、改造手段创新、效率高、因材施教等优点的矫正方法，是我国监狱矫正工作的发展方向。

循证矫正的发展体现在风险评估工具的进步和矫正项目的开发两个方面，而后者以前者的发展为基础。西方风险评估工具经历了四个重要的阶段[220]：第一代风险评估是基于专业人员（如精神科临床医生）的主观判断，准确性差[221]；第二代风险评估出现在 20 世纪 70 年代以后，主要依据静态风险因子进行再犯预测。静态风险因子是与罪犯个人犯罪史和人口统计学特征紧密相关的因素；第三代风险评估发展于 20 世纪 70 年代末至 80 年代初，特点是在第二代的基础上加入了动态风险因子的评估。动态风险因子（或犯因性需求）是指与再犯有高相关的那些动态的、可改变的因素，如亲犯罪态度、罪犯同伴、毒品/酒精滥用、就业情况等；第四代风险评估则加入了个案管理，将个案管理与风险－需求评估相结合，要求矫正工作者根据评估结果来制定干预计划并实施矫正。

（3）循证矫正的原则与方法

加拿大卡尔顿大学教授 Andrews Donald Arthur 和加拿大公共安全中心主任 James Bonta 提出的风险、需求和反应性（risk-need-responsivity，RNR）模型是循证矫正的首要原则。[222] 其一，风险原则（the risk principle）阐释什么人需要接受循证矫正；风险评估是对罪犯未来重新犯罪的危险性进行的预测，风险水平分为高风险、中等风险和低风险三个等级[214]。风险原则认为个体的风险水平与再犯可能性成正比，矫正的力度应该与风险水平相适应。风险水平越高，说明越需要得到矫正，风险水平低则矫正力度应该降低或者不需要予以矫正。其二，需求原则（the need principle）表明循证矫正的直接目标是降低犯因性需求。犯因性需求（criminogenic needs）是指导致个体表现出违背社会规则或犯罪行为的生理－心理－社会因素[223]，是那些可改变的与犯罪行为、再犯紧密相关的动态风险因子[214]。对犯因性需求的评估，主要包括反社会行为史（history of antisocial behavior）、反社会人格模式（antisocial personality pattern）、反社会认知（antisocial cognition）、反社会同伴（antisocial associates）、家庭/婚姻环境（family/marital）、学校/工作（school/work）、娱乐/空闲（leisure/recreation）和物质滥用（substance abuse）八个核心因素[224]。其三，反应性原则（the responsivity principle）是指根据罪犯的能力、意愿和学习方式来设计和实施矫正项目。一般反应性原则指应该尊重矫正对象，特别是内在特征，如人际敏感度、焦虑、言语智力、认知成熟度等，要因人施教[224]。而有效的矫正方式是认知行为疗法和认知社会学习模式。

循证矫正的方法十分重要，由不同的研究方法获得的证据具有不同的强度等级。在循正矫正中，由科学实证方法得来的结论更为可靠。在证据等级中，通过元分析或系统综述（teta-analysis/systematic review）得到的证据等级最高，随机对照组实验（randomized control trial，RCT）次之，其后依次为队列研究、案例对照研究、横断面研究、个案研究等[225]。

（4）暴力犯的循证矫正

暴力犯罪是再犯风险很高的一类犯罪。在暴力犯的循证矫正方面，中国政法大学的杨波课题组开展了成年男性暴力犯和未成年男性暴力犯的循证矫正研究。

课题组修订了由加拿大 Stephen Wong 和 Audrey Gordon 编制的、具有良好信效度的暴力风险评估量表（violence risk scale，VRS）和暴力风险评估量表－青少年版（violence risk scale-youth version，VRS-YV），并对成年和未成年男性暴力犯进行风险评估，根据评估结果，选取中高风险的罪犯作为矫正对象，并针对他们不同的犯因性需求设计和实施矫正项目。

成年暴力犯又被分为冲动性暴力犯和精神病态暴力犯，根据他们不同的犯因性需求，前者主要以降低冲动性攻击为矫正目标，后者主要以提高共情能力为矫正目标。依据前人实证研究和元分析的证据，采用以认知行为疗法（cognitive behavior therapy，CBT）为主的团体矫正项目、辩证行为疗法（dialectical behavior therapy，DBT）为主的团体矫正项目、以儒家传统文化为主的团体矫正项目。研究结果表明，CBT 类的矫正项目对冲动性暴力犯有较好的干预效果，对精神病态暴力犯有一定的改善。冲动性暴力犯实验组在人际反应指标量表上的后测总分和想象共情维度得分高于对照组；实验组愤怒自评量表的向外爆发—不对人维度的后测得分比前测得分降低；实验组犯罪倾向量表的冲动短视后测得分有所降低。精神病态暴力犯实验组在人际反应指标量表上的后测总分比前测有所提高，观点采择维度的得分有所提高，达到边缘显著，说明他们站在他人角度考虑问题以及采取他人的心理观点方面有了一定的改善；实验组在犯罪倾向量表上犯罪谋生维度的后测得分比前测得分降低。CBT 类矫正项目还能够分别降低冲性暴力犯和精神病态暴力犯实验组的狱内违纪次数，与矫正前三个月相比，矫正期间三个月和矫正后三个月的违纪次数明显减少。

未成年暴力犯的中高风险罪犯，再被分为人际攻击组和家庭问题组，前者依据冷酷无情特质（callous-unemotional，CU），又被分为高 CU 组和低 CU 组分别进行矫正。人际攻击组采用 CBT 团体矫正方法，家庭问题组采用心智化疗法（mentalization-based treatment，MBT）的半结构式团体矫正项目。结果表明，两个 CBT 矫正组的 VRS-YV 总分降低，CBT 能够有效改善人际暴力和不良行为，且 CBT 对低 CU 组的矫正效果要好于高 CU 组；MBT 矫正组的在动态心智化量表的丰富心智化的后测得分上比前测得分有所提升[205]。

2.3 社会治理中的组织与管理

组织与管理领域中有大量的研究与社会治理有关[226, 227]。组织研究中的大量工作是由从事组织行为的学者做出的，而管理与领导高度相关，领导学研究与组织行为研究存在很大的交叉。组织行为学领域的研究关注组织中个体和群体的心理和行为规律，涉及个体、人际、群际等多个层次，综合特质、情境等多方面的因素，力图科学地解释、预测乃至改变、控制组织中各主体的感受和行为。组织行为的研究关注两方面的核心结果，一是“经济人”层面的绩效表现，二是“社会人”层面的满意度和幸福感。而这些，都需要组织中的“管理人”来达成。

组织行为学领域的研究进展，总是和现实世界中的管理问题密切相关的。在当下充满变革的环境中，国内经济体制改革不断深化，企业面临更加国际化的商业竞争，而且技术进步可能带来跨行业的颠覆性改变，如何在理论研究和企业实践中更科学地应对，成了企业和学界需要共同面对的问题。由此，把握管理学领域国际一流期刊的研究趋势，从研究问题、研究方法等多个层面思考未来的研究趋势，为政策制定和商业实践提供启发。

2.3.1 组织管理的研究的热点话题

张志学、鞠冬和马力（2014）梳理了 2008—2011 年间国际期刊上组织管理研究的现状[228]。他们发现，就发表研究的数目而言，国际学术期刊中排在前面的研究话题依次是领导力（leadership）、团队（team）、公平（justice）、身份和认同（identity & identification）、组织公民行为（organizational citizenship behavior）、创造力（creativity）、工作－生活关系（work-life）、多样性（diversity）、信任（trust）、绩效（performance）、创业（entrepreneurship）、CEO、职场例外行为（deviance）、知识（knowledge）、变革（change）、离职（turnover）、冲突（conflict）、决策（decision making）、情绪（emotion）、压力（stress）、伦理（ethics）、情感（affect）、谈判（negotiation）和权力（power），共计24个话题。

在上述工作之后，张志学研究团队[229]再次对2014—2017年间的英文期刊的关键词进行了排序，发现除职场例外行为和谈判外，其他话题都仍是热点，而新上升的话题则包括工作满意度（job satisfaction）、社会网络（social networks）、动机（motivation）、社会交换（social exchange）、自我调节（self-regulation）和辱虐式监管（abusive supervision）等。

新近的研究中出现的一些趋势值得关注。首先，绩效这一关键词热度登顶，进一步查看发现，宏观层面（战略方向，主要是公司绩效）和微观层面（组织行为方向，包括个体和团队绩效）研究大约各占一半。在微观层面的研究中，团队绩效或群体绩效的研究已经占到了25%左右。未来的绩效研究，一方面在研究层次上，不能仅停留在个体水平，要注重群体水平的研究；另一方面，需要结合微观和宏观的视角，综合解释内部机制。

其次，变革这一话题也进入深入讨论阶段，创新和创造力的话题在上次张志学、鞠冬和马力（2014）总结的热门话题位列第6，在2017年出现的热门话题中位列第5，显示学者们对这个话题的兴趣仍在持续。这和现实世界中的技术发展和行业变革密切相关。还可以看到，不少潜在的上升话题可能都和这一趋势相关，例如内部动机（intrinsic motivation）、冒险行为（risk taking）、探索性行为（exploration）和不确定性（uncertainty）等。结合环境因素和个体特质共同探讨哪些行为策略能有效地促进创新，应该会是此类研究持续的增长点。

另外，情绪方面的研究热度正在增强。具体而言，和消极情绪状态有关的一些话题，包括倦怠（burnout）、情绪枯竭（emotional exhaustion）等研究比积极情绪更多，与此相关的一些话题，如情绪劳动（emotional labor）、情绪调节（emotion regulation）也逐渐增加。以情绪劳动为例，自Hochschild（1983）[230]提出情绪劳动以来，早期的研究较多地探讨情绪劳动对从事服务行业的员工的负面影响[231, 232]。但近年来，学者发现在特定的情况下情绪劳动会有正面的影响[233]。同时，以往对情绪劳动的研究主要聚焦在企业的员工，而近期的研究开始转向对领导层面的研究[234, 235]。另外，近期的研究认为表面表演和深层表演会同时存在。Gabriel和Diefendorff[236]通过对呼叫中心模拟来研究在单一的互动过程中，顾客的不文明行为如何影响员工的情绪劳动。经过持续的测量（每200毫秒捕捉一次）参与者的感受情绪、表面行为、深度表演和声音音调，研究发现情绪劳动中表面表演和深层表演同时出现在情绪劳动之中。

2.3.2 领导力研究的热点话题

绩效和满意度的达成都有赖于组织中的管理者和领导者如何推动企业的发展、引领团队的协作和支持个体的进步。领导力的研究经历了特质、行为和权变的不同视角，一直以来都是组织管理学界研究的核心问题和热点话题。

继张志学、施俊琦、刘军[229]总结了2009—2014年间领导力领域的研究话题之后，再次对2014—2017年间的文献进行了梳理，发现本领域在热点话题没有发生什么变动，仍然集中于领导成员交换（leader-member exchange）、新型领导风格（“newer genre” leadership，例如变革型领导、魅力型领导等）、辱虐式管理（abusive supervision）、高管团队（top management team）、领导发展（leadership development）等方面，但是在研究内容上更加深入。

首先，在领导力类型的研究方面，当下涌现出了许多新型领导风格的研究，主要有：变革型领导（transformational leadership）、魅力型领导（charismatic leadership）、整合型领导（integrative leadership）、真诚领导（authentic leadership）、道德型领导（ethical leadership）、关系型领导（relational leadership）、共享领导力或集体型领导（shared leadership or collective leadership）、谦卑型领导（humble leadership）等。其中，有接近一半的领导力研究涉及了变革性领导或魅力型领导这类新型领导风格。

随着这一话题的发展，近期关于此类研究也受到了不少批评和深入的讨论。首先，部分学者质疑，新型领导风格和领导下属间的情感联系（例如喜爱等）缺乏区分效度。Hannah，Sumanth，Lester和Cavarretta[237]指出，一些多层次的领导力研究[238, 239]，表明新型领导风格并非只出于情绪上的喜爱，而是可靠的概念。更重要的是，Mumford和Fried[240]提出，这些新的领导风格尽管各有侧重，但基本上都汇聚于道德行为。基于一种规范化价值观的角色榜样，Hannah等人[237]也认为这种对领导风格过分理想化的关注，可能超越了下属在日常工作中对领导的真实期待和需求。他们认为，新型领导风格的出现填补了过往对领导者的远见、鼓舞、透明度、情绪关注等领域的忽视，但研究者应该考虑到组织中的具体情境，将绩效指向的领导力和新型领导风格的研究结合起来。

其次，辱虐式管理（abusive supervision）这种负面行为最近也备受关注[241]。最新的一篇理论性文章中，Oh和Farh[242]指出，从情绪加工的角度看待下属遭遇辱虐式管理的反应，在时间上可以分为认知评价（appraisal）、情绪经历（emotional experience）和行为反应（behavioral response）这三个阶段。在认知评价阶段，个体特质和环境因素都会影响下属的评价结构，进而引发愤怒、恐惧、悲伤三种不同的情绪状态，而这三种情绪是主导、压抑还是成功应对会导致不同的行为结果，例如被愤怒情绪主导的下属可能做出直接针对上级的攻击行为，而抑制了愤怒情绪的下属可能做出其他的反生产行为（例如对其他人的攻击、组织公民行为减少等）。

另外，近10多年来以员工为关注重点而提出的谦卑领导的特征，在领导力研究领域中日益受到学者们的关注。在个体层面，谦卑型领导有助于建立良好的人际关系[243]。在团队层面则有助于推动团队整合、形成授权型氛围促进共享型领导的产生[244]以及提高团队绩效[245，246]。

此外，领导风格方面也有一些比较特别的新变量出现。例如 Chen 和 Nadkarni[247]提出了 CEO 的时间领导力（temporal leadership）这一新概念。时间领导力主要受到领导者知觉到的时间急迫感（time urgency）和工作节奏（pacing style）的影响。时间紧迫感高、工作节奏倾向于早行动或平稳行动的领导者，时间领导力更好，其对于企业创新、投资等战略行为有积极影响；反之，时间紧迫感低、工作节奏倾向于后期行动的领导者，时间领导力不佳，对公司战略有消极的后续影响。这类针对高管团队提出的一些新的领导风格，并且探讨其对公司战略的影响，将微观层面的组织行为和宏观层面的战略研究结合起来。

在领导力领域的理论发展中，张志学等[229]介绍了在 2010—2014 年间提出的一些理论，这些理论虽然称不上宏大完整，却提供了新的角度和解释方式。一是 Morgeson，DeRue & Karam[248]将功能型领导理论（functional leadership theory）引入了团队研究中，从团队内外和是否正式两个维度，区分了四种不同的团队领导力——内部正式领导（项目经理）、外部正式领导（如团队赞助者）、内部非正式领导（自发形成的非正式领导）、外部非正式领导（如团队导师），此外，他们还总结了团队策划任务、任务过渡阶段、任务执行阶段所需要的不同的团队领导功能。二是多团队系统中的领导力（Leadership in Multi- team System）。为应对需要多方协调的紧急事件时，组织一般需要成立多团队系统，将原属不同领域甚至不同机构、专业背景各异的团队或零散个体协调起来完成工作。这种团队一方面需要完成紧急、挑战性高的任务，另一方面内部组织复杂、还需要保持大量的外部沟通，因此非常值得关注研究。Zaccaro、Marks 和 DeChurch[249]认为目前的研究还无法简单回答多团队系统的领导力的最优结构，但关键应该是促进各团队之间的融合。Lanaj 等人[250]发现，多团队系统在集中而非分散的领导结构下表现更好。第三是借鉴网络理论的方法研究共享领导力。Contractor 等采用网络分析法捕捉了共享领导力的三个关键问题，即成员的集中性、角色的多重性和时间稳定性[251]。

最近三年来，在领导力领域的新理论方面，*Academy of Management Review* 期刊中有一些具有新颖的高水平文章发表，值得关注和借鉴。

Spisak，O'Brien，Nicholson 和 van Vugt（2015）借用了生物学中的生态位（niche）概念来解释领导力的发展和演化。过往的领导力理论更多将领导力看做一种个体的静态的特征，而该理论提供了一种过程性的视角。并且该理论可以同时关注到领导者的主体性（领导者主动选择的行为）和客体性（领导者也受到组织内环境和人际互动过程的影响）[252]。所谓生态位，是指一个物种所处的环境以及其本身生活习性的总称。每个物种都有自己独特的生态位，借以跟其他物种作出区别。进化会导致有亲缘关系的物种去占据不同的生态位，减少竞争的机会，增加生存和繁殖的可能性。借鉴这一生物学理论，Spisak 等[252]认为领导力最开始可以被认为是个体发展出来的一种适应性能力，以便相互影响、彼此协作。在解决物理环境和文化环境中的问题的过程中，领导者和下属的互动就形成了不同的生态位，增加了生存的机会。随着文明的演进，从农业文明到工业文明、再到现代社会，领导者获取生态位的特征也发生了变化。竞争的压力也影响了领导者和下属之间的互动。下属在组间竞争比组内个体间竞争更为激烈的情况下会追随领导者完成群体目标，甚至暂时性地牺牲个体利益，而给定不同群体的投入（下属对自己组的投入）。如果组织环境强化互惠型的领导风格（无论是正式手段或者非正式的声誉体系），组织中的生态位都将稳定。

Hammond，Clapp–Smith 和 Palanski[253] 提出了超越工作场所，跨领域地去看待领导力发展的问题。个体领导力的发展源于多个领域的经历，不仅有工作领域，还有社区、家庭、朋友等领域，但是这种跨领域的领导力发展过程很少被研究。基于意义建构（sense making）的整体框架，他们认为，领导者会注意到并且解释理解跨领域间的领导力的联系和差异，导致领导者的身份认同在强度、整合性、意义等方面的变化，这些变化有利于深化或者宽化领导者的能力。例如在工作和社区服务这样不同的领域，个体可能在目标、价值观、满足感、领导技能和行为等层面感受到相似性，因而感受到跨领域的领导力的关联性，当然也有可能因为意外的失败而意识到领域间的差异。无论是关联还是差异，领导者内心都会进行解释和理解。感受到更多关联的领导者，更多低采用自动化的加工，提高了对自己领导身份认同的强度和整合性，最终强化了能力的深度。而感受到领域间的差异时，如果领导者采取学习目标导向、感受到更多社会支持，更可能采取辩证思考，增强了对自己领导身份认同的层次和意义感，最终扩展了能力的宽度；反之，感受到跨领域差异时，如果领导者学习目标较低、社会支持较少，更可能会极化思考，和自动化加工类似，最终导致领导身份认同的强度与整合性的提高和随后能力的深化。

从上述国外研究中出现的新理论可以看到，为了更好地解释领导力，需要扩展研究的视野和边界。新的理论和话题的产生可能有以下几种特征：第一类，关注现实中的管理问题，例如多团队系统、领导力跨领域的发展；第二类，将领导力理论和其他话题相结合，例如把功能性领导理论引入团队研究；第三类，借鉴其他研究的方法，例如采用社会网络的研究方法讨论共享领导力；第四类，借鉴其他学科可类比的理论，构建新的整合性理论，例如从生态位视角探讨领导力的进化。

2.4 危机管理中的心理问题

健全公共安全体系是我国现阶段的重要任务之一[254，255]。当前，我国社会环境的一个显著特点是具有高度的不确定性。一方面，我国正处在社会变革阶段，民众面临体制改革、医疗方案改革等，这些社会变革对民众的生活产生深远的影响。而变革本身势必存在不确定性；另一方面，从世界范围来看，从自然灾害到恐怖袭击，各类突发危机事件时有发生，对处于危机事件“漩涡”中的人造成巨大影响，而由于这些事件的高度不确定性，其危害和影响的范围也可能扩散到事件外围。

本报告将从民众的危机风险认知、心理安全感和群体事件三个角度来梳理危机管理中的心理问题。首先，在各种频发的危机事件中，当个体意识到自身处于一个充满着不确定性的环境中时，会表现出一些特定的心理和行为规律。本报告将从民众的视角出发，考察民众在具有不确定性的社会环境中的风险认知特点和危机应对反应。其次，这样的心理行为反应延伸到一般情景下，会使民众长期体验到心理上的不安全感。中国社会科学研究院发布的《公共服务蓝皮书》显示，从 2012—2014 年，安全感始终受到民众的高度关注[256, 257]。而研究表明，缺乏心理安全感将影响个体的风险态度与行为[258-260]，许多涉及政府管理、企业经营和个人生活的风险决策一旦选择不当，将引发一连串负性结果。本报告将在分析民众的风险认知和危机应对特点的基础上，关注民众心理安全感及其对风险决策的影响。最后，伴随危机事件和社会变革带来的环境不确定性，长期的心理不安全感的累积不仅可能使个体的决策出现偏差，也可能通过人际互动导致群体之间的各种矛盾和冲突。根据中国社会科学院法学院研究所发布的《2014 年法治蓝皮书》报告，2000 年至 2013 年间，仅来自纸媒和网络媒体报道的发生于中国境内规模在百人以上的群体性事件就有 871 起，2008 年之后的升幅尤其明显[261]。《中国社会公共安全研究报告》中显示，2010 年之后全国的群体性事件总数在 14 万到 17 万起之间[262-264]。群体性事件作为一项重要的社会不稳定因素，其从个体层面出发的累积过程和在群体层面的特定心理机制，也是危机管理中需要特别关注的问题。整体而言，本报告将在总结以上三个角度国内外研究进展的基础上，对未来研究进行展望，并为现实中的社会治理实践工作提供参考和决策建议。

2.4.1 民众的危机风险认知和应对特点

以风险认知、信息传播和应对反应为核心，风险的社会放大框架（social amplification of risk framework，SARF）系统地阐述了在一个社会中，公众如何对风险信息进行感知、理解、传播和放大的[265, 266]。如图 1 所示，风险相关信息会在正式（机构和国家）和非正式（个体和小群体）两个层面获得感知和传递。在这个阶段，许多个体和社会因素会放大或削弱风险信息，进而诱发民众的心理和行为反应，包括焦虑情绪、预防和保护性行为、态度改变等，也会给机构或社会带来政治和经济危机等次生影响，这些影响从风险事件的直接受害者开始如涟漪一般层层向外扩散。心理学领域的风险沟通研究更多地集中在个体层面的信息感知、信息传播和心理行为反应。

在风险信息感知方面，个体的风险认知以及相应的决策行为容易受到各种启发式、无关信息和情绪因素的影响，从而产生较大的偏差。比如，国外研究发现，民众对自然灾害的风险认知往往与灾害发生的可能性和严重程度没有直接关联，而更多地受到个体相关经验的影响，媒体报道等信息带来的间接经验能够有效提升没有受灾经验的民众风险认知，也能在灾难直接经验的影响随时间逐渐减弱的情况下再次激活个体的对灾害的关注[269]。

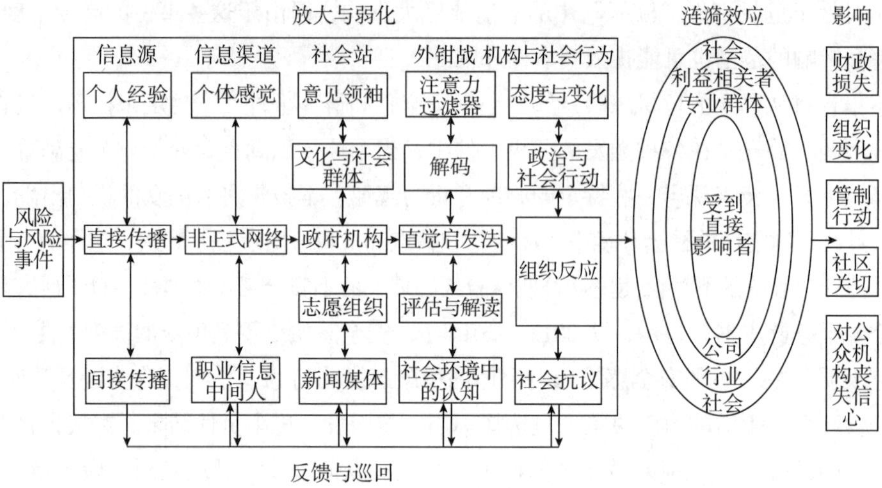

图 1　风险的社会放大框架示意图[267, 268]

当民众面对繁杂的信息而自认为没有能力自行做出有效判断时，专家和权威观点会成为主要的判断依据，这种认知捷径大部分基于民众对专家和权威的信任[270, 271]。Mase、Cho 和 Prokopy（2015）以气候变化为风险情境，发现在风险信息传播和反馈的过程中，个体对信息源的信任和对风险的直接体验（可得性启发式）是个体风险认知形成和态度改变的重要因素[272]。

国内外的许多研究都发现，个体不仅会在风险感知上存在偏差，风险感知与应对行为等其他变量的关系也存在不一致的趋势。Wachinger 等（2013）提出了“风险认知悖论”（risk perception paradox）：即使民众对某些风险建立了较高的风险认知，这种高风险认知并不会转化为实际的预防或保护行为，这可能是因为个体在考虑自身是否要暴露于危机环境中（如选择在水灾高危地区定居）时，进行了收益和风险的权衡[273]。国内的一项公众风险认知和应急能力调查中发现，大部分民众都倾向于对灾害和突发事件的发生可能性和影响程度做出中等程度的评估，有些民众即使认为这些事件可能造成非常大的影响，也并不愿意将这些事件的发生可能性与自身联系起来，而公众对自然灾害的应对能力也存在不足[274]。值得一提的是，国内学者谢晓非、李纾等从 SARS 和汶川地震时期开始的一系列研究发现了心理台风眼效应（psychological typhoon eye effect），不同于公共风险事件影响随时空延伸或灾情程度递减的涟漪效应，处于风险事件中心区域的民众反而比外围区域的民众风险感知和担忧水平更低[275–279]。

在风险信息的传播方面，Chung（2011）基于 SARF 模型，以韩国的穿山隧道建设可能带来的环境风险为情境，考察了网络环境中风险信息的传播和放大过程。Chung 指出，面对此类环境风险，环保组织等群体作为社会站，是主要的风险信息源，他们首先将信息向公众和其他社会机构传播，网络为信息的沟通和传播提供了一个高效的平台。通过网络传播，风险信息或环保抗议行动可以迅速从地方向外扩散，短时间内获得大量的关注，网上信息获得的关注程度也验证了时间和空间上的涟漪效应[280]。而随着公众对社交网络的普遍使用，在危机事件出现时，民众可能会在短时间内通过社交网络获得有关事件的大量信息，国内学者 Lu、Xie 和 Liu（2015）通过计算机模拟微博信息考察个体对重复风险信息的风险感知，发现了风险感知随信息重复次数的“倒 U 型”变化趋势：随着重复信息的增加，个体的风险感知随之提升，在 10~20 次的重复次数时达到较高水平，而在 20 次重复之后开始逐渐下降[281]。

在危机应对行为方面，风险信息寻求和加工模型（risk information seeking and processing model，RISP 模型）整合双加工理论和计划行为理论，认为个体会考察已获得的信息是否达到了一定的信息充分性阈限，信息充分性的判断受到个人特征、风险特征、情感反应、主观规范等背景变量的直接或间接影响。当个体判断信息充分性不足时，会激活寻求和加工信息的行为，对信息充分性的需求越强，越偏好系统化的信息加工方式。需求到行为的转变还会受到个体所知觉到的信息通道可用性、信息收集能力等行为达成可能性或行为效能感的影响[282]。Gutteling 和 de Vries（2017）通过电话访问的方式研究个体在面临紧急或长期危机情境时的反应偏好，考察了人口学变量、信息信任、风险认知、社会规范和行为效能感的影响，发现在紧急危机情境中，年龄和风险认知能够直接预测个体的信息寻求倾向，而在非紧急情境中，影响因素则更为复杂，这提示了在面对紧急的危机情境时，个体的反应可能趋于简化或直觉[283]。在一项元分析中，Yang、Aloe 和 Feeley（2014）整合了 13 个考察 RISP 整体模型的研究，发现当前知识水平和信息相关主观规范有相对更大的影响，是整个模型的中心，但这两个变量并非特异性地适用于风险情境，提示 RISP 模型的整体有效性还有待进一步的验证[284]。

国内学者李虹对民众在危急情景中的逃生决策和从众行为进行了一系列的研究，聚焦于决策中的信息呈现与双加工过程。他们在模拟火灾逃生决策研究中发现，个体的决策通路受到信息呈现方式的影响，在直接呈现逃生信息的条件下（直接给出逃生选项），分析决策能够在一定程度上对直觉决策进行干预和调整，而在隐含逃生信息的条件下（给出与逃生相关的关键词），直觉决策占主导作用[285]。在另一项类似的研究中，他们也发现了直觉决策的主导作用[286]。Hu，Li，Jia，Xie（2016）关注个体在危机情境中的社会互动与环境感知之间的关系，发现在寒冷的危机情境中，个体的利他行为能够增进个体与他人间社会距离的感知，进而带来积极的身体感知（环境温暖感知）[287]。

2.4.2 民众的心理安全感及其对风险决策的影响

心理安全感的核心内涵是，个体对可能受到的伤害的焦虑，以及对潜在风险的感知[288，289]。它可表现在不同领域。例如，国内学者 Lu、Xie、Wang 和 Tang[290]以及谢晓非和陆静怡[291]着眼于金钱和人际领域的心理安全感，他们认为，当个体面临金钱损失或不利的社会比较结果时，会产生不安全体验。Edmondson 等着眼于组织领域的心理安全感，

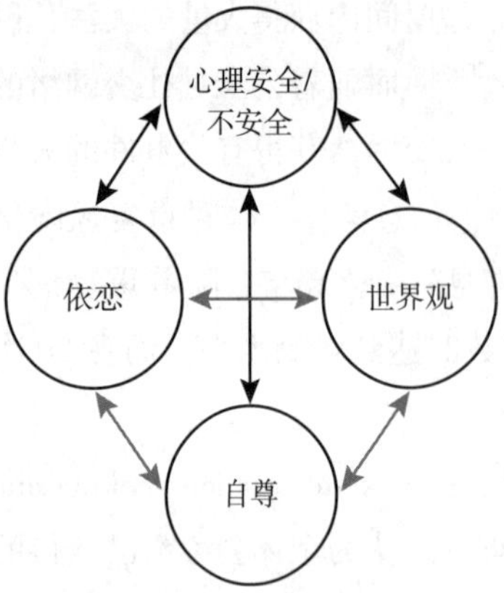

图 2　心理安全感的三元模型

认为它是个体对组织环境中人际风险的知觉[292, 293]。曹中平、黄月胜、杨元花（2010）把我国初中生的心理安全感细分为自我、人际、情绪三个维度[294]。

近期，Hart（2014）提出了心理安全感的三元模型，对不同维度的心理安全感进行了很好的整合。他指出，较高水平的自尊、良好的依恋、稳定的世界观均可诱发心理安全感，三者密切相关（如图 2 所示）[295]。事实上，自尊对应于个体层面的心理安全感，指由积极的自我概念引发的安全体验。依恋对应于人际层面的心理安全感，指由与他人良好的连接关系引发的安全体验。世界观对应于价值层面的心理安全感，指由稳定的价值体系引发的安全体验（见表 1）。

表 1　心理安全感的三层面及其威胁手段

层面	表现	威胁手段
个体	较高的自尊	自我概念威胁
人际	良好的依恋	依恋阻断
价值	稳定的世界观	世界观威胁

风险敏感性理论（risk-sensitivity theory）[296, 297]为探讨心理安全感如何影响风险偏好提供了理论基础。该理论的核心思想是，个体的风险偏好水平取决于他 / 她的需求（need）水平。所谓需求是指个体当前的状态与其理想状态之间的差异。当需求水平较低时，即当前状态与理想状态之间的差异较小时，个体倾向于风险规避（risk aversion）；相反，当需求水平较高时，即当前状态与理想状态之间的差异较大时，个体倾向于风险寻求（risk seeking）。

上述假设来源于鸟类觅食理论[298]。当一只鸟自身的能量不足时，它倾向于选择高风险的觅食地点（可能有很多食物，也可能只有很少的食物），因为高风险的觅食地点有可能提供较多的食物，只有获得这些食物才有可能使其生存下来。相反，当一只鸟自身的能量较为充沛时，它则倾向于选择低风险的觅食地点（确定有一定量的食物），因为低风险的觅食地点提供的食物量足以让其生存下来。

也就是说，个体追求风险的根本目的是为了满足自身的需求[299, 300]。风险敏感性理论得到了实证研究的支持。例如，研究者发现，当个体与他人进行比较并察觉到自己处于社会比较的不利状态时，他们在风险决策任务中更倾向于冒险[301]。类似地，当人们体验到不公平时，他们会比体验到公平时更加冒险[302]。

Maslow（1943）在需要层次理论中提出，安全感是人类的基本需求（need）之一。这种需求不仅是生理层面的，也是心理层面的[303]。事实上，“人类的许多行为都指向维护心理安全感”[304]，因此，心理安全感对人类具有重要意义。Roy（1952）的安全第一原则也提出，维护心理安全感是人类的基本目标[305]。因此，心理安全感是人类的一种基本需要。当心理安全感受到威胁时，个体就在动机层面产生了需求。心理不安全水平越高，人们的需求越大。因此，从理论上而言，相比在心理上体验到安全感时，当人们感到心理不安全时，他们更倾向于风险寻求。

当前，研究者开始采集实证数据从而探讨心理安全感与风险偏好之间的关系。尽管心理安全感涉及个体、人际与价值三个层面，但是，由于此方面的研究刚刚起步，因此，研究者更多地从人际层面的心理安全感入手。例如，Duclos，Wan 和 Jiang（2012）用受到社会排斥来体现人际层面的不安全感。他们的研究表明，相比未受到社会排斥的个体，被社会排斥的个体更可能在金钱任务上冒险[306]。在针对青少年的研究中，也发现了类似的结果，社会排斥的程度与冒险程度呈现正相关关系[307]。Buelow 和 Wirth（2017）的研究表明，当人们受到社会排斥之后，他们会在爱荷华赌博任务（Iowa Gambling Task）和掷骰子任务（Game of Dice Task）中表现得更加寻求风险[308]。

此外，还有一些间接的证据也表明，心理不安全感会促进风险寻求。组织领域的研究发现，具有较高心理安全感的员工更乐意建言[309, 310]、更倾向于与同事分享知识[311]、表现出更高的创造力[312, 313]。而建言、知识分享、创新都伴随较大风险[314]。例如，建言可能会降低上级对自己的评价，分享知识可能会使同事的绩效超过自己，创新很可能导致失败。因此，上述研究显示，较高的心理安全感促使人们更加寻求风险。

2.4.3 群体事件的心理机制

回顾已有关于群体性事件的文献，研究视角集中在社会学、政治学、行政管理学和经济学，研究内容涵盖了群体性事件的成因、发生、发展和应对[315]。其中，关于群体性事件成因的探讨，是基础也是关键。对这一问题的认识，可以大致归纳为八类：社会群体间的利益冲突；分配不公正导致社会不满情绪；正常利益诉求管道失效；制度或法律系统缺陷；腐败现象；地区间经济发展不平衡；对党政部门的政治信任问题；干群关系[316, 317]。遗憾的是，上述探讨主要集中在社会原因的层面，没有专门针对心理因素，且方法论多以思辨为主，缺乏来自实证特别是因果关系的检验，无法保证系统性和严谨性。现实中，当经济和社会态势为群体性事件的产生提供土壤时，问题即变为解释个体为什么参与其中[318, 319]。社会心理学认为，对抗性的群体行为如果不能得到有效化解，有可能发展为行动目标更为明确、组织性更高、影响更大的社会运动和社会革命[320, 321]。因此，探明群体性事件的心理机制，不仅有助于从理论上掌握群体性事件的发生规律，也可以为应对此类事件的策略提供实践方案和技术支持[322, 323]。

群体性事件（mass incident）是指民众与党政部门或强势社会集团的对抗性冲突[324]，

尤其是民众与政府和官员的抗争性互动[325]；在行为层面上表现为基于个体的联合行动（united action）。不同于情绪性和自发性的集群行为（collective behavior），也不同于工具理性和组织性的集体行动（collective action），群体性事件显示出两个典型特征："情理兼备"和"自组织化"。据此可将其划分为情绪主导型群体性事件和工具主导型群体性事件两类。根据群体性事件产生的酝酿过程、动员过程与组织过程，可将群体性事件的心理机制形象概括为"冰山模型"，如图 3 所示。

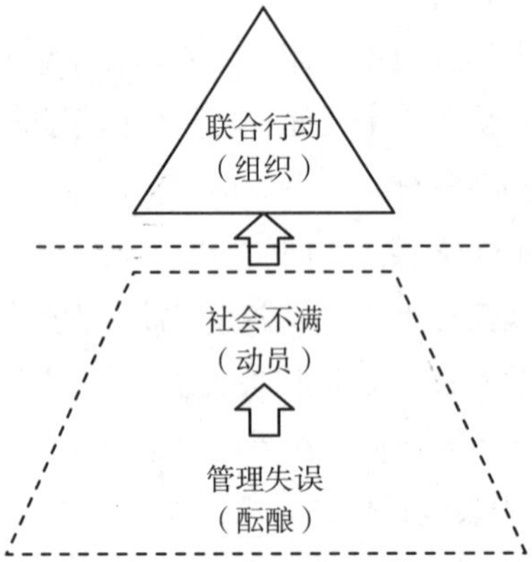

图 3　群体性事件心理机制的冰山模型

酝酿过程即群体性事件的根因源于管理失误（administrative errors），即党政官员的知识及人误和启发式决策转变为管理制度、政策、规则、程序的缺陷[326, 327]。主要先表现为公共政策失误与不当行政。管理失误跟明知有"副作用"却不得不施行的政策不同，它是一种潜在失效。只有当不良后果出现后，我们才能发现这些政策和行政行为的缺陷。管理失效直接导致了社会不满（social discontent），这形成了群体性事件的动员过程。社会不满可以看做一个地区多数人共同的负性态度和情绪，构成了该地区否定性的社会心态[328, 329]。产生这样的负性态度和情绪的核心社会比较过程是相对剥夺[330]。研究表明，虽然个体的和群体的相对剥夺感并不必然引发对抗，但是群体相对剥夺感在群体性事件的动员中作用更大[331-333]。此外，群际威胁认知、群体效能感、群体（愤怒）情绪、群体认同等因素也在社会不满的过程中起着助长作用[334, 335]。当这些因素都具备时，群体性事件的爆发就不可避免。群体性事件的组织过程就是参与者基于个体的联合行动。这当中涉及的心理因素主要是谣言、权威信任、去个体化与速生规范。谣言传播会放大群体情绪与群体效能的作用，成为联合行动的正催化剂；权威信任则能抑制联合行动的扩大，成为负催化剂；而去个体化成为联合行动的心理氛围，速生规范则为联合行动提供行动指南。此外，群体认同、群体情绪和群体效能还会继续给"力"。按照"酝酿 – 动员 – 组织"的叙事逻辑，管理失误、社会不满与联合行动自始至终完整诠释了群体性事件的发生规律。当然，"群体性事件心理机制的冰山模型"目前尚停留在理论层面，尤其是对组织过程的实证支持有待于未来研究的开展。

3 学科国内外研究比较

3.1 在研究问题方面

在此领域，国内外研究在概念、理论与研究范式等方面均有一定的共通性，在很多结论上，中西方被试者也表现出相同的效应，可以互为验证。不过在某些方面，国内研究与国外还是有一些细节差异。报告将以社会治理中公众心态这一研究领域为例，分析国内外研究在概念与理论问题方面的异同之处。

首先，在社会公众心态中社会公平感历来都是研究者高度重视的一个研究主题，然而需要以何种价值尺度来看待公平感，国内研究者态度并不一致。国外学者越来越多地强调社会公平感的负面作用，而国内更多强调“增强民众公平感”，当然目前国内学界对此问题的看法也已经发生了一些转变。另外，在增强阶层流动性的干预研究方面，国外研究已经有了初步的开展，而国内研究还相对滞后。目前虽然也有不少国内学者关心阶层流动或者扶贫脱贫问题，但这其中从心理学视角出发开展的实证研究还非常有限。

其次，在群体情绪方面，近年来我国学者对群体情绪的研究成果多集中在概念、测量、特征、形成原因和消极情绪疏导方法等方面。董颖红（2014）在系统总结心理学情绪结构理论、信息科学情绪分析相关技术发展、情绪词库及相关测量指标建构工作的基础之上，结合网络情境与大众习惯，构建了适用于网络微博客情境的基本情绪词库和情绪维度词库，获得了快乐、悲伤、愤怒、恐惧和厌恶五种基本群体情绪；并且在此基础上采用因果检验等时间序列分析技术，对群体情绪与社会风险感知和社会风险决策间的关系进行了研究，发现群体情绪在发生时间上存在领先性[336]。王俊秀（2016）总结了新媒体时代的群体情绪特征，并且给出了消极情绪疏导的策略[329]。他认为新媒体时代群体情绪更容易相互感染，社会成员更容易产生共同情绪；当前群体情绪是分化的，更容易导致两极化；海量大强度事件使人们的情绪反应钝化，情感淡漠；传播放大了风险，也提高了群体情绪强度。但从总体上看，我国这些研究基本还处于描述阶段，缺乏对群体情绪内在机制的探讨，也还没有形成一个较为完整的体系。相对来讲，国外研究在探讨群体情绪形成的心理机制上，要较国内研究更为深入，但研究视角在实践应用方面不如国内研究更有针对性。

最后在社会信任方面，国内外研究在理论和研究问题方面也有一些出入。国外的学者提出了信任以及信任发展的理论模型，如凸显价值观相似模型（salient value similarity），该模型认为是凸显价值观的相似性决定了信任水平的高低。功能性理论（functioning theory）从信息加工方式和表征类别的角度来解释信任，把信任看成是一种内隐加工的结果。此外，对信任发展的模型也有大量的论述：如信任发展的二元互动模型[337]、理性选择模型[338]、动机归因模型[339]以及可信赖程度——合作双螺旋模型[340]。在研究内容上，国外的研究者把信任和风险联系在一起，关注了社会风险背景下，信任如何发挥作用。如有研究关注信任如何影响民众对风险信息的加工[341]。对信任的测量方面，国外学者区分了一般信任与特殊信任，并制订了相对应的测量方式，测量方式的不同可能导致研究结果的不同[342]。而在国内，学者们从实际问题出发，既有从宏观上对信任做普遍调查的社会调查，如翟学伟等人的“中国社会信用制度研究”课题组对全国性大样本的抽样调查，中国人民大学主持的中国综合社会调查（CGSS2010）也都从宏观上对社会信任现状做了一些初步的调查；又有从微观上对信任及其相关机制做深入探讨的基础研究，辛自强课题组对影响信任的外部社会环境因素作出了一些研究，也取得了丰富的成果；也有致力于在具体的社会问题中考虑信任作用的应用研究，如伍麟课题组就社会治理中的社会信任问题，从风险感知的视角关注了信任的作用。总体而言，国内学者也注意到了信任在社会中的重要价值，开始对其进行关注，但有待加大投资力度，全方位深入地探究信任在社会发展中的巨大价值。

3.2 在社会文化差异方面

探讨社会治理中的心理学问题，这显然离不开对于社会文化的深刻把握，因此这一方面，国内外研究也存在着很多差异。本部分将以道德问题为例，阐述基于中国本土化的道德问题的研究进展，来展现中西方研究的差异。

3.2.1 传统道德的文化根基与功能

儒家文化强调“亲亲为大”，因此，家庭是中国传统伦理纲常的基础，也是中国人自我的重要组成部分。蔡华俭团队发现，家庭我（Family Self，对自我和家庭共享的某种价值观的肯定）能帮助中国人保护个体自我，降低死亡威胁、刻板影响、负性反馈等多种威胁带来的焦虑等负面效应，并使他们有更多注意力和控制力资源、并勇于拒绝不公分配，而这一结果并未在西方被试身上发现[343，344]；此外，还发现乡愁与自我促进有正相关，且二者在遗传基础上有中等程度的相关[345]。许燕团队发现，家庭关系、亲子沟通、父母关注、父母控制等家庭功能的良好实现，有利于增强青少年的责任心，并减少他们的道德推脱行为[346]。此外，蔡华俭等人的研究还发现，尽管中国人在内隐和神经层面跟西方人一样表现出自尊和自我增强的动机，但在外显层面却不会向西方人那样表现出明显的自我积极性，这可能反映了中国人的谦虚美德和人际策略[347，348]。类似的，吴胜涛等人发现，中国人的正义感注重个人利益的自我反思，当处于积极有利的位置时，中国大学生比德国、俄罗斯的大学生更可能感到不安，并表现出对他人不幸的关切，这与儒家“君子喻于义、小人喻于利”的教化一致[349]。

对于上述不同于西方的中式道德观念、行为，大家往往从集体主义文化接纳现实、克制自我的角度来解释。香港中文大学的赵志裕尝试给出理论解释。他认为，在中国文化下个体更多持有描述型的道德学说，而西方文化下个体更多持有规范性道德学说[350]。前者将道德定义为社会多数成员认可的行为准则，强调自我、社会及文化传统的统一及社会情境性；而后者将道德定义为一个理性的、适用于所有人的行为准则，强调道德的自律性和普遍性[351]。研究确实发现，中国人对公平、仁爱等道德规范的情绪反应取决于社会情境，如相对于传统社会、非工作场所，现代社会、工作场所中的道德违反会更大地诱发愤怒情绪；同时，中国被试对道德违反的情绪反应也会受到多数人意见的影响，当被试意见与多数人意见不一致时情绪反应则较弱[352–354]。

此外，近年来的研究发现，中国人在一些经典的道德认知上跟西方人很不相同。相对于西方人更多地认为将杀人、歧视、撒谎等伤害性（Harmful）行为归为不道德，中国人更多地将不尊敬父母、背后说人坏话、大声喧哗、乱搞男女关系等不文明（Uncivilized）行为归为不道德[355]。吴胜涛等人关于世道正义观的研究也发现，普通中国人并不认为中国的社会不公是一个问题；相反，他们虽认为自己遭遇不公，但仍然相信世界总体稳定有序[356]。这些独特发现有助于解释中国为何在西方社会主导的社会秩序中面临伦理困境。儒家文化对不文明行为的道德泛化，甚至压倒了对公平、仁爱的道德强调，使得中国文化容易陷入人情、面子压力，而相对忽视了对人性、法治的尊重。例如，许燕团队关于腐败的研究发现，行贿者会利用官员的人情压力，通过“心理绑架”逼迫他们一步步走上违法乱纪的道路[357，358]。此外，刘潇肖等人发现，当公司决定是否聘用一个中等能力的员工时，中国人并不像美国人那样认为利用私人关系或搭便车是不公平的[359]。

3.2.2 道德教育与训练

中国是以伦理道德、而非宗教信仰为本的文化，这就使得道德教育（或“德育”）在中国社会具有极其重要的理论和实践意义。李伯黍、章志光、张吉连等最早从心理学角度研究青少年道德行为动机、品德形成特点以及道德教育的规律，并探讨了道德榜样的作用及有效途径[360–362]。早期的研究主要遵循科尔伯格的道德发展阶段理论，围绕康德的道德理性及相关的道德认知、道德判断范式展开。近年来的研究发现，道德人格与道德榜样对行为的影响很大，在实践中具有重要意义。Walker 和 Frimer 等发现，在一般的人格特质（如外向性、宜人性）上，这些道德榜样与对照组没有体现出什么区别，但是他们在能动性（Agency）和交往性（communion）两个行为动机上均高于对照组，他们在人生的关键转折中有更多的成长和救赎，也更加乐观；在早期经历中更多地帮助他人、有更多的贵人相助，也报告了更多的安全型依恋行为[363]；同时，道德榜样更多地将个人努力（能动性）作为帮助他人（交往性）的手段，而非目的[364]。

道德不仅是一种社会规范，也是个体人格的美德修养与教育发展的核心素养，甚至在一些特殊职业群体身上是关系到国家生死存亡的心理素质。国内学者王云强、郭本禹发现，大学生的道德人格主要包括与人为善、刚正无私、诚实简朴及不道德性四个维度[365]；燕国材、刘同辉认为，儒家五常“仁、义、礼、智、信”仍然是当今社会道德人格教育的重要标准[366]。相反，具有暗黑人格（如自恋）的人会表现出亲社会行为的减少和对他人的反馈敏感，并影响其信任决策，例如高自恋者的信任选择率显著低于低自恋者[367]。许燕研究团队基于词汇学假设，结合形容词、名词和动词，编制出含85个词汇的善良人格词表；进而，通过因素分析，揭示善良人格具有二阶四因子结构，包含四个维度：诚信友善、利他奉献、宽容和善、重情重义。关于善良者的心理特征研究发现，善良者具有直觉加工的特点，对模糊帮助情境的识别更敏感，善行决策更快，在善行过程中的自我控制资源耗损更低[368, 369]。林崇德主持的中国学生核心素养研究发现，道德品质、人际交往与合作能力被认为是首要的评价标准，这与国际上普遍把价值观作为"21世纪核心素养"的标准是相一致的[370, 371]；而良好的人际关系还可以有效地预测大学生的共情倾向，进而提升其社会责任感[372]。冯正直团队发现，在我国军人心理素质的评价体系中，忠诚（如爱国、奉献、责任）、勇敢（如果断、坚定、顽强）是价值动力与核心；甚至一些不符合平等、关爱道德的训练（如服从、耐挫），也是培养军人的健全人格、增强部队战斗力的重要途径[373, 374]。即便在美国这样所谓自由、平等的国家，义务（Obligation）也是军人的底线伦理，而超越法定义务之上的抱负（Aspiration，如荣誉、牺牲）才是军人的品格与美德[375]。值得注意的是，一般意义上的学历教育或认知训练未必能够带来道德的提升。例如，最近的研究发现，出国学习经历不仅能提高学生的认知灵活性，也促进了道德相对主义，以致更可能表现出撒谎和欺骗行为[376]。因此，知识教育与美德紧密结合，并作为人生的专业知识，才是智慧的选择[377]。

通过以上两个方面的介绍和分析，可以看到出于文化的不同，国内和国外在道德心理学的很多研究问题和研究视角方面，会有不同的思路与结果。这也是当前国内社会治理心理学领域值得关注的一个突出特征。

3.3 研究方法方面

除了研究问题与文化差异方面，在研究方法层面国内外研究也有一些差别，国外研究者相对而言更多采用一些新的方法来探讨社会治理中的心理学问题。以组织管理领域的研究为例，本部分分析在研究方法上国外研究的突出进展。

张志学等（2016）介绍了组织管理心理学领域中整合的多层模型分析、贝叶斯估计等新的统计方法，以及计算模拟这种新的研究范式[378]。整合多层模型解决了传统中介效应估计的缺陷，抛弃零散检验的方法，将模型中所有的中介关系整合在一组方程中进行估计，能提供更准确的点估计值。在多水平模型中小样本或复杂结构型数据的统计推断中，相比似然校正法，贝叶斯分析方法对固定效应以及方差/协方差系数的推测都比较精确。特别是针对部分分组的多水平数据，贝叶斯方法更可靠。但在样本量较小时，贝叶斯方法应慎重选取合适的先验值。此外，新的研究范式计算模拟也提供了更多的便利，在动态复杂现象的研究中，系统动力学（system dynamics）范式值得尝试。另外，在探讨组织内自下而上的聚合现象时，基于主体建模（agent-based modeling）可以提供直接、动态的演示。

另外值得一提的是，在和社会息息相关的一些组织研究中，实验方法，特别是现场实验（甚至是较大规模的随机对照实验）正在美国学界有所复兴。下面我们将介绍一些具有影响力的相关研究。

List 和 Gneezy（2014）探讨了在教育领域使用金钱激励措施是否有效的问题。为此，他们在高中、小学进行了一系列现场实验，甚至建立了幼儿园进行随机对照实验和长期的追踪观察[379]。关于美国公立教育系统的较大诟病之一是教师并不因为其学生的表现而获得相应的薪酬激励。Gneezy 和 List 报告了解决这个问题所做出的探索。通过多次尝试和教师工会达成协议，作者对芝加哥地区 150 名教师提供了获取额外奖金的机会。在单人教学组和教学团队组（两位教师组成一个团队），教师均有机会获得相同的奖金。在获益框架组，研究者和教师开学时约定，如果学生成绩达到指定水平，在期末他们可以获得 4000 美元奖金；在损失框架组，教师开学初就拿到了 4000 美元的支票，并约定如果学生成绩没有达到要求的水平，期末时需要归还这笔资金。研究发现，在损失框架组，单独教学时，学生的阅读成绩提高了 2%，数学成绩提高了 6%。如果教师以团队合作的形式教学时，激励效果更为明显，总体而言，损失框架激励下，学生成绩能提高 4%~6%。类似地，对学生本人、学生家长提供金钱激励时，也能促进学生能力的提高，并且并没有证据显示金钱激励会带来负面长期效果。非常有趣的是，研究者还探讨了把奖励平分给三方（学生、家长、教师）相比于只给其中一方哪种措施更好。结果发现：只要一方独得奖励，无论是给学生、给家长还是给教师，都能显著促进学生成绩提高，但是平分奖励给三方的话效果较差。

另外，麻省理工学院的经济学家 Abhijit Banerjee 和 Esther Duflo 联合创建了实验室，致力于检验扶贫政策科学性。Banerjee 和 Duflo（2011）总结了 10 年间的随机实验研究，包括健康政策（例如：在非洲疟疾地区免费获得还是低价购买的蚊帐使用率是否有差异）、教育政策（例如：建立电话客服中心的村庄是否能提高当地女童入学率）等多方面的研究[380]。有批评者指出，一方面，随机对照实验过于肤浅，知其然不知其所以然，难以解释为何政策有效；另一方面，由于发表偏差，大量进行随机实验可能获得偶然的阳性结果，并不能证明政策的有效性[381]。但是，许多支持者认为，尽管有发表偏差等问题，但是通过元分析等统计方式，以及学界目前提倡的重复验证、数据公开等措施，实验研究的可靠性能够获得提升。并且，考虑到现实中的援助情况，许多福利政策由于资金短缺不能落实到所有的需求者，因此不妨考虑进行现场实验，把发放的过程随机一下，顺带测试政策的效果。

在上述新研究方法的运用方面，国内研究与国外研究相比，仍有一定的差距，在未来可以更加着重考虑运用多元创新性方法来解决社会治理中的复杂心理问题。

3.4 应用层面

最后，国内外研究还有一点突出的差别，就是在应用研究方面，由于国内外国情和社会现实问题的差异，以至于形成了研究问题、研究思路和研究结论上很多方面的不同。下文以危机管理中的心理学问题为例，来分析国内外在社会治理心理应用层面研究的区别。

首先，整体而言，大部分的国外研究偏向于在一个较大的理论框架下讨论问题，国内的研究则更为聚焦于现实问题。比如在有关民众风险认知和危机应对问题上，国内外虽然有相近之处，都关注个体在风险感知中可能存在的偏差和主要影响因素，但在具体的影响因素和影响模式上，研究结果存在差异，国内研究更偏重于实践；而在应对方式方面的讨论也存在明显区别，国内的研究更偏好实验室环境中探讨具体的决策行为和心理反应，强调直接服务于管理操作，国外的研究则以探讨整体的应对模型为主。

其次，在心理安全感方面，总体来说国内外心理安全感的研究整体还处于起步阶段，但国内研究同样更偏向现实问题。虽然国内也有学者讨论了心理安全感的结构，但更多是从心理健康干预的视角出发来关注心理安全感，有关心理安全感的理论模型还没有更多的研究，也缺少从民众心理安全感的角度切入分析更微观的心理过程。在这些方面，国内外的研究都还有很大的发展空间。

最后，在群体性事件这一研究领域，国内学者的研究汇集了社会学、政治学、行政管理学和经济学多个方面，与我国的特殊国情的联系也相对更为紧密，在参考国外研究方法和成果的基础上有更多独特的现实思考，同样也是表现出了更注重应对现实问题的研究取向。

在这些应用研究的积累下，国内在危机管理心理学领域所做的研究可以在一定程度上对于社会治理实践有所启示，下文简要分析基于国内研究所得出的管理启示。

基于对民众危机风险认知和应对反应规律的分析，政府可以更有效地进行风险沟通，并对民众的心理行为反应做出预先准备。比如针对民众对经验信息的依赖，可以借用媒体或更多的模拟体验手段来帮助民众形成更恰当的风险感知，而民众对信息发布者的信任也会对民众的风险感知产生较大的影响。因此对公众信任的维护在风险沟通中尤为关键。心理“台风眼”效应提示我们，突发事件出现后，政府层面的危机应对应该不仅仅关注事件中心区域，还应关注出于外围区域的民众可能会出现反常的高焦虑情况，甚至在其他国家和地区出现突发事件时，国内民众也可能因为处在事件外围而出现非理性的高焦虑，比如日本福岛核泄漏事件中我国国内出现的抢盐事件等。在行为应对方面，研究发现个体在紧急情境中的行为应对通常更多地依赖直觉决策，这提示我们可以通过进一步的研究分析个体在不同情境下的直觉决策是促进还是阻碍整体的危机管理，选择性地进行干预和强化，进而提升危机管理效率。此外，利他行为对个体环境感知的积极反馈的研究结果也说明，促进民众在危机情境中积极的人际互动（如利他行为），在物质救援资源有限的条件下，不仅能够使利他的对象获得援助，也能在一定程度上提升利他者木身对环境的适应性感受，从而使民众整体获得更好的应对结果。

群体性事件可视为紧急状态下群体的行为反应。从应急管理实践来看，在我国现阶段，除少数由境外敌对势力挑唆对抗国家、黑恶势力威胁社会治安的突发事件外，群体性事件在社会安全事件中占绝对多数[382]。根据前述群体性事件的心理机制，应对策略主要有两种思路：一是“亡羊补牢”，属于事发后的应对；二是“曲突徙薪”，属于事发前的应对。前者需快速反应、重在灭火，具体而言可采取三个策略：首先是立即响应，隔离旁观；其次是平等对话，平息情绪；第三是控制沟通，信息透明。

显而易见，“曲突徙薪”优于“亡羊补牢”。要想做到防患于未然，就必须清楚及时地发现社会不满。这可以通过监测城乡居民的社会态度来实现。传统上，记者、官员、研究者是通过负性事件和民众言行来推测民众的态度和情绪。心理学研究证明，可以将这个过程反过来，通过调查民众的态度类变量，来判断各地的社会形势，认定公共问题，评价当地政府的公共政策和行政行为。这是因为态度反映个体的社会存在，又主导其行为。消极的社会心态在其萌芽、积聚和爆发的各个阶段均可以通过早期监测予以识别，实施社会控制，同时通过及时有效的心理疏导机制予以安抚，改善或消除。这其中最为经典的当属美国的社会研究所（Institute for Social Research，ISR）在第二次世界大战后几十年内进行的消费者信心研究。该研究发现消费者的经济信心（态度）和经济景气情况（客观数据）的曲线走势完全一致，而且，经济信心曲线的相位总是先于经济景气 3 周到 6 个月。这种提前量表明，调查和监测公众的社会态度，能够直接、及时地预警社会风险因素，尽早发现管理失误的不利后果。但当前我国在社会控制与心理疏导机制建立方面与社会需求相比仍相对滞后，在发现、分析，引导，疏解社会情绪中无法发挥应有的作用。因此，群体性事件应急管理的重中之重就是，建立基于大数据平台、以民众社会态度预警地区社会稳定形势（使用地区群体性事件数作为量化指标）的社会预警系统，充分发挥云计算及大数据技术在社会态度等数据采集方面的便捷低成本大规模优势[383, 384]，第一时间发现社会不满，将群体性事件扼杀在萌芽状态，如此便可大大减少群体性事件的增量。然而任何系统都不是完美的，一旦预警失败出现群体性事件，政府需立即启动对群体性事件的响应。此时即可使用“亡羊补牢”的策略。除了建立社会预警系统，针对“管理失误”这一群体性事件的根因，能采取的应对措施还有利用和完善现有的制度纠错机制，如行政诉讼法、信访条例、听证会制度，以及新闻媒体的监督等。特别值得一提的，政府在涉及民生的各种政策出台前，应针对公众做心理评估，并将其作为公共决策的重要参考。最后，扩大公民有序参与社会治理的各种渠道，充分发挥各类社会组织在连接政府与民众间的桥梁作用，促进实践中双方的沟通和对话。有序和规范的行为多了，像群体性事件这样的无序行为自然会减少。

4 学科发展趋势、挑战及展望

4.1 社会治理中的公众心态研究领域

4.1.1 社会分层与公平感知

通过前文的介绍，可以看出目前心理学界围绕社会分层与社会公平问题，已经有了相当数量研究成果的积累，国内学者也对此问题有着高度的关注。当然，若要更好地推进心理学视角下的社会分层与社会公平研究，还需要研究者在以下几个方面实现更多的突破与创新。首先是理论的本土化，尽管中国的社会分层和西方有很多的共同点，但毕竟文化的差异、社会制度的不同还是决定了中国的社会分层和社会公平问题具有其不同于西方社会的独特性，因此，国内研究应吸取国外理论的共性，发现中国社会的特殊性，进而构建起更适用于我国国情和民众的本土化理论。其次是方法的多样化，若要将研究的问题扩展到更大的现实社会，将关注的心理规律放大为更复杂的社会心态和社会行为，则有必要考虑到更多系统性、整体性的作用因素，引入更多有针对性的研究方法。最后是结论的应用化，心理学关注社会分层与社会公平问题，尽管也有很强的理论价值，但更重要的还是要为社会治理的实践服务，随着该领域研究的不断深入，我们可以期待心理学能够在促进低阶层向上流动、改变高低阶层群体关系、增强民众公平感等更大的领域，凸显其独特的价值。

4.1.2 群体情绪

Freud 认为，群体相对于其个体成员而言更加“冲动、易变、不理性……慷慨或残忍、英雄主义或狂躁……个体情绪会通过彼此交互而变得更强”。在经历同一情绪事件时，群体情绪强度有别于个体情绪强度：无论是愉悦情绪还是悲伤情绪，群体情境下被试的情绪强度（愉悦 / 悲伤）均显著高于个体情境下的情绪强度，且随着群体规模的扩大，个体的情绪水平呈逐步上升的趋势[385]，这种现象称为群体共享情绪放大。群体共享情绪放大和群体情绪凝聚存在本质的差别：群体情绪凝聚主要关注群体成员情绪是怎样趋向一致的，群体共享情绪放大关注群体情绪和个体情绪强度的差异性，群体情绪凝聚并不必然导致群体共享情绪的放大。虽然已有学者开展了一些群体共享情绪强度变化过程的研究[386]，但对于群体共享情绪内在机制的探讨还不够深入。群体共享情绪放大的发展过程、内在机制以及与群体行为之间的关系应成为今后研究的重要内容。

此外，Web 2.0 的发展为社交媒体带来了一次全新变革，网络成为群体情绪传播和汇聚的重要途径。人们可以在网络上表达自己的观点，这些观点通常包含着个体的情感，并把有相同喜好的人们聚集在一起。网络上积累的海量信息为直接快速地测量群体情绪提供了可能[387]。同时，利用网络具有匿名性的特点，人们可以更为自由地表达和宣泄情绪，网络信息可以更为真实地反应群体情绪。为此，有必要对网络的群体情绪的发生发展规律进行深入的研究，并借助网络实时地监控不同群体的情绪变化，迅速有效地开展群体情绪干预。

4.1.3 社会信任

时代发展的特点决定了信任成为影响社会发展的重要因素之一，因此，营造高信任的社会环境是社会治理者们需要高度关注的问题之一，未来的研究也更加需要切合社会发展的需要，因此，如何提高社会信任，从而为促进社会发展提供借鉴的研究将成为关注的热点问题。而理解信任产生与发展变化的相关机制，则是决定如何将信任应用于实践的必要前提。只有理清影响信任的因素，才能了解如何提升社会信任，从而进一步了解信任缺失如何造成不良影响，才能做到精准引导，从而能够更好地指导社会治理、促进社会良性发展。

其次，当前的学者们从认知、家庭社会环境以及情绪情感等方面，对影响信任的因素进行了广泛的关注，但正如心理学学科本身典型的不足之处一样，各个研究之间彼此割裂，各因素无法统合到一个整体的框架视野之中。而且，目前学者们提出的一些信任的理论模型也是从不同的角度来解释信任。如凸显价值观相似模型从动机的角度解释为何产生信任，而信心功能性模型从认知加工的角度阐述信任，把信任视为内隐加工的结果。未来的研究更加需要从整体上关注影响信任的各种因素，从而提出更加整合的理论，深入理解其机制。另外，从整体上来看，目前的这些研究还都是基于静态的、个体之间的，而信任通常是处于传播过程之中的，那么，信任在传播过程之中，如何动态地与传播介质相互作用，也是未来的研究方向之一。

此外，对于社会信任还应加强应用研究。学者们当前对于信任缺失所造成的社会、经济等影响进行了大量的相关研究，充分论述了信任建设的重要性。如研究指出信任缺失影响民众心理健康、加剧阶层隔离，农民工身份污名化、影响社会经济发展和危机管理等。然而，面对社会上不断出现的食品安全危机问题、社会冷漠问题、环境污染问题等，信任的研究结论并未起到应有的作用，究其原因，可能是由于学者们对于如何提高社会信任的应用研究探讨不足。虽有极少学者对提高社会信任做了一些综述性或理论性工作，与之相关的实证研究仍少之又少，未来研究应当更多地着眼于探究提高社会信任的干预研究，以便更好地服务于社会发展。

4.2 社会规范价值观研究领域

4.2.1 偏差、偏见与修复

值得注意的是，以往关于道德心理的研究多以西方、受良好教育、工业化、来自富裕家庭、具有民主倾向（western，educated，industrialized，rich，and democratic，WEIRD）的被试（特别是来自西方中产阶级家庭的大学生群体）为样本。近年来，主流学者开始意识到这样的研究存在重大的取样偏差，其揭示的人类行为特征也可能是怪异而无法推广普及的（WEIRD）[388]。但以往的很多研究结果却已作为真理性的结论和价值观得到学界主流的广泛认可，例如很多学者普遍将西方的自由、民主、平等、博爱作为人类道德的普世法则，进而对强调其他领域道德（如纪律、协商、权威、惩罚）的非白人群体带有偏见，甚至进行妖魔化宣传。近期的研究回顾了这些偏差和偏见是如何在内隐的、甚至无意识的系统中发生的，并探讨了改变这些偏见的可能性。例如，袁杰等人采用持续闪现抑制（continuous flash suppression，CFS）这一无意识研究范式，发现相比无意识呈现的本族面孔，无意识呈现的异族面孔会促进对后续呈现的消极词汇的加工，表明对异族群体的偏见在无意识水平之下依然存在[389]。首先，内隐与无意识偏见普遍存在，可以针对年龄、性别、性取向、种族、民族、宗教、国家、外表等各个方面；其次，内隐与无意识偏见可以看做人类思维的副产品，表现为对内群体的偏好和对社会优势群体的偏好，有其形成、发展和表现的认知和神经基础，并且可以对这些认知和神经过程进行改变和干预，等等。

胡晓晴等人从心理认知干预的角度也对减少内隐偏见进行了尝试。其以性别、种族偏见为例，对被试在清醒状态下进行反刻板印象训练，并建立特殊频率声音刺激与反刻板印象作答之间的联系，然后在被试深度睡眠过程中播放相应的声音刺激来加强训练。结果显示，反刻板印象训练可以有效地减弱性别、种族内隐偏见，且睡眠中的训练可以加强消除效果及其持续时间。该研究表明大脑在深度睡眠时依然可以进行社会信息的加工和强化学习，也为无所不在的内隐偏见的减少提供了新的可能和途径[390]。近期研究还发现，跨文化的音乐训练也能够削弱种族偏见。Neto 等人对葡萄牙里斯本地区两所公立学校的 229 名六年级小学生进行半年的音乐训练（包括非洲佛得角歌曲与葡萄牙歌曲），结果显示，相比常规训练，跨文化的音乐训练不仅削弱了葡萄牙小学生对非洲深色肤色人群的内隐偏见，而且也削弱了对异族群体的外显偏见。令人印象深刻的是，音乐训练对内隐偏见的干预效果不仅在训练后的即时测试中存在，而且在 3 个月后与 2 年后的再测中都依然存在[391]。此外，研究还发现，个体的思维取向和经验对偏见有改变作用，例如在被试思考多元文化的好处后会减少内隐种族偏见，而且个体此前的多元文化体验也有助于降低群际偏见[392]；但是闯入性文化混搭（intrusive cultural mixing）却会导致对外来文化的抵制[393]。在大众传媒时代，媒体对道德学习的影响也不容忽视，Paluck 等人的研究发现，一个旨在消除盲从、促进独立思考的广播节目可以有效地促进意见的表达和争议的解决[394]。这些都是未来研究中要深入考虑和探究的。

4.2.2 市场及社会生态环境

人类如何实现陌生人之间的大规模合作（large-scale cooperation），一直是困扰文化与进化心理学家的问题。Henrich 等人发展出了文化基因共同进化理论（culture-gene coevolution）来解释社会机构的出现及其对大规模合作的意义[395, 396]。该理论认为在越过进化史上的某个点之后，人类开始能够在代际之间传递知识，而这也标志着文化基因共同进化的开始。代际间的知识传递使得一些新的基因型获得了进化上的优势，例如使得大脑能够更好地学习和传递知识的基因就会具有进化优势，而进化对基因的选择又反过来促进了人们相互学习的能力。在相互学习时有两种优势策略：一是模仿大多数人的行为，二是追求名声或社会声望（reputation），后者常常与特定的技能对应。这样一来，人们也就逐渐形成了由拥有相似表现型的个体组成的社会群体。在这些由大量相似的陌生人组成的社会群体中人们为了识别合作者又会发展出社会规范，比如维持合作者的社会声望或是对不合作者进行有成本的惩罚（costly punishment），那些愿意付出一定代价来惩罚不合作者的人自身很可能是愿意合作的。

最后，像市场这样的机构也能起到类似的作用，例如一项在埃塞俄比亚进行的自然实验发现越是靠近市场的群体越是能够在公共财产游戏（public goods game）中维持群体内的合作关系[397]。同样，另一项全球研究也表明文化价值观和社会机构都能够影响社会上违背规则现象的普遍性，从而影响人们是否会在行为实验中的诚实行为。研究发现，在那些政治欺诈和腐败盛行的社会中，学生被试更容易撒谎以获得更多报酬[398]。未来可以在上述这些研究领域做出更为深入的探讨。

4.2.3 新技术、新领域与新发现

科技的发展带来了研究方法上的创新。Hofmann 等人开发了生态实时取样法（ecological momentary assessment）来考察日常生活中的道德现象[399]。研究者招募了一批背景各异的被试，并在他们的智能手机上安装了一款应用，该应用能够在一天中的 5 个随机时间向被试推送消息，要求被试报告在过去的一小时里他们是否实施、看到或听说任何道德或不道德事件，以及是否成为道德或不道德行为的目标。之后被试被要求用文字描述他们的经历，并且评估他们当时的情绪及幸福感。在三天的研究时间内，被试在将近 30% 的情况下报告了与道德有关的事件。研究者用该研究方法测试了一系列道德心理学理论。例如，他们发现政治保守派确实比自由派报告了更多关于内群体忠诚、权威和洁净的道德事件，这与道德基础理论的预测一致。此外，成为道德或是不道德行为的目标会明显增加或减弱当下的幸福感，而对他人做出道德行为则会显著增强生命的意义感。最后，研究者们还验证了道德传染效应（moral contagion）和道德许可效应（moral licensing），即在成为道德行为的目标后，人们会更愿意做出道德行为；而在自己做出道德行为之后，人们则会变得更有可能做出不道德行为。

此外，许燕团队采用在线情感分析法对 94562 条新浪微博进行了道德情绪的人工标注（训练数据集）和机器学习分类（测试数据集），开发了包含 5 个纬度的在线道德情绪词典，包括“愤怒”“同情”“厌恶”“爱”和“鄙视”；进而，对事件拐点（如 2011 年温州动车事故中铁道部发言人事件、家属公开信事件）前、后时段的 5 种情绪进行对比分析，发现包含不同道德基础的事件与不同的道德情绪相关联，性别、不同群体表达道德情绪的倾向和强度也有差异[400]。喻丰团队翻译、修订了道德动机词典（moral motivation dictionary），通过对 280800000 名新浪微博用户 2013 年微博内容的文本分析，绘制了中国 31 个省市的道德地图，并发现人均 GDP 与道德关系呈倒 U 型曲线，即：最穷和最富地区的道德水平较低，而中等经济发展水平的地区道德水平较高[401]。

科技的发展也推动了新的研究问题的提出。有研究者把当下正蓬勃发展的无人驾驶技术与经典的电车两难困境（trolley dilemma）结合起来，探讨了无人驾驶中的道德决策问题。研究发现，总体上人们支持无人驾驶采用功利主义的算法，即在不得不做出选择时，选择牺牲一名乘客的生命来拯救多名行人，而且即使是当该名乘客是被试的家庭成员时，被试仍然对功利主义表示支持。然而，当被问及被试是否愿意购买采用功利主义算法的自动驾驶汽车时，被试普遍表示不愿意购买[402]。这就构成了一个社会两难情境，因为人们一方面希望总体上自动驾驶能够拯救更多生命，而另一方面却不希望自己成为被牺牲的那

个。随着技术的发展，人工智能将很快走进人类的日常生活，其相关的伦理问题就像当年的克隆技术一样，给人类社会秩序带来了前所未有的挑战。

4.3 组织管理研究领域

回顾近期国际期刊中组织行为和领导力的热点研究，可以发现，真正好的研究大都立足于现实的土壤，关注真实世界中重要的、前沿的管理问题，汲取了跨学科的养分，重视理论创新，采取了多样化的研究方法，并且经过了严谨科学的研究设计和数据分析。因此，展望未来，如果期望产生更高的学术贡献，我们需要在以下几个方面加以注意。

4.3.1 扎根现实，关注真实的研究问题

研究问题的发展或来源于已有的文献和证据，或来源于对现象的观察和思考。许多研究者为降低发表风险，更倾向于从文献中寻找研究问题，但仅停留于象牙塔内的问题并不见得是现实中的真实命题，管理学的研究应当更多注重从现实的组织环境、管理情境中出发，深入实践，研究真命题。

现阶段，中国正在经历巨大的经济改革，制度环境相对复杂，而且中国企业的发展历程非常特别，在相对较短的时间内经历了西方企业长期发展后才会面对的行业重大变革，可能出现跨越式、断层式的发展轨迹。因此，从现实情境出发，有许多复杂的、动态的管理问题可供研究者探索和发掘。

情境化的研究分为两类：嵌入情境研究（context-embedded research）和特定情境研究（context-specific research）[403]。嵌入情境研究对比不同情境的差异，来解释组织或个体心理和行为模式的差异，通常需要对比两个以上的国家；特定情境研究关注在新情境下的现象，通常研究一个国家或地区[404]。

4.3.2 善于关联，从其他领域获取灵感

回顾历史，组织行为这一新兴学科产生之初，就从心理学、社会学、经济学等多个学科中都汲取了养分，现在，随着研究的整合交汇，从其他学科获取理论借鉴或者研究方法的借鉴更是屡见不鲜。

比如在创造力领域，许多社会学家的研究贡献了新颖的视角，促进了组织行为研究的发展。例如探索群体创造力的最佳策略这一问题时，社会学家 Uzzi 和 Spiro[405]研究了百老汇歌剧行业。他对 1877—1990 年的 2258 部歌剧作品进行了分析，他通过历史档案考察了每个歌剧的创作团队，分析了所有艺术家之间的社会关系，然后发现歌剧创造团队之间的社会关系亲密度和歌剧的成功呈现“倒 U 形”的关系。如果创作者们非常陌生，那么交流合作就会遇到困难，但是创作者互相过于熟悉、思维趋于一致，也难以产生创新的成果。这也解释了为何 20 世纪 20 年代百老汇陷入窘境的原因，因为艺术家们只愿意和熟悉的朋友合作，于是歌剧作品沦为平庸。他们对社会网络的研究为组织管理领域提供了很好的研究工具和研究视角。

斯坦福大学和洛斯阿拉莫斯国家实验室（Los Alamos National Laboratory）物理学家Geoffrey West离开了高能物理领域后，开始将城市作为一种混乱系统来研究，并且他和合作者通过对比城市和企业不同的规模效应，指出城市具有超线性增长特征，无论是收入还是专利产出，大约都是1.15的倍数；而企业恰好相反，呈现亚线性增长的特征（倍数低于1，为0.9）。Lehrer（2014）在综述创造力研究中提到了West关于城市的研究时指出：相比于企业，城市创造了更多的意外和偶遇，促进了人们非目的性的交流，这可能有利于提升创造力。

另一方面，Lord，Dinh和Hoffman[406]提出可以通过量子理论的视角来看待现在的管理问题。组织是现代社会的基本结构单位。社会组织（简称组织）是由相互作用的个人或小群体构成的一种有特定目标的协作系统。对于个体或组织而言，最重要的事情莫过于如何有效地预测和控制其未来，这就涉及从时间维度来理解组织过程（organizational processes，泛指组织决策、管理、沟通、变迁等各种过程）。目前主流的观点是基于过去的经验和事实来推测未来的发展。未来被看成是过去和现在的自然延伸，这种看法的不足之处在于一些不连续的、重大变革往往难以被预测到，如一些过去从来没出现过的新事物。Lord等人提出一种新的观念来理解时间和组织过程，即时间不是由过去流向未来，而是由未来流向现在。概括地说，未来是一个包含了种种可能状态的集合（包括各种潜在的新事物），但是在未来向现在演化的过程中，由于组织中个体、团体、内部和外部环境等诸多因素的约束，某些可能性被抑制了而另一些则被放大了，因此最终我们所观察到的现在只有一种状态。

这种观点和著名的量子理论有诸多相似之处，初始是一个包含诸多可能的叠加态，测量之后则塌缩到一个确定的状态。因此他们把这套方法称之为QATC（quantum approach to time and change）。

由此可见，组织行为的研究者不妨打开视野，在交流中听取其他学科的理论和概念，很有可能产生更具有创造力和生命力的研究。

4.3.3 现场实验：政策制定的有效工具

正如上文所提到的，现场实验，甚至是较大规模的随机对照实验，正在美国学界有所复兴，对智库的信息收集甚至最终的政策制定产生影响。我们认为，无论是公司内部还是公共管理领域，现场实验都是一个值得关注的工具。

只要设计得当，在企业中，其实有充分的土壤进行现场实验。例如Dai，Milkman和Riis[407]在企业中研究如何提高员工的健康行为，例如在员工食堂中更多选择健康食品、更多去公司健身房进行运动等。他们采取了非常简单的现场实验，对比在生日、新年、每月1日这样特殊的新开端提醒，还是在普通的日子里提醒员工更有效，发现了“新开端效应”对健康行为的激励作用。

在公共管理中，一些慈善机构正在使用现场实验的方式考察怎样实现更有效的募捐。

例如：美国的一个慈善组织——微笑列车——进行了一次捐助唇腭裂手术设备的募捐活动，他们有意识地对比了两种海报：海报 A 给出唇腭裂儿童手术前和手术后的照片对比；海报 B 只给出唇腭裂儿童手术前的照片。一般人会以为，海报 A 让人们直观感受到了捐款的有效性，会更促进捐款。但是结果恰恰相反，只展示手术前照片的海报 B 让捐款率提高了 17%[408]。

相比于纸上谈兵，随机对照实验能获取客观数据，以更科学、更可靠的方式来评价商业决策和公共政策是否有效。当然，进行现场实验是需要物质资源和人力成本的。现场实验的设计需要管理者和政策制定者细致的思考和团队讨论，甚至有必要邀请学术专家来共同完成；而且现场实验的实施过程可能增加执行者的压力，甚至提高执行的成本。但是，考虑到错误决策带来的损失，设计良好的现场实验值得决策者考虑。

4.3.4 用助推取代直接干预

在企业政策或公共政策领域，美国学界目前在提倡用助推取代直接的强制干预。所谓助推，即通过对选择环境和决策过程的设计来改变人们的选择，而不使用强制或者奖惩的方法[409]。例如：将健康的水果放在食堂的醒目位置、把不健康的垃圾食品放在角落是助推，但是禁止垃圾食品或者给水果补贴降价就不是助推。

我们认为，有不少组织行为的研究可以启迪公司或者其他机构采用助推的方式来引导人们的行为。比如关于透明管理的研究中，Bernstein[410]在中国南方的一间手机制造厂的研究发现，提高工人一定程度的隐私度，反而有助于提高其绩效。他们从 16 条生产流水线中抽取了 2 条作为实验组，给他们装上帘子，结果发现第一周内，实验组工人每小时的无缺陷产出提高了 10%~15%，并且长期追踪发现，5 个月内持续领先其他组。因此，制造业公司完全可以考虑把帘子、深色玻璃等车间布置作为一种助推方式，来提高工人的生产效率。

助推策略不仅可以应用在流水线这种较为简单重复的工作中，也可以应用于科技行业。基于 Lehrer[411]提到的城市和公司的差异，我们知道公司鼓励更多非正式交流，有利于提高创造力。那么如何用助推的方式增加非正式交流呢？一个巧妙的方式就是办公楼设计更多的公共区域。虽然没有严格的量化研究，但是我们知道许多现实案例。比如：乔布斯掌管皮克斯时，最初公司计划建造三栋独立的办公楼，分属计算机专家、动画设计师和行政管理人员。但是乔布斯否决了该方案，规划了一个大的中庭作为开放区域，将信箱、咖啡厅、洗手间等所有的公共设置都搬到中庭，这种办公楼的设计鼓励了人们在取信、午休、上厕所等时间和不同部门的人相遇，产生非正式交流。

总之，回顾近期组织行为和领导力研究的发展趋势，我们不仅能看到更多理论上的增长、方法上的发展，更重要的是看到最新研究和现实的结合点。学术研究的问题来源于现实的管理挑战，也需要回到现实中，能引导和启迪实践者对于问题的解决。我们可以看到，研究和实践的融合程度越来越高，许多研究看重对实际行为的捕捉，并且深入企业中进行现场实验，获得了非常直接的证据。能更深入现场，这对研究者是一个良好的机遇。但是，我们也看到国外部分实践者都在采用研究的思维方式、现场实验的手段来辅助决策，这其实是一个更大的挑战，需要研究者能超越细小的现象，能整合看似不同的问题，抽象出核心问题，给出更有洞察力、更有系统性的解释。

4.4 危机管理心理学领域

如报告所述，目前无论在我国内部还是在世界范围内，从自然灾害到网络安全，从群体事件到恐怖袭击，各种危机事件频发，人们始终处在环境不确定和心理不安全的状态之下，而不确定和不安全感的来源则多种多样，并随着国内和世界形势的变化而不断改变，相关研究的跟进可以从应用和理论两方面来考虑。

第一，有必要对民众风险认知特点和心理安全感现状进行持续追踪。随着危机事件频发，民众能够通过各种直接和间接的经验获取和风险相关的信息，风险事件的影响也会如涟漪一般层层扩散，在时间和空间上将影响放大，引起长时间和大范围的民众心理和行为反应。维护心理安全是人类的首要目标[412]。当安全感受到威胁时，人们会对于生活中的潜在威胁非常敏感，并出现防御性反应[413]，这种反应可能体现在个人的日常金钱态度上，比如安全感越低的个体越可能表现出物质主义，而把获取金钱作为一种应对方式[414]，也可能体现在社会关系上，比如心理安全感缺失的个体会体验到冲突与不适[415]，甚至出现社会排斥的倾向[416]，群体事件也可能在这个过程中酝酿和爆发。因此，借助网络和大数据手段，持续追踪民众对各类危机和风险事件的反应和信息扩散的过程，重点关注民众的心理安全感水平，探索其变化趋势和可能的调节方式，通过有效的策略提升民众的心理安全感水平，进而减少由心理安全感不足带来的经济、安全风险和群体事件爆发的可能性。

第二，在理论层面，通过实证研究对风险认知模型、心理安全感模型和群体事件的冰山模型进行验证和修订。这里的理论发展可以从两方面来考虑：①首先是不同的风险领域间的共性和差异。比如在风险信息寻求的 RISP 模型中，研究者发现解释力最大的两个变量（当前知识水平和主观社会规范）是具有领域一般性的[417]；而一项针对北京、上海等 7 个城市 15 岁以上居民的调查显示，中国人在不同风险领域的安全感水平则存在一定的差异[418]。因此在系统了解民众的风险认知特点和心理安全感现状的基础上，考察各个维度的心理安全感水平是否有差异，以及不同风险领域下模型预测力和主要变量的关系很有必要。②其次是在模型中纳入新的特征和变量。比如针对一些新近集中爆发并得到广泛关注的风险事件和群体事件（如网络风险、理财风险、恐怖袭击等），以及新出现的信息传播、风险感知手段，在验证原有模型的基础上，结合现状追踪数据，考察这些新特征和新变量在模型中扮演的角色。

参考文献

[1] Stephens N M, Markus H R, Phillips L T. Social class culture cycles: How three gateway contexts shape selves and fuel inequality [J]. Annual Review of Psychology, 2014, 65 (1): 611–634.

[2] Kraus M W, Piff P K, Mendozadenton R, et al. Social class, solipsism, and contextualism: How the rich are different from the poor [J]. Psychological Review, 2012, 119 (3): 546–572.

[3] 胡小勇，李静，芦学璋，等. 社会阶层的心理学研究：社会认知视角 [J]. 心理科学，2014,（6）：1509–1517.

[4] Kraus M W, Tan J J X, Tannenbaum M B. The social ladder: A rank–based perspective on social class [J]. Psychological Inquiry, 2013, 24 (2): 81–96.

[5] Kingston, P. W. The Classless Society. Stanford, CA: Stanford University Press, 2000.

[6] Stephens N M, Townsend S S M. Rank is not enough: Why we need a sociocultural perspective to understand social class [J]. Psychological Inquiry, 2013, 24 (2): 126–130.

[7] Savani K, Stephens N M, Markus H R. The unanticipated interpersonal and societal consequences of choice: Victim blaming and reduced support for the public good [J]. Psychological Science, 2011, 22 (6): 795–802.

[8] 陈继文，郭永玉，胡小勇. 教师自主支持与初中生的学习投入：家庭社会阶层与学生自主动机的影响 [J]. 心理发展与教育，2015，31（2）：180–187.

[9] Nicole M. Stephens, Sarah S. M. Townsend. Rank is not enough: Why we need a sociocultural perspective to understand social class [J]. Psychological Inquiry, 2013, 24 (2): 126–130.

[10] Stephens N M, Fryberg S A, Markus H R, et al. Unseen disadvantage: How American universities'focus on independence undermines the academic performance of first–generation college students [J]. Journal of Personality and Social Psychology, 2012, 102 (6): 1178–1197.

[11] Kusserow A. American individualisms: Child rearing and social class in three neighborhoods. Palgrave Macmillan, 2004.

[12] Grossmann I, Varnum M E W. Social class, culture, and cognition [J]. Social Psychological and Personality Science, 2011, 2 (1): 81–89.

[13] Kraus M W, Stephens N M. A road map for an emerging psychology of social class. Social and Personality Psychology Compass, 2012, 6 (9): 642–656.

[14] Whyte M K, Han C. Popular attitudes toward distributive injustice: Beijing and Warsaw compared. Journal of Chinese Political Science, 2008, 13 (1): 29–51.

[15] 李静. 不同社会阶层对贫富差距的心理归因研究. 广州：世界图书出版公司，2014.

[16] Brandt M J. Do the disadvantaged legitimize the social system? A large–scale test of the status–legitimacy hypothesis. Journal of Personality and Social Psychology, 2013, 104 (5): 765–785.

[17] Lee I C, Pratto F, Johnson B T. Intergroup consensus/disagreement in support of group based hierarchy: An examination of socio–structural and psycho–cultural factors. Psychological Bulletin, 2011, 137 (6): 1029–1064.

[18] 李小新. 不同社会阶层对受不公平对待的威胁敏感性差异研究. 武汉：华中师范大学博士学位论文，2014.

[19] 胡小勇，郭永玉，李静，等. 社会公平感对不同阶层目标达成的影响及其过程. 心理学报，2016，48（3）：271–289.

[20] Kraus M W, Horberg E J, Goetz J L, et al. Social class rank, threat vigilance, and hostile reactivity. Personality Social Psychology Bulletin, 2011, 37 (10): 1376–1388.

[21] Ott J C. Happiness, economics and public policy: A critique [J]. Journal of Happiness Studies, 2010, 11 (1): 125–130.

[22] Korsgaard M A, Schweiger D M, Sapienza H J. Building commitment, attachment, and trust in strategic decision-making teams: The role of procedural justice [J]. Academy of Management Journal, 1995, 38 (1): 60–84.

[23] 杜建政,祝振兵. 公正世界信念:概念、测量、及研究热点 [J]. 心理科学进展,2007,15 (2):373-378.

[24] 周春燕,郭永玉. 公正世界信念——重建公正的双刃剑 [J]. 心理科学进展,2013,21 (1):144–154.

[25] Laurin K, Fitzsimons G M, Kay A C. Social disadvantage and the self-regulatory function of justice beliefs [J]. Journal of Personality and Social Psychology, 2011, 100 (1): 149–171.

[26] 郭永玉,周春燕. 公正世界信念对低社会阶层的双重作用 [J]. 西南大学学报:社会科学版,2014,40(1):63–67.

[27] 周春燕,黄海,刘陈陵,等. 评价者与被评价者的社会阶层对阶层刻板印象的影响 [J]. 心理与行为研究,2015,13 (4):511–515.

[28] Jost J T, Banaji M R, Nosek B A. A decade of system justification theory: Accumulated evidence of conscious and unconscious bolstering of the status quo [J]. Political Psychology, 2004, 25 (6): 881–919.

[29] Van der Toorn J, Jost J. Twenty years of system justification theory [J]. Group Processes and Intergroup Relations, 2014, 17: 413–419.

[30] Tan X, Liu L, Huang Z, et al. The dampening effect of social dominance orientation on awareness of corruption: Moral outrage as a mediator [J]. Social Indicators Research, 2016, 125 (1): 89–102.

[31] 杨沈龙,郭永玉,胡小勇,等. 低阶层者的系统合理化水平更高吗?——基于社会认知视角的考察 [J]. 心理学报,2016,48 (11):1467–1478.

[32] Cohen G L, Julio G, Nancy A, et al. Reducing the racial achievement gap: A social-psychological intervention. Science, 2006, 313 (5791): 1307–1310.

[33] Cohen G L, Julio G, Valerie P V, et al. Recursive processes in self-affirmation: Intervening to close the minority achievement gap. Science, 2009, 324 (5925): 400–403.

[34] Gollwitzer P M, Sheeran P. Implementation intentions and goal achievement: A meta-analysis of effects and processes. Advances in Experimental Social Psychology, 2006, 38: 69–119.

[35] Mani A, Mullainathan S, Shafir E, et al. Poverty impedes cognitive function [J]. Science, 2013, 341 (6149): 976–980.

[36] 陈满琪. 群体情绪及其测量 [J]. 社会科学战线,2013 (2):174–179.

[37] Smith E R. Chapter 13 – Social identity and social emotions: Toward new conceptualizations of prejudice [J]. Affect Cognition and Stereotyping, 1993: 297–315.

[38] Iyer A, Leach C W. Emotion in inter-group relations [J]. European Review of Social Psychology, 2008, 19 (1): 86–125.

[39] Kuppens T, Yzerbyt V Y. Group-based emotions: the impact of social identity on appraisals, emotions, and behaviors [J]. Basic and Applied Social Psychology, 2012, 34 (1): 20–33.

[40] 王俊秀. 社会情绪的结构和动力机制:社会心态的视角 [J]. 云南师范大学学报 (哲学社会科学版),2013,45 (5):55–63.

[41] Wolf S A, Kleef G A V, Heerdink M W. Emotional conformity: A theoretical framework to explain emotional convergence in small groups [C]. 2016.

[42] 赵珍珍,唐辉一,魏荟荟,等. 群体情绪凝聚及其产生机制 [J]. 宁波大学学报:教育科学版,2015,37 (5):12–18.

[43] Segrin C. Concordance on negative emotion in close relationships: Transmission of emotion or assortative mating?

[J]. Journal of Social and Clinical Psychology, 2004, 23 (6): 836–856.
[44] Bollen J, Gonçalves B, Ruan G, et al. Happiness is assortative in online social networks [J]. Artificial Life, 2011, 17 (3): 237–251.
[45] Place A W, Vail D S, Schools M C, et al. The effects of age, years of experience, and type of experience in the teacher selection process [J]. Book Review, 2013: 8.
[46] Hess U, Fischer A. Emotional mimicry as social regulation [J]. Personality and Social Psychology Review, 2013, 17 (2): 142–157.
[47] Elfenbein H A. The many faces of emotional contagion: An affective process theory of affective linkage [J]. Journal of Clinical Oncology Official Journal of the American Society of Clinical Oncology, 2014, 4 (4): 1953–1954.
[48] Dimberg U, Thunberg M. Empathy, emotional contagion, and rapid facial reactions to angry and happy facial expressions [J]. Psych Journal, 2012, 1 (1): 118–127.
[49] Joiner T E, Katz J. Contagion of depressive symptoms and mood: Meta–analytic review and explanations from cognitive, behavioral, and interpersonal viewpoints [J]. Clinical Psychology: Science and Practice, 1999, 126 (2): 149–164.
[50] Barsade S G. The ripple effect: Emotional contagion and its influence on group behavior [J]. Administrative Science Quarterly, 2002, 47 (4): 644–675.
[51] Kramer A D I, Guillory J E, Hancock J T. Experimental evidence of massive–scale emotional contagion through social networks [J]. Proceedings of the National Academy of Sciences, 2014, 111 (24): 8788–8790.
[52] Sol G P, Mackie D, Smith E. Intergroup emotion antecedents of reactions toward diversity initiatives [J]. Working Papers Ceb, 2009.
[53] Mackie D M, Devos T, Smith E R. Intergroup emotions: Explaining offensive action tendencies in an intergroup context [J]. Journal of Personality and Social Psychology, 2000, 79 (4): 602–616.
[54] 薛婷，陈浩，乐国安，等. 社会认同与内、外群体态度的关系：群际威胁和群体情绪的中介作用 [J]. 心理科学，2013 (1): 183–187.
[55] Smith E R, Seger C R, Mackie D M. Can emotions be truly group level? Evidence regarding four conceptual criteria [J]. Journal of Personality and Social Psychology, 2007, 93 (3): 431–446.
[56] 杨文娇，王广新. 群体情绪能预测亲环境行为吗？[J]. 中国健康心理学杂志，2016，24 (7): 1108–1112.
[57] Scheve C V, Ismer S. Towards a theory of collective emotions [J]. Emotion Review, 2013, 5 (4): 406–413.
[58] Festinger L. A theory of social comparison processes [J]. Human Relations, 1954, 7 (7): 117–140.
[59] Gerard H B, Rabbie J M. Fear and social comparison [J]. Journal of Abnormal and Social Psychology, 1961, 62 (3): 586–592.
[60] Fan R, Zhao J, Chen Y, et al. Anger Is more influential than joy: Sentiment correlation in weibo [J]. Plos One, 2013, 9 (10): e110184.
[61] Mcintyre K P, Eisenstadt D. Social comparison as a self–regulatory measuring stick [J]. Self and Identity, 2011, 10 (10): 137–151.
[62] Parkinson B, Manstead A S R. Current emotion research in social psychology: Thinking about emotions and other people [J]. Emotion Review, 2015, 7 (4).
[63] Nerb J. Emotional signals in nonverbal interaction: Dyadic facilitation and convergence in expressions, appraisals, and feelings [J]. Cognition and Emotion, 2012, 26 (3): 480–502.
[64] 冯宁宁，杭婧婧，崔丽娟. 微博时代：参与集体行动对群体情绪和行动意愿的影响 [J]. 心理研究，2015，8 (1): 65–70.

[65] Kalish Y, Luria G, Westman M. The mechanisms underpinning affective convergence: Affective selection and contagion in teams [R]. Working Paper, 2009.

[66] Sullins E S. Emotional contagion revisited: Effects of social comparison and expressive style on mood convergence [J]. Personality and Social Psychology Bulletin, 1991, 17 (2): 166-174.

[67] Ilies R, Wagner D T, Morgeson F P. Explaining affective linkages in teams: Individual differences in susceptibility to contagion and individualism-collectivism [J]. Journal of Applied Psychology, 2007, 92 (4): 1140-1148.

[68] Anderson C, Keltner D, John O P. Emotional convergence between people over time [J]. Journal of Personality and Social Psychology, 2003, 84 (5): 1054-1068.

[69] Kuppens T, Yzerbyt V Y, Dandache S, et al. Social identity salience shapes group-based emotions through group-based appraisals [J]. Cognition and Emotion, 2013, 27 (8): 1359-1377.

[70] 薛婷，陈浩，乐国安，等. 社会认同对集体行动的作用：群体情绪与效能路径 [J]. 心理学报，2013, 45 (8): 899-920.

[71] 贾留战，马红宇，郭永玉. 群体性事件的认知与情绪整合模型 [J]. 云南师范大学学报（哲学社会科学版），2012, 44 (4): 77-83.

[72] 杨文娇，王广新. 群体情绪能预测亲环境行为吗？[J]. 中国健康心理学杂志，2016, 24 (7): 1108-1112.

[73] Harth N S, Leach C W, Kessler T. Guilt, anger, and pride about in-group environmental behaviour: Different emotions predict distinct intentions [J]. Journal of Environmental Psychology, 2013, 34 (34): 18-26.

[74] Elgaaied L. Exploring the role of anticipated guilt on pro - environmental behavior - a suggested typology of residents in France based on their recycling patterns [J]. Journal of Consumer Marketing, 2012, 29 (5): 369-377.

[75] Rees J H, Klug S, Bamberg S. Guilty conscience: Motivating pro-environmental behavior by inducing negative moral emotions [J]. Climatic Change, 2015, 130 (3): 439-452.

[76] 程茜. 初中生群体羞愧情绪及行为倾向研究 [D]. 首都师范大学，2012.

[77] Meneghel I, Salanova M, Martínez I M. Feeling good makes us stronger: How team resilience mediates the effect of positive emotions on team performance [J]. Journal of Happiness Studies, 2016, 17 (1): 1-17.

[78] 杨宜音. 2015 社会心态新特征 [J]. 人民论坛，2016 (4): 78-80.

[79] 温淑春. 当前我国社会情绪的现状、成因及疏导对策 [J]. 理论与现代化，2013 (3): 104-108.

[80] 陈浩，薛婷，乐国安. 工具理性、社会认同与群体愤怒——集体行动的社会心理学研究 [J]. 心理科学进展，2012, 20 (1): 131-140.

[81] 伍麟，万仞雪，曹婧甜. 中国社会治理进程中的信任变迁 [J]. 中国科学院院刊，2017, 32: 157-165.

[82] Siegrist M, Cvetkovich G. Perception of hazards: The role of social trust and knowledge [J]. Risk Analysis, 2000, 20: 713-720.

[83] Poortinga W, Pidgeon N F. Trust, the asymmetry principle, and the role of prior beliefs [J]. Risk Analysis, 2004, 24: 1475-1486.

[84] 王沛，梁雅君，李宇，等. 特质认知和关系认知对人际信任的影响 [J]. 心理科学进展，2016, 24: 815-823.

[85] 赵娜，周明洁，陈爽，等. 信任的跨文化差异研究：视角与方法 [J]. 心理科学，2014, 37: 1002-1007.

[86] 池丽萍. 父母与青少年的信任水平及代际传递 [J]. 心理发展与教育，2013, 29: 491-499.

[87] 池丽萍. 信任：父母的代内相似和亲子的代际传递 [J]. 心理学报，2013, 45: 336-344.

[88] 池丽萍，辛自强. 信任代际传递的中介机制：一个概念模型 [J]. 首都师范大学学报（社会科学版），2013, (1): 140-147.

[89] Liu G, Lin C, Xin Z. The effects of within-and between-group competition on trust and trustworthiness among acquaintances [J]. PloS one, 2014, 9: e103074.

[90] Xin Z，Yang Z，Liu Y. The impact of friend–or–foe cues and survival pressure on trust in the investment game [J]. Evolution and Human Behavior，2017，38：181–189.
[91] Xin Z，Liu Y，Yang Z，et al. Effects of minimal social cues on trust in the investment game [J]. Asian Journal of Social Psychology，2016，19 (3)：235–243.
[92] Xin Z，Liu G. Homo economicus belief inhibits trust [J]. PloS one，2013，8：e76671.
[93] Xin S，Xin Z，Lin C. Effects of trustors' social identity complexity on interpersonal and intergroup trust [J]. European Journal of Social Psychology，2016，46：428–440.
[94] 辛素飞，明朗，辛自强. 群际信任的增进：社会认同与群际接触的方法 [J]. 心理科学进展，2013，21：290–299.
[95] 刘春晖，辛自强，林崇德. 主题情境和信任特质对大学生信任圈的影响 [J]. 心理发展与教育，2013，29：255–261.
[96] 辛自强，周正. 大学生人际信任变迁的横断历史研究 [J]. 心理科学进展，2012，20：344–353.
[97] 徐芬，李欢，马凤玲. 大学生信任倾向与人格特质的关系 [J]. 应用心理学，2011，17：202–211.
[98] 沈潘艳，万黎，方圆，等. 大学生人际自立特质对人际信任的预测：独立于大五人格的作用 [J]. 心理科学，2016，39：1441–1447.
[99] 李彩娜，孙颖，拓瑞，等. 安全依恋对人际信任的影响：依恋焦虑的调节效应 [J]. 心理学报，2016，48：989–1001.
[100] 何晓丽，王振宏，王克静. 积极情绪对人际信任影响的线索效应 [J]. 心理学报，2001，43：1408–1417.
[101] 丁如一，王飞雪，牛端，等. 高确定性情绪（开心、愤怒）与低确定性情绪（悲伤）对信任的影响 [J]. 心理科学，2014，37：1092–1099.
[102] Dong Y，Li Y，Sun T. Happy faces considered trustworthy irrespective of perceiver's mood：Challenges to the mood congruency effect [J]. Computers and Security，2014，47：85–93.
[103] 王益文，张振，原胜，等. 重复信任博弈的决策过程与结果评价 [J]. 心理学报，2015，47：1028–1038.
[104] 朱慧劼，姚兆余. 社会信任对城市居民健康状况的影响 [J]. 城市问题，2015 (9)：94–98.
[105] Rostila M. Social capital and health in European welfare regimes：A multilevel approach [J]. Journal of European Social Policy，2007，17：223–239.
[106] 金枭枭，侯志阳. 社会信任、社会认同与社会距离研究 [J]. 武汉理工大学学报（社会科学版），2017，30：88–96.
[107] 赵欢欢，张和云. 大学生网络交往动机与网络利他行为：网络人际信任的中介作用 [J]. 心理研究，2013，6：92–96.
[108] 张和云，赵欢欢，许燕. 青少年善良人性感知、影响因素及后效作用 [J]. 青年研究，2016 (2)：21–29.
[109] 马广海. 从群体性事件看转型期社会心态 [J]. 中国海洋大学学报（社会科学版），2012 (6)：71–79.
[110] 刘宏伟，刘元芳. 基于社会资本视角的阶层固化剖析 [J]. 天府新论，2012 (6)：103–106.
[111] 冯春阳. 信任、信心与居民消费支出——来自中国家庭追踪调查数据的证据 [J]. 现代财经（天津财经大学学报），2017，4：76–90.
[112] 杨超，曹雪峰. 论东亚地区社会信任与经济增长的正相关效应 [J]. 现代财经－天津财经大学学报，2006，26：64–67.
[113] Arrow J K. The Limits of Organization. New York：Norton，1974.
[114] Helliwell J F，Putnam R D. Economic growth and social capital in Italy [J]. Political Studies，2000，48：443–466.

［115］周广肃，谢绚丽，李力行．信任对家庭创业决策的影响及机制探讨［J］．管理世界，2015，12：121-129．
［116］李勇，徐延辉，兰林火．社会质量测量维度与城市社区创新——基于深圳市的实证分析［J］．中国社会科学，2014（3）：142-164．
［117］李晓梅．社会信任与文化价值观对于国家创新绩效的作用研究——基于65个样本国家的实证研究［J］．科学学与科学技术管理，2013，34：93-101．
［118］Khodyakov D M. The complexity of trust-control relationships in creative organizations：insights from a qualitative analysis of a conductorless orchestra［J］．Social Forces，2007，86：1-22．
［119］翟学伟．信任与风险社会——西方理论与中国问题［J］．社会科学研究，2008（4）：123-128．
［120］唐丽娜，王记文．诈骗与信任的社会机制分析——以中国台湾跨境电信诈骗现象为例［J］．学术论坛，2016，39：97-103．
［121］Doris J，Stich S．Moral Psychology：Empirical Approaches. The Stanford Encyclopedia of Philosophy（Fall 2014 Edition），Edward NZ（ed.），URL：https：//plato.stanford.edu/archives/fall2014/entries/moral-psych-emp/，2006．
［122］Lapsley D K. Moral Psychology［M］．Boulder. CO：Westview Press，1996．
［123］Killen M. Handbook of Moral Development［M］．New York：Psychological Press，2013．
［124］Doris J M. The Moral Psychology Handbook. New York：Oxford University，2010．
［125］Kohlberg L. Stage and sequence：The cognitive-developmental approach to socialization［M］．Rand McNally，1969．
［126］Haidt J，Kesebir S. Morality. In Fiske S，Gilbert D，& Lindzey G（Eds.）Handbook of Social Psychology，5th Edition. Hobeken，NJ：Wiley，2010：797-832．
［127］Haidt J. The emotional dog and its rational tail：A social intuitionist approach to moral judgment［J］．Psychological Review，2001，108（4）：814．
［128］Wheatley T，Haidt J. Hypnotic disgust makes moral judgments more severe［J］．Psychological Science，2005，16（10）：780-784．
［129］Paxton J M，Ungar L，Greene J D. Reflection and reasoning in moral judgment［J］．Cognitive Science，2012，36（1）：163-177．
［130］Haidt J. The righteous mind：Why good people are divided by politics and religion［M］．Vintage，2012．
［131］Greene J D，Cushman F A，Stewart L E，et al. Pushing moral buttons：The interaction between personal force and intention in moral judgment［J］．Cognition，2009，111（3）：364-371．
［132］Cameron C D，Lindquist K A，Gray K. A constructionist review of morality and emotions：No evidence for specific links between moral content and discrete emotions［J］．Personality and Social Psychology Review，2015，19（4）：371-394．
［133］Bai Y，Maruskin L A，Chen S，et al. Awe，the diminished self，and collective engagement：Universals and cultural variations in the small self. Journal of Personality and Social Psychology，2017，113：185-209．
［134］Weng H Y，Fox A S，Shackman A J，et al. Compassion training alters altruism and neural responses to suffering［J］．Psychological Science，2013，24（7）：1171-1180．
［135］Shweder R A，Much N C，Mahapatra M，Park L. The“Big Three”of morality（autonomy，community，divinity）and the“Big Three”explanations of suffering. In Brandt A，Rozin P（Ed.），Morality and Health，pp. 119-169. Florence：Taylor & Frances，1997．
［136］Graham J，Nosek B A，Haidt J，et al. Mapping the moral domain［J］．Journal of Personality and Social Psychology，2011，101（2）：366．
［137］Fessler D M T，Barrett H C，Kanovsky M，et al. Moral parochialism and contextual contingency across seven

societies [C] //Proc. R. Soc. B. The Royal Society, 2015, 282 (1813): 20150907.

[138] Barrett H C, Bolyanatz A, Crittenden A N, et al. Small-scale societies exhibit fundamental variation in the role of intentions in moral judgment [J]. Proceedings of the National Academy of Sciences, 2016, 113 (17): 4688-4693.

[139] Bernhard H, Fischbacher U, Fehr E. Parochial altruism in humans [J]. Nature, 2006, 442 (7105): 912-915.

[140] Fehr E, Glätzle-R ü tzler D, Sutter M. The development of egalitarianism, altruism, spite and parochialism in childhood and adolescence [J]. European Economic Review, 2013, 64: 369-383.

[141] Halevy N, Kreps T A, Weisel O, et al. Morality in intergroup conflict [J]. Current Opinion in Psychology, 2015, 6: 10-14.

[142] Halevy N, Weisel O, Bornstein G. "In - Group Love" and "Out - Group Hate" in Repeated Interaction Between Groups [J]. Journal of Behavioral Decision Making, 2012, 25 (2): 188-195.

[143] Graham J, Haidt J, Nosek B A. Liberals and conservatives rely on different sets of moral foundations [J]. Journal of Personality and Social Psychology, 2009, 96 (5): 1029.

[144] Haidt J, Graham J. When morality opposes justice: Conservatives have moral intuitions that liberals may not recognize [J]. Social Justice Research, 2007, 20 (1): 98-116.

[145] Skitka L J, Morgan G S, Wisneski D C. Political orientation and moral conviction: A conservative advantage or an equal opportunity motivator of political engagement [J]. Social Psychology and Politics, 2015: 57-74.

[146] Graham J, Nosek B A, Haidt J. The moral stereotypes of liberals and conservatives: Exaggeration of differences across the political spectrum [J]. PloS one, 2012, 7 (12): e50092.

[147] Kraus M W, Piff P K, Keltner D. Social class as culture: The convergence of resources and rank in the social realm [J]. Current Directions in Psychological Science, 2011, 20 (4): 246-250.

[148] Varnum M E W, Blais C, Hampton R S, et al. Social class affects neural empathic responses [J]. Culture and Brain, 2015, 3 (2): 122-130.

[149] Piff P K. Wealth and the inflated self: Class, entitlement, and narcissism [J]. Personality and Social Psychology Bulletin, 2014, 40 (1): 34-43.

[150] Piff P K, Stancato D M, Côté S, et al. Higher social class predicts increased unethical behavior [J]. Proceedings of the National Academy of Sciences, 2012, 109 (11): 4086-4091.

[151] Brandt M J. Do the disadvantaged legitimize the social system? A large-scale test of the status-legitimacy hypothesis [J]. Journal of Personality and Social Psychology, 2013, 104 (5): 765.

[152] Hussak L J, Cimpian A. An early-emerging explanatory heuristic promotes support for the status quo [J]. Journal of Personality and Social Psychology, 2015, 109 (5): 739.

[153] Fukuyama F. The Great disruption: Human nature and the reconstruction of social order. New York: The Free Press, 1999.

[154] Greenfield P M. Linking social change and developmental change: Shifting pathways of human development. Developmental Psychology, 2009, 45: 401-418.

[155] Greenfield P M. The changing psychology of culture from 1800 through 2000. Psychological Science, 2013, 24: 172-1731.

[156] Yu, Peng, Peng et al. Cultural value shifting in pronoun use. Journal of Cross-Cultural Psychology, 2016, 47: 310-316.

[157] Xu Y, Hamamura T. Folk beliefs of cultural changes in China. Frontiers in Psychology, 2014, 5: 1066.

[158] Bianchi E C. American individualism rises and falls with the economy: Cross-temporal evidence that individualism declines when the economy falters. Journal of Personality and Social Psychology, 2016, 111: 567-584.

[159] Cai H, Kwan V S, Sedikides C. A sociocultural approach to narcissism: The case of modern China. European Journal of Personality, 2012, 26: 529–535.

[160] Putnam R D. Our kids the American dream in crisis. Simon and Schuster, 2015.

[161] Norenzayan A, Shariff A F, Gervais W M, et al. The cultural evolution of prosocial religions. Behavioral and Brain Sciences, 2016.

[162] Norenzayan A. Big gods: How religion transformed cooperation and conflict. New Jersey: Princeton University Press, 2013.

[163] Shariff A F, Willard A K, Andersen T, et al. Religious priming: A meta–analysis with a focus on prosociality. Personality and Social Psychology Review, 2016, 20: 27–48.

[164] Purzycki B G, Apicella C, Atkinson Q D, et al. Moralistic gods, supernatural punishment and the expansion of human society. Nature, 2016, 530: 1–4.

[165] Atran S, Ginges J. Religious and sacred imperatives in human conflict. Science, 2012, 336: 855–857.

[166] Ginges J, Atran S, Medin D, Shikaki K. Sacred bounds on rational resolution of violent political conflict. Proceedings of the National Academy of Sciences, USA, 2007, 104: 7357–7360.

[167] Cohen A B, Siegel J I, Rozin P. Faith versus practice: Different bases for religiosity judgments by Jews and protestants. European Journal of Social Psychology, 2003, 33: 287–295.

[168] Cohen A B, Rozin P. Religion and the morality of mentality. Journal of Personality and Social Psychology, 2001, 81: 697–710.

[169] Clobert M, Saroglou V, Hwang K–K, et al. East Asian religious tolerance—A mythor a reality? Empirical investigations of religious prejudice in East Asian societies. Journal of Cross–Cultural Psychology, 2014, 45: 1515–1533.

[170] Hamlin J K, Wynn K, Bloom P. Social evaluation by preverbal infants. Nature, 2007, 450: 557–559.

[171] Hamlin J K, Wynn K, Bloom P, et al. How infants and toddlers reach to antisocial others. Proceedings of the National Academy of Sciences, USA, 2011, 108: 19931–19936.

[172] Bloom P. Just Babies: The Origins of Good and Evil. New York: Crown, 2013.

[173] Brosnan S F, de Waal F B M. Evolution of responses to (un) fairness. Science, 2014, 346: 314.

[174] de Waal FBM, Suchak M. Prosocial primates: Selfish and unselfish motivations. Phil. Trans. R. Soc. B, 2010, 365: 2711–2722.

[175] Silk B, Brosnan S F, Von J, et al. Chimpanzees are indifferent to the welfare of unrelated group members. Nature, 2007, 437: 1357–1359.

[176] Churchland PS. Brain trust: What neuroscience tells us about morality. Princeton: Princeton University Press, 2011.

[177] Hu C, Jiang X. An emotion regulation role of ventromedial prefrontal cortex in moral judgment [J]. Frontiers in Human Neuroscience, 2014, 8: 873–873.

[178] Young L, Camprodon J A, Hauser M, Pascual–Leone A, Saxe R. Disruption of the right temporoparietal junction with transcranial magnetic stimulation reduces the role of beliefs in moral judgments. Proceedings of the National Academy of Sciences, 2010, 107: 6753–6758.

[179] Wang H, Li K, Xie X. Individual differences in pain sensitivity predict the experience of unfairness. Journal of Health Psychology, 2017. https: //doi.org/10.1177/1359105316685

[180] 谢晓非，王逸璐，顾思义，等. 利他仅仅利他吗？——进化视角的双路径模型 [J]. 心理科学进展，2017，25（9）：1441–1455.

[181] Wu Y, Yu H, Shen B, et al. Neural basis of increased costly norm enforcement under adversity. Social Cognitive and Affective Neuroscience, 2014, 9: 1862–1871.

［182］ Wu Y，Lelivleld M C，Zhou X. Social distance modulates recipient's fairness consideration in the dictator game：An ERP study. Biological Psychology，2011，88：253–262.

［183］ Zimbardo P G，Haney C，Banks W C，et al. The psychology of imprisonment：Privation，power，and pathology［J］. Doing unto others：Explorations in social behavior，1974：6173.

［184］ Haslam S A，Reicher S D. When prisoners take over the prison：A social psychology of resistance［J］. Personality and Social Psychology Review，2012，16（2）：154–179.

［185］ Shaw D S，Shelleby E C. Early–starting conduct problems：Intersection of conduct problems and poverty［J］. Annual Review of Clinical Psychology，2014，10：503–528.

［186］ Blair C，Raver C C. Child development in the context of adversity：Experiential canalization of brain and behavior［J］. American Psychologist，2012，67（4）：309.

［187］ Beyers J M，Bates J E，Pettit G S，et al. Neighborhood structure，parenting processes，and the development of youths' externalizing behaviors：A multilevel analysis［J］. American Journal of Community Psychology，2003，31（1–2）：35–53.

［188］ Bartol A M，Bartol C R. Criminal behavior：A psychological approach［M］. Boston：Pearson，c2014. xxiii，644 pages：illustrations; 24 cm，2014.

［189］ Jaffee S R，Odgers C L. Conduct disorder across the life course［J］. Life Course Approach to Mental Disorders，2013：165–72.

［190］ 李玫瑾. 犯罪心理研究：在犯罪防控中的作用［M］. 北京：中国人民公安大学出版社，2010.

［191］［意］加罗法诺. “异常犯罪”犯罪学［M］. 北京：中国大百科全书出版社，1986：71–128.

［192］ 李玫瑾，董海. 犯罪人格的界定与实证研究［J］. 中国人民公安大学学报：社会科学版，2008（3）：15–22.

［193］ 李玫瑾. 犯罪心理现象中危险心结探析［J］. 中国人民公安大学学报：社会科学版，2009（5）：104–113.

［194］［美］布伦特，特维. 犯罪心理画像——行为证据分析入门［M］. 北京：中国人民公安大学出版社，2005.

［195］ 罗斯姆. 地理学的犯罪心理画像［M］. 李玫瑾，译. 北京：中国人民公安大学出版社，2007.

［196］ 付有志，苏剑君. 犯罪记忆检测技术的构成［J］. 铁道警官高等专科学校学报，2004（3）：88–91.

［197］ 常青山，苏剑君. 我国犯罪心理测试技术的历史沿革与发展综述［J］. 铁道警官高等专科学校学报，2004，(1)：90–93.

［198］ 陈云林. 心理测试技术的发展与思考［J］. 警察技术，2008（3）：8–11.

［199］ 吴奇，申寻兵，傅小兰. 微表情研究及其应用［J］. 心理科学进展，2010，18（09）：1359–1368.

［200］ 彭玉伟. 微表情分析技术在侦查讯问工作中的应用研究［J］. 中国刑事法杂志，2015（2）：95–103.

［201］ 刘邦惠. 精神病态男性罪犯自我的特点［D］. 重庆：西南大学，2008.

［202］ 刘旭. 两类青少年暴力犯抑制控制功能差异的 ERP 证据［D］. 北京：中国政法大学，2009.

［203］ 陈展. 青少年冷漠无情特质与情绪加工的关系［D］. 北京：中国政法大学，2013.

［204］ 曹允猛. 犯罪危险性评估问卷 LSI–R 的修订及信效度检验［D］. 北京：中国政法大学，2013.

［205］ 肖玉琴. 未成年暴力犯暴力风险评估与矫正的实践探索——以循证矫正为视野［D］. 北京：中国政法大学硕士学位论文，2016.

［206］ 孔一. 再犯原因的结构——基于浙江省出狱同期群的比较研究［J］. 刑事法评论，2011，2：28.

［207］ 孔一，黄兴瑞. 刑释人员再犯风险评估量表(RRAI)研究［J］. 中国刑事法杂志，2011，10(92)：32.

［208］ 刘柳，关慕桢，刘旭峰，等. 暴力危险性评估问卷的编制［J］. 中国健康心理学杂志，2010（3）：358–360.

［209］ 曾赟. 服刑人员刑满释放前重新犯罪风险预测研究［J］. 法学评论，2011（6）：131–137.

[210] 曹建路. 成年服刑人员人身危险性评估体系的建构 [D]. 金华：浙江师范大学，2013.

[211] 宋行，朱洪祥. 循证矫正理论与实践 [M]. 北京：化学工业出版社，2013.

[212] 管荣斌，徐肖东，李凤奎. 循证矫正项目. 南京：江苏凤凰教育出版社，2014.

[213] 许疏影. 社区矫正人员再犯风险评估工具实证研究 [J]. 河南警察学院学报，2014 (4)：62-66.

[214] Andrews D A，Bonta J. The psychology of criminal conduct [M]. Routledge，2010.

[215] 翟中东. 矫正的变迁 [M]. 北京：中国人民公安大学出版社，2013.

[216] 王平，安文霞. 西方国家循证矫正的历史发展及其启示 [J]. 中国检察官，2013 (15).

[217] 佚名. 循证矫正方法及实践与我国罪犯矫正工作研讨班在江苏宜兴举办 [J]. 犯罪与改造研究，2012 (12)：F0002.

[218] 文静. 司法部召开循证矫正研究与实践科研项目领导小组第一次会议 [J]. 中国司法，2013 (5)：94.

[219] 吴爱英. 全面做好新形势下监狱工作为维护社会稳定促进公平正义作出积极贡献 [J]. 中国司法，2015 (9)：6-15.

[220] Andrews D A，Bonta J，Wormith J S. The recent past and near future of risk and/or need assessment [J]. Crime and Delinquency，2006，52 (1)：7-27.

[221] Thornberry T，Jacoby J E. The criminally insane：A community follow-up of mentally ill offenders [M]. University of Chicago Press，1979.

[222] Andrews D A，Zinger I，Hoge R D，et al. Does correctional treatment work? A clinically relevant and psychologically informed meta-analysis [J]. Criminology，1990，28 (3)：369-404.

[223] Crime and Justice Institute (US)，Guevara M，Solomon E. Implementing evidence-based policy and practice in community corrections [M]. US Department of Justice，National Institute of Corrections，2009.

[224] 肖玉琴，杨波. 循证矫正的理论基础——RNR 模型解读 [J]. 犯罪与改造研究，2014 (003)：14-18.

[225] 张苏军. 循证矫正在中国的实践探索——以山东省任城监狱的暴力犯矫正为例 [M]. 法律出版社，2016.

[226] 姜晓萍. 国家治理现代化进程中的社会治理体制创新 [J]. 中国行政管理，2014，2：24-28.

[227] 李立国. 创新社会治理体制 [J]. 求是，2013，24：14-18.

[228] 张志学，鞠冬，马力. 组织行为学研究的现状：意义与建议 [J]. 心理学报，2014，46 (2)：265-284.

[229] 张志学，施俊琦，刘军. 组织行为与领导力研究的进展与前沿 [J]. 心理科学进展，2016，24 (3)：317-326.

[230] Hochschild，A. R. The managed heart：Commercialization of human feeling. Berkeley，CA：University of California Press，1983.

[231] Judge T A，Woolf E F，Hurst C. Is emotional labor more difficult for some than for others? A multilevel，experience-sampling study [J]. Personnel Psychology，2009，62 (1)：57-88.

[232] Humphrey R H，Ashforth B E，Diefendorff J M. The bright side of emotional labor [J]. Journal of Organizational Behavior，2015，36 (6)：749-769.

[233] Gabriel A S，Daniels M A，Diefendorff J M，et al. Emotional labor actors：A latent profile analysis of emotional labor strategies [J]. Journal of Applied Psychology，2015，100 (3)：863.

[234] Fisk G M，Friesen J P. Perceptions of leader emotion regulation and LMX as predictors of followers' job satisfaction and organizational citizenship behaviors [J]. The Leadership Quarterly，2012，23 (1)：1-12.

[235] Burch G F，Batchelor J H，Humphrey R H. Emotional labor for entrepreneurs：A natural and necessary extension [J]. Entrepreneurship Research Journal，2013，3 (3)：331-366.

[236] Gabriel A S，Diefendorff J M. Emotional labor dynamics：A momentary approach [J]. Academy of Management Journal，2015，58 (6)：1804-1825.

[237] Hannah S T，Sumanth J J，Lester P，et al. Debunking the false dichotomy of leadership idealism and pragmatism：

Critical evaluation and support of newer genre leadership theories [J]. Journal of Organizational Behavior, 2014, 35 (5): 598–621.
[238] Yang J, Zhang Z X, Tsui A S. Middle manager leadership and frontline employee performance: Bypass, cascading, and moderating effects [J]. Journal of Management Studies, 2010, 47 (4): 654–678.
[239] Schaubroeck J M, Hannah S T, Avolio B J, et al. Embedding ethical leadership within and across organization levels [J]. Academy of Management Journal, 2012, 55 (5): 1053–1078.
[240] Mumford M D, Fried Y. Give them what they want or give them what they need? Ideology in the study of leadership [J]. Journal of Organizational Behavior, 2014, 35 (5): 622–634.
[241] 李爱梅，华涛，高文. 辱虐管理研究的"特征 - 过程 - 结果"理论框架 [J]. 心理科学进展,2013,21(11): 1901–1912.
[242] Oh J K, Farh C I C. An emotional process theory of how subordinates appraise, experience, and respond to abusive supervision over time [J]. Academy of Management Review, 2017, 42 (2): 207–232.
[243] Jeung C W, Jeung C W, Yoon H J, et al. Leader humility and psychological empowerment: investigating contingencies [J]. Journal of Managerial Psychology, 2016, 31 (7): 1122–1136.
[244] Chiu C C, Owens B P, Tesluk P E. Initiating and utilizing shared leadership in teams: The role of leader humility, team proactive personality, and team performance capability [J]. The Journal of Applied Psychology, 2016, 101 (12): 1705–1720.
[245] Owens B P, Hekman D R. How does leader humility influence team performance? Exploring the mechanisms of contagion and collective promotion focus [J]. Academy of Management Journal, 2016, 59 (3): 1088–1111.
[246] Rego A, Owens B, Leal S, et al. How leader humility helps teams to be humbler, psychologically stronger, and more effective: A moderated mediation model [J]. The Leadership Quarterly, 2017.
[247] Chen J, Nadkarni S. It's about time! CEOs' temporal dispositions, temporal leadership, and corporate entrepreneurship [J]. Administrative Science Quarterly, 2017, 62 (1): 31–66.
[248] Morgeson F P, DeRue D S, Karam E P. Leadership in teams: A functional approach to understanding leadership structures and processes [J]. Journal of Management, 2010, 36 (1): 5–39.
[249] Zaccaro, S J, Marks, M A, DeChurch, L.(Eds.). Multiteam systems: An organization form for dynamic and complex environments [M]. Routledge, 2012.
[250] Lanaj K, Hollenbeck J R, Ilgen D R, et al. The double–edged sword of decentralized planning in multiteam systems [J]. Academy of Management Journal, 2013, 56 (3): 735–757.
[251] Contractor N S, DeChurch L A, Carson J, et al. The topology of collective leadership [J]. The Leadership Quarterly, 2012, 23 (6): 994–1011.
[252] Spisak B R, O'Brien M J, Nicholson N, et al. Niche construction and the evolution of leadership [J]. Academy of Management Review, 2015, 40 (2): 291–306.
[253] Hammond M, Clapp–Smith R, Palanski M. Beyond(just) the workplace: A theory of leader development across multiple domains [J]. Academy of Management Review, 2017, 42 (3): 481–498.
[254] 闪淳昌. 提高应急管理能力健全公共安全体系 [J]. 中国应急救援，2015(1): 4–7.
[255] 侯惠勤，辛向阳，易定宏(主编). 公共服务蓝皮书：中国城市基本公共服务力评价 (2011—2012). 北京：社会科学文献出版社，2012.
[256] 钟君，吴正杲(主编). 公共服务蓝皮书：中国城市基本公共服务力评价 (2012—2013). 北京：社会科学文献出版社，2013.
[257] 钟君，吴正杲(主编). 公共服务蓝皮书：中国城市基本公共服务力评价 (2014). 北京：社会科学文献出版社，2014.
[258] Dollard M F, Bakker A B. Psychosocial safety climate as a precursor to conducive work environments,

psychological health problems, and employee engagement [J]. Journal of Occupational and Organizational Psychology, 2010, 83 (3): 579–599.

[259] Probst T M, Brubaker T L, Barsotti A. Organizational injury rate underreporting: The moderating effect of organizational safety climate [J]. Journal of Applied Psychology, 2008, 93 (5): 1147.

[260] Probst T M, Estrada A X. Accident under-reporting among employees: Testing the moderating influence of psychological safety climate and supervisor enforcement of safety practices [J]. Accident Analysis and Prevention, 2010, 42 (5): 1438–1444.

[261] 李林，田禾. 法治蓝皮书：中国法治发展报告 No. 12 (2014). 北京：社会科学文献出版社，2014.

[262] 华东政法大学社会管理与公共安全研究中心. 中国社会公共安全研究报告. 第 1 辑. 北京：中央编译出版社，2011.

[263] 华东政法大学社会管理与公共安全研究中心. 中国社会公共安全研究报告. 第 5 辑. 北京：中央编译出版社，2013.

[264] 华东政法大学社会管理与公共安全研究中心. 中国社会公共安全研究报告. 第 6 辑. 北京：中央编译出版社，2014.

[265] Kasperson R E, Renn O, Slovic P, et al. The social amplification of risk: A conceptual framework [J]. Risk Analysis, 1988, 8 (2): 177–187.

[266] Pidgeon, N, Kasperson, R E, Slovic, P. The social amplification of risk [M]. Cambridge University Press, 2003.

[267] Pidgeon, N, Kasperson, R E, Slovic, P. The social amplification of risk [M]. Cambridge University Press, 2003.

[268] 张侃. 网络突发事件的生成与治理：基于风险的社会放大框架的分析 [J]. 重庆工商大学学报（社会科学版），2016, 33 (01): 80–88.

[269] Wachinger G, Renn O, Begg C, et al. The risk perception paradox—implications for governance and communication of natural hazards [J]. Risk analysis, 2013, 33 (6): 1049–1065.

[270] Siegrist M, Cvetkovich G. Perception of hazards: The role of social trust and knowledge [J]. Risk Analysis, 2000, 20 (5): 713–720.

[271] Wachinger G, Renn O, Begg C, et al. The risk perception paradox—implications for governance and communication of natural hazards [J]. Risk Analysis, 2013, 33 (6): 1049–1065.

[272] Mase A S, Cho H, Prokopy L S. Enhancing the social amplification of risk framework (SARF) by exploring trust, the availability heuristic, and agricultural advisors' belief in climate change [J]. Journal of Environmental Psychology, 2015, 41: 166–176.

[273] Wachinger G, Renn O, Begg C, et al. The risk perception paradox—implications for governance and communication of natural hazards [J]. Risk Analysis, 2013, 33 (6): 1049–1065.

[274] 薛澜，周海雷，陶鹏. 我国公众应急能力影响因素及培育路径研究 [J]. 中国应急管理，2014 (05): 9–15.

[275] 李纾，刘欢，白新文，等. 汶川“5·12”地震中的“心理台风眼”效应 [J]. 科技导报，2009, 27 (03): 87–89.

[276] 谢佳秋，谢晓非，甘怡群. 汶川地震中的心理台风眼效应 [J]. 北京大学学报（自然科学版），2011, 47 (05): 944–952.

[277] 谢晓非，林靖. 心理台风眼效应研究综述 [J]. 中国应急管理，2012 (01): 21–25.

[278] Xie X F, Stone E, Zheng R, et al. The 'Typhoon Eye Effect': determinants of distress during the SARS epidemic [J]. Journal of Risk Research, 2011, 14 (9): 1091–1107.

[279] Zheng R, Rao L L, Zheng X L, et al. The more involved in lead-zinc mining risk the less frightened: A

psychological typhoon eye perspective [J]. Journal of Environmental Psychology, 2015, 44: 126–134.

[280] Chung I J. Social amplification of risk in the Internet environment [J]. Risk Analysis, 2011, 31 (12): 1883–1896.

[281] Lu X, Xie X, Liu L. Inverted U–shaped model: How frequent repetition affects perceived risk [J]. Judgment and Decision Making, 2015, 10 (3): 219.

[282] Griffin R J, Powell M, Dunwoody S, et al. Testing the robustness of a risk information processing model [C] // annual meeting of the Association for Education in Journalism and Mass Communication, Toronto, Ontario, Canada. 2004.

[283] Gutteling J M, Vries P W. Determinants of Seeking and Avoiding Risk - Related Information in Times of Crisis [J]. Risk analysis, 2017, 37 (1): 27–39.

[284] Yang Z J, Aloe A M, Feeley T H. Risk information seeking and processing model: A meta - analysis [J]. Journal of Communication, 2014, 64 (1): 20–41.

[285] 陈石，李虹. 双加工逃生决策的顺序替代效应 [J]. 心理科学，2014，37 (01): 83–87.

[286] Li H, Huang L Y, Zhang Y F, et al. Effects of intuition and deliberation on escape judgment and decision–making under different complexities of crisis situations [J]. Safety Science, 2016, 89: 106–113.

[287] Hu T Y, Li J, Jia H, et al. Helping others, warming yourself: Altruistic behaviors increase warmth feelings of the ambient environment [J]. Frontiers in Psychology, 2016, 7.

[288] Hart J, Shaver P R, Goldenberg J L. Attachment, self–esteem, worldview, and terror management: Evidence for a tripartite security system [J]. Journal of Personality and Social Psychology, 2005, 88 (6): 999.

[289] Maslow A H. A theory of human motivation [J]. Psychological Review, 1943, 50 (4): 370.

[290] Lu J, Xie X, Wang M, et al. Double reference points: The effects of social and financial reference points on decisions under risk [J]. Journal of Behavioral Decision Making, 2015, 28 (5): 451–463.

[291] 谢晓非，陆静怡. 风险决策中的双参照点效应 [J]. 心理科学进展，2014，22 (04): 571–579.

[292] Edmondson A. Psychological safety and learning behavior in work teams [J]. Administrative science quarterly, 1999, 44 (2): 350–383.

[293] Edmondson A C, Lei Z. Psychological safety: The history, renaissance, and future of an interpersonal construct [J]. Annu. Rev. Organ. Psychol. Organ. Behav., 2014, 1 (1): 23–43.

[294] 曹中平，黄月胜，杨元花. 马斯洛安全感—不安全感问卷在初中生中的修订 [J]. 中国临床心理学杂志，2010，(2): 171–173.

[295] Hart J. Toward an integrative theory of psychological defense [J]. Perspectives on Psychological Science, 2014, 9 (1): 19–39.

[296] Mishra S. Decision–making under risk: Integrating perspectives from biology, economics, and psychology [J]. Personality and Social Psychology Review, 2014, 18 (3): 280–307.

[297] Mishra S, Barclay P, Sparks A. The relative state model: Integrating need–based and ability–based pathways to risk–taking [J]. Personality and Social Psychology Review, 2017, 21 (2): 176–198.

[298] Caraco T, Martindale S, Whittam T S. An empirical demonstration of risk–sensitive foraging preferences [J]. Animal Behaviour, 1980, 28 (3): 820–830.

[299] Mishra S, Fiddick L. Beyond gains and losses: The effect of need on risky choice in framed decisions [J]. Journal of Personality and Social Psychology, 2012, 102 (6): 1136.

[300] Mishra S, Lalumi è re M L. You can't always get what you want: The motivational effect of need on risk–sensitive decision–making [J]. Journal of Experimental Social Psychology, 2010, 46 (4): 605–611.

[301] Mishra S, Barclay P, Lalumi è re M L. Competitive disadvantage facilitates risk taking [J]. Evolution and Human Behavior, 2014, 35 (2): 126–132.

[302] Mishra S, Hing L S S, Lalumière M L. Inequality and risk-taking [J]. Evolutionary Psychology, 2015, doi/10.1177/1474704915596295.

[303] Maslow A H. A theory of human motivation [J]. Psychological Review, 1943, 50 (4): 370.

[304] Hart J, Shaver P R, Goldenberg J L. Attachment, self-esteem, worldviews, and terror management: Evidence for a tripartite security system [J]. Journal of Personality and Social Psychology, 2005, 88 (6): 999.

[305] Roy A D. Safety first and the holding of assets [J]. Econometrica: Journal of the Econometric Society, 1952: 431-449.

[306] Duclos R, Wan E W, Jiang Y. Show me the honey! Effects of social exclusion on financial risk-taking [J]. Journal of Consumer Research, 2012, 40 (1): 122-135.

[307] Peake S J, Dishion T J, Stormshak E A, et al. Risk-taking and social exclusion in adolescence: Neural mechanisms underlying peer influences on decision-making [J]. NeuroImage, 2013, 82: 23-34.

[308] Buelow M T, Wirth J H. Decisions in the face of known risks: Ostracism increases risky decision-making [J]. Journal of Experimental Social Psychology, 2017, 69: 210-217.

[309] Liang J, Farh C I C, Farh J L. Psychological antecedents of promotive and prohibitive voice: A two-wave examination [J]. Academy of Management Journal, 2012, 55 (1): 71-92.

[310] Walumbwa F O, Schaubroeck J. Leader personality traits and employee voice behavior: Mediating roles of ethical leadership and work group psychological safety [J]. Journal of Applied Psychology, 2009, 94 (5): 1275-1286.

[311] Zhang Y, Fang Y, Wei K K, et al. Exploring the role of psychological safety in promoting the intention to continue sharing knowledge in virtual communities [J]. International Journal of Information Management, 2010, 30 (5): 425-436.

[312] Carmeli A, Reiter-Palmon R, Ziv E. Inclusive leadership and employee involvement in creative tasks in the workplace: The mediating role of psychological safety [J]. Creativity Research Journal, 2010, 22 (3): 250-260.

[313] Kark R, Carmeli A. Alive and creating: The mediating role of vitality and aliveness in the relationship between psychological safety and creative work involvement [J]. Journal of Organizational Behavior, 2009, 30 (6): 785-804.

[314] Dollard M F, Bakker A B. Psychosocial safety climate as a precursor to conducive work environments, psychological health problems, and employee engagement [J]. Journal of Occupational and Organizational Psychology, 2010, 83 (3): 579-599.

[315] 冯仕政. 社会冲突、国家治理与“群体性事件”概念的演生 [J]. 社会学研究, 2015, 30 (5): 63.

[316] 张书维. 群体性事件的社会心理机制——基于相对剥夺与群际威胁的实证研究. 北京: 中国轻工业出版社, 2013.

[317] Wang E P, Zhang S, Jie Z, et al. Administrative errors and discontent: The case studies of Mass incidents in China [J]. Asia-Pacific Studies, 2014, 1 (1): 31-43.

[318] Van Zomeren M, Postmes T, Spears R. Toward an integrative social identity model of collective action: A quantitative research synthesis of three socio-psychological perspectives [J]. Psychological Bulletin, 2008, 134 (4): 504.

[319] van Zomeren M, Postmes T, Spears R. On conviction's collective consequences: Integrating moral conviction with the social identity model of collective action [J]. British Journal of Social Psychology, 2012, 51 (1): 52-71.

[320] Tajfel H. Human groups and social categories: Studies in social psychology [M]. CUP Archive, 1981.

[321] Van Stekelenburg J, Klandermans B. Individuals in movements: A social psychology of contention [M] // Handbook of social movements across disciplines. Springer, Cham, 2017: 103-139.

［322］张书维，王二平．群体性事件集群行为的动员与组织机制［J］．心理科学进展，2011，19（12）：1730–1740.
［323］王二平．社会心理学视阈下群体性事件的生成机制和应对措施［J］．领导科学，2012，（11）：4–8.
［324］王二平．群体性事件的心理学分析［A］．北京市社会科学界联合会、北京师范大学．科学发展：文化软实力与民族复兴——纪念中华人民共和国成立60周年论文集（上卷）［C］．北京市社会科学界联合会、北京师范大学，2009.
［325］肖唐镖．当代中国的“群体性事件”：概念、类型与性质辨析［J］．人文杂志，2012，（04）：147–155.
［326］Wang E P，Zhang S，Jie Z，et al. Administrative errors and discontent：The case studies of Mass incidents in China［J］．Asia–Pacific Studies，2014，1（1）：31–43.
［327］张书维．寻找理性边界，打开决策黑箱——评《决策心理：齐当别之道》［J］．公共行政评论，2016，9（05）：192–198.
［328］王二平，周洁，张书维．社会不满的政治意义与社会意义．中大政治学评论（第8辑），2015：5–15.
［329］王俊秀．新媒体时代社会情绪和社会情感的治理［J］．探索与争鸣，2016，（11）：35–38.
［330］Zhang S，Wang E，Chen Y. Relative deprivation based on occupation：An effective predictor of Chinese life satisfaction［J］．Asian Journal of Social Psychology，2011，14（2）：148–158.
［331］张书维，周洁，王二平．群体相对剥夺前因及对集群行为的影响——基于汶川地震灾区民众调查的实证研究［J］．公共管理学报，2009，6（04）：69–77.
［332］张书维，王二平，周洁．相对剥夺与相对满意：群体性事件的动因分析［J］．公共管理学报，2010，7（03）：95–102.
［333］张书维，王二平，周洁．跨情境下集群行为的动因机制［J］．心理学报，2012，44（04）：524–545.
［334］张书维．群体性事件的社会心理机制——基于相对剥夺与群际威胁的实证研究［M］．北京：中国轻工业出版社，2013.
［335］张书维．群际威胁与集群行为意向：群体性事件的双路径模型［J］．心理学报，2013，45（12）：1410–1430.
［336］董颖红．微博客社会情绪的测量及其与社会风险感知和风险决策的关系［D］．南开大学，2014.
［337］Simpson J A. Psychological foundations of trust［J］．Current Directions in Psychological Science，2007，16，264–268.
［338］Kramer R M. Trust and distrust in organizations：Emerging perspectives，enduring questions［J］．Annual Review of Psychology，1999，50：569–598.
［339］Webe J.M，Malhotra D，Murnighan J K. Normal acts of irrational trust：Motivated attributions and the trust development process［J］．Research in Organizational Behavior，2004，26：75–101.
［340］Ferrin D L，Bligh M C，Kohles J C. It takes two to tango：An interdependence analysis of the spiraling of perceived trustworthiness and cooperation in interpersonal and intergroup relationships［J］．Organizational Behavior and Human Decision Processes，2008，107：161–178.
［341］Tortosaedo V，Lópeznavarro M A，Llorensmonzonís J，et al. The antecedent role of personal environmental values in the relationships among trust in companies，information processing and risk perception［J］．Journal of Risk Research，2014，17：1019–1035.
［342］Sjöberg L. Limits of knowledge and the limited importance of trust［J］．Risk Analysis，2001，21：189–198.
［343］Cai H，Sedikides C，Jiang L. Familial self as a potent source of affirmation：Evidence from China［J］．Social Psychological and Personality Science，2013，4（5）：529–537.
［344］Gu R，Jing Y，Shi Y，et al. Be strong enough to say no：self–affirmation increases rejection to unfair offers［J］．Frontiers in Psychology，2016，7：1824.
［345］Luo Y，Liu Y，Cai H，et al. Nostalgia and self–enhancement：Phenotypic and genetic approaches［J］．Social

Psychological and Personality Science，2016，7：857-866.
[346] 赵欢欢，克燕南，张和云，等. 家庭功能对青少年道德推脱的影响：责任心与道德认同的作用［J］. 心理科学，2016，39：907-913.
[347] Cai H，Wu L，Shi Y，et al. Self-enhancement among westerners and easterners：A cultural neuroscience approach［J］. Social Cognitive and Affective Neuroscience，2016，11：1569-1578.
[348] Shi Y, Sedikides C, Cai H, et al. Disowning the self：The cultural value of modesty can attenuate self-positivity［J］. Quarterly Journal of Experimental Psychology，2016.
[349] Wu M S，Schmitt M，Zhou C，et al. Examining self-advantage in the suffering of others：Cross-cultural differences in beneficiary and observer justice sensitivity among Chinese，Germans，and Russians［J］. Social Justice Research，2014，27：231-242.
[350] Chiu CY. Lay descriptive and normative theories of morality：Understanding moral emotions in contemporary Asia［J］. Asian Journal of Social Psychology，2016，19：2-5.
[351] Gert B，Gert J. The Definition of Morality. In Zalta EN（ed.）The Stanford Encyclopedia of Philosophy（Spring 2016 Edition），URL：https：//plato.stanford.edu/archives/spr2016/entries/morality-definition/
[352] Li Y，Gao W，Chen M. Do Chinese distinguish between ethics of community，autonomy and divinity?［J］. Asian Journal of Social Psychology，2016，19：26-30.
[353] Chen M，Li Y，Gao W. Priming modernity and work experiences strengthens the association between fairness/harm concerns and anger in China［J］. Asian Journal of Social Psychology，2016，19：40-48.
[354] Gao W，Chen M，Li Y. Descriptive norms influence reactions to anger-related moral events［J］. Asian Journal of Social Psychology，2016，19：31-39.
[355] Butchel E E，Guan Y，Pen Q，et al. Immorality East and West：Are Immoral Behaviors Especially Harmful，or Especially Uncivilized［J］. Personality and Social Psychology Bulletin，2016，41：1382-1394.
[356] Wu M S，Yan X，Zhou C，et al. General belief in a just world and resilience：Evidence from a collectivistic culture［J］. European Journal of Personality，2011，25：431-442.
[357] 徐瑞婕，许燕，冯秋迪，等. 对腐败的"心理绑架"效应的验证性内容分析［J］. 心理学探新，2015，35：35-40.
[358] 许燕，冯秋迪，杨浩铿，等. 腐败心理研究的理论与研究范式［J］. 社会心理研究，2014，3：36-48.
[359] Liu X X，Keller J，Hong Y. Hiring of personal ties：A cultural consensus analysis of China and the United States［J］. Management and Organization Review，2015，11：145-169.
[360] 李伯黍，周冠生. 少年儿童道德行为动机特征的心理分析［J］. 心理学报，1964，8：25-32.
[361] 章志光. 学生品德教育中的心理学问题［J］. 四川教育，1979，5：15-19.
[362] 张吉连. 榜样教育有效途径的比较研究［J］. 心理学报，1984，16：27-33.
[363] Walker L J，Frimer J A. Moral personality of brave and caring exemplars. Journal of Personality and Social Psychology［J］，2007，93：845-860.
[364] Frimer J A，Walker L J，Riches A，et al. Hierarchical integration of agency and communion：A study of influential moral figures［J］. Journal of Personality，2012，80：1117-1145.
[365] 王云强，郭本禹. 大学生道德人格特点的初步研究［J］. 心理科学，2011，34：1436-1440.
[366] 燕国材，刘同辉. 中国古代传统的五因素人格理论［J］. 心理科学，2005，28：780-783.
[367] 王益文，付超，任相峰，等. 自恋人格调节信任博弈的结果评价［J］. 心理学报，2017，49：1080-1088.
[368] 张和云，赵欢欢，许燕. 青少年善良人性感知、影响因素及后效作用［J］. 青年研究，2016，2：21-29.
[369] 张和云. 善良人格的结构、认知加工特点及其对善行表达的影响研究［D］. 北京师范大学博士学位论

文，2016.
[370] 刘霞，胡清芬，刘艳，等. 我国学生发展核心素养的实证调查 [J]. 中国教育学刊，2016，6：15–22.
[371] 黄四林，左璜，莫雷，等. 学生发展核心素养研究的国际分析 [J]. 中国教育学刊，2016，6：8–14.
[372] 黄四林，韩明跃，张梅. 人际关系对社会责任感的影响 [J]. 心理学报，2016，48（05）：578–587.
[373] 冯正直，汪凤. 中国军人心理素质量表的构念效度的验证性因素分析 [J]. 中华行为医学与脑科学杂志，2010，19：658–660.
[374] 冯正直. 我国军人心理素质研究进展与展望. 心理科学，2011，34：1274–1279.
[375] Jennings P L，Hannah S T. The moralities of obligation and aspiration：Towards a concept of exemplary military ethics and leadership，Military Psychology，2011，23：550–571.
[376] Jackson L J，Quoidbach J，Gino F，et al. The dark side of going abroad：How broad foreign experiences increase immoral behavior. Journal of Personality and Social Psychology，2017，112：1–16.
[377] Baltes P B，Staudinger U M. Wisdom：A metaheuristic（pragmatic）to orchestrate mind and virtue toward excellence. American Psychologist，2000，55：122–136.
[378] 张志学，施俊琦，刘军. 组织行为与领导力研究的进展与前沿 [J]. 心理科学进展，2016，24（3）：317–326.
[379] List J，Gneezy U. The why axis：Hidden motives and the undiscovered economics of everyday life [M]. Random House，2014.
[380] Banerjee A V，Duflo E. Poor economics：A radical rethinking of the way to fight global poverty [M]. Public Affairs，2011.
[381] Deaton A S. Instruments of development：Randomization in the tropics，and the search for the elusive keys to economic development [R]. National Bureau of Economic Research，2009.
[382] 王二平. 群体性事件的监测与预警研究 [J]. 领导科学，2012，（05）：15–16.
[383] 马奔，毛庆铎. 大数据在应急管理中的应用 [J]. 中国行政管理，2015，（3）：136–141.
[384] 喻丰，彭凯平，郑先隽. 大数据背景下的心理学：中国心理学的学科体系重构及特征 [J]. 科学通报，2015，60（Z1）：520–533.
[385] 陈红霞，唐辉一，汪祚军. 群体情境中的情绪放大效应及机制研究 [C]. 心理学与创新能力提升——第十六届全国心理学学术会议论文集，2013.
[386] 王雷，方平，姜媛. 内群体情绪强度的系统动力学模型 [J]. 心理科学，2015（5）：1223–1229.
[387] 董颖红，陈浩，赖凯声，等. 微博客基本社会情绪的测量及效度检验 [J]. 心理科学，2015，（5）：1141–1146.
[388] Henrich J，Heine S J，Norenzayan A. Most people are not WEIRD. Nature，2010，466：29.
[389] Yuan J，Hu X，Lu Y，et al. Invisible own–and other–race faces presented under continuous flash suppression produce affective response biases. Consciousness and Cognition，2017，48：273–282.
[390] Hu X，Antony J W，Creery J D, et al. Unlearning implicit social biases during sleep. Science，2015，348：1013–1015.
[391] Neto F，da Conceiçao Pinto M，Mullet E. Can music reduce anti–dark–skin prejudice? A test of a cross–cultural musical education programme. Psychology of Music，2016，44：388–398.
[392] Tadmor CvT，Hong Y Y，Chao M M，et al. Multicultural experiences reduce intergroup bias through epistemic unfreezing. Journal of Personality and Social Psychology，2012，103：750–772.
[393] Shi Y，Shi J，Luo Y. Understanding exclusionary reactions toward a foreign culture：The influence of intrusive cultural mixing on implicit intergroup bias. Journal of Cross–Cultural Psychology，2016，47：1335–1344.
[394] Paluck E L，Shafir E，Wu S J. Ignoring alarming news brings indifference：Learning about the world and the self. Cognition，2017，167：160–171.

[395] Henrich J. Culture and Social Behavior. Current Opinion in Behavioral Sciences, 2015, 3: 84-89.

[396] Chudek M, Henrich H. Culture-gene coevolution, norm-psychology and the emergence of human prosociality. Trends in Cognitive Sciences, 2011, 15: 218-226.

[397] Rustagi D, Engel S, Kosfeld M. Conditional cooperation and costly monitoring explain success in forest commons management. Science, 2010, 330: 961-965.

[398] Gächter S, Schulz J F. Intrinsic honesty and the prevalence of rule violations across societies. Nature, 2016, 531: 496-498.

[399] Hofmann W, Wisneski D C, Brandt M J, et al. Morality in everyday life. Science, 2014, 345: 1340-1343.

[400] 叶勇豪，许燕，朱一杰，等. 网民对“人祸”事件的道德情绪特点——基于微博大数据研究[J]. 心理学报，2016，48：290-304.

[401] Zhang Y, Yu F. Which socio-economic indicators influence collective morality? Big Data analysis on online Chinese social media. In press at Emerging Markets Finance and Trade, 2017, Online. doi: 10.1080/1540496X.2017.1321984

[402] Bonnefon J, Shariff A, Rahwan I. The Social dilemma of autonomous vehicles. Science, 2016, 352: 1573-1576.

[403] Tsui A S. Contextualization in Chinese management research [J]. Management and Organization Review, 2006, 2 (1): 1-13.

[404] 徐淑英，欧怡，陈晓萍，等. 科学过程与研究设计[M]. 见：陈晓萍，徐淑英，樊景立. 组织与管理研究的实证方法. 北京：北京大学出版社，2008.

[405] Uzzi B, Spiro J. Collaboration and creativity: The small world problem [J]. American Journal of Sociology, 2005, 111 (2): 447-504.

[406] Lord R G, Dinh J E, Hoffman E L. A quantum approach to time and organizational change [J]. Academy of Management Review, 2015, 40 (2): 263-290.

[407] Dai H, Milkman K L, Riis J. The fresh start effect: Temporal landmarks motivate aspirational behavior [J]. Management Science, 2014, 60 (10): 2563-2582.

[408] List J, Gneezy U. The why axis: Hidden motives and the undiscovered economics of everyday life [M]. Random House, 2014.

[409] Thaler R, Sunstein C. Nudge: Improving decisions about health, wealth, and happiness [M]. Penguin Publishing Group, 2008.

[410] Bernstein E S. The transparency paradox: A role for privacy in organizational learning and operational control [J]. Administrative Science Quarterly, 2012, 57 (2): 18-216.

[411] Lehrer J. Imagine: How Creativity Works [M]. Houghton Mifflin Harcourt, 2012.

[412] Roy A D. Safety first and the holding of assets [J]. Econometrica: Journal of the Econometric Society, 1952: 431-449.

[413] Mikulincer M. Adult attachment style and information processing: Individual differences in curiosity and cognitive closure [J]. Journal of Personality and Social Psychology, 1997, 72: 1217-1230.

[414] Christopher A N, Drummond K, Jones J R, et al. Beliefs about one's own death, personal insecurity, and materialism [J]. Personality and Individual Differences, 2006, 40 (3): 441-451.

[415] Campbell L, Simpson J A, Boldry J, et al. Perceptions of conflict and support in romantic relationships [J]. Journal of Personality and Social Psychology, 2005, 88 (3): 510-531.

[416] Rempel J K, Holmes J G, Zanna M P. Trust in close relationships [J]. Journal of Personality and Social Psychology, 1985, 49 (1): 95-112.

[417] Yang Z J, Aloe A M, Feeley T H. Risk information seeking and processing model: A meta-analysis [J].

Journal of Communication，2014，64（1）：20–41.
［418］张静，尹若雪. 食品安全感［J］. 饮食科学，2012（4）：27.

撰稿人：杨玉芳　郭永玉　杨沈龙　张彦驰　强瑞超　李　凯　徐步霄
冯文倩　许　燕　吴胜涛　杨　波　李玫瑾　张志学　路　西
陈力凡　谢晓非　胡天翊　陆静怡　张书维

专题报告

人类合作行为研究进展

纵观人类合作行为研究的历史，主要围绕两条路线展开：一条路线与人性假设有关，主要关心“人们愿不愿意合作”的问题。传统生物学以生存和繁衍竞争为主线推演出来的“物竞天择，适者生存”的论断，对这个问题的回答是否定的。另一条路线与理性假设有关，主要关心“人们能不能够合作”的问题。传统经济学以理性经济人假设为前提建立的纳什均衡及在此基础上提出的囚徒困境、公共物品困境、公共资源困境等各种合作困境，对这个问题的回答也是否定的。二者合起来描绘了一幅暗淡的人类发展或活动画面。

然而，这幅画面与当今人类社会现实格格不入，也遭遇了最新科学研究结果的严峻挑战。从社会现实的角度看，如果说人们是带着自私基因和竞争倾向来到这个世界上，为什么经常会付出代价去做有利于他人（或集体、社会）的事情？如果说人们都是自利的精于计算的理性人，为什么即便有“搭便车者”从公共资源中无本获利，人们仍然自愿为公共资源贡献自己的一己之力？从科学研究的角度看，最近研究表明，人类已经演化出了合作的基因，保证和促进了人类社会的发展，而且在现实情境中人们并非完全理性的，难以精确计算出自己的利弊得失，所以所谓的合作困境是能够被打破的。

本文拟首先沿着上述两条研究路径，报告相关的最新研究证据，其次简单阐述这些研究对社会治理的现实指导意义，最后比较了国内外研究进展，并指出了未来可能的研究方向。

1　人类合作行为研究的新进展

1.1　人性视角下的人类合作行为研究新进展

传统生物学以达尔文在《物种起源》中提出的演化论为前提，推演出了一幅自私竞争的人类发展画面[1]。然而这个画面却与人类社会现实和未来发展需要相背离。2005 年，借创刊125周年之机，*Science* 邀请全球不同学科领域的顶级专家提出了125个“驱动基础科学研究以及决定未来科学研究方向”的科学难题，“人类合作行为如何演化”问题被确定为其中的25个“重大问题”之一[2]。此后10余年来，围绕这个问题，不同学科领域的科学家们开展了卓有成效的研究，取得了丰硕的研究成果，不少成果发表在 *Nature*、*Science* 等国际顶级刊物上，掀起了人类合作行为研究的热潮。其中，以马丁·A·诺瓦克（Martin A. Nowak）为代表的研究团队取得的成果格外引人注目，其基本观点反映在2011年出版的《超级合作者》（*Super Cooperators*）一书[3]及近年来发表的一系列文章中。他们从生物学、人类学、社会学、经济学、政治学等不同的角度证明，合作是人类这种具有智慧的高等动物所具备的一种超级能力，既是人类文明演化和发展的产物，又是人类未来进步和发展的动力和机制，被称为“突变和选择”之外的“第三条演化原则”，为解开“人类合作之谜”奠定了坚实的基础，也为摆脱现有理论遭遇的困境指明了方向，是当代人性视角下人类合作行为研究的前沿之一。具体而言，有以下五种机制阐释了人类合作的演化原理。

1.1.1 亲缘选择

亲缘选择（kin selection）理论认为，有亲缘关系的个体有部分基因与自己相同，帮助他们即意味着增加了自己基因遗传的可能性，所以为了使得自己的基因更好的得到繁衍，个体会帮助与自己有亲缘关系的个体[4]。由于亲缘关系远近不同，基因相同的可能性存在差异，所以该理论推测：亲缘关系越近，个体表现出的合作行为越多[3]。亲缘选择虽然可以较好地解释亲属间的合作，但现实中非亲属间的合作也比比皆是，据此研究者提出互惠理论来解释非亲属间的合作。

1.1.2 直接互惠

直接互惠（direct reciprocity）机制的前提是两人存在重复接触的机会[5]。在这种情况下，个体在合作中对他人的付出会得到他人在下次合作中对个体的补偿。两者的合作是基于对对方在将来可以给自己带来相应补偿的预期。如果对方在未来与自己互动的可能大，则个体与他 / 她合作的可能性越高[6]。该机制可以解释在重复博弈中的合作行为，或者也可以解释朋友等长期稳定的社会关系的意义[7]。在重复博弈中，人们常用的策略也与该机制有着相当的渊源，比如以牙还牙（tit for tat）策略即是基于对方补偿的预期，若个体违背预期则进行报复[8]。直接互惠发生在两人存在重复接触的条件下，但是许多时候人们会表现出一些不计回报的合作行为。对于这些现象，间接互惠（indirect reciprocity）的机制可以给出解释。

1.1.3 间接互惠

间接互惠同样发生在重复博弈中，但个体对他人的付出并不是得到来自他人的回报，而是获得旁观者的回报。该机制同样强调未来合作机会的重要性，认为若个体在以往表现出好的合作者的形象，那么在未来往往会被选择作为合作者，从而获得相应的收益[9]。该观点与竞争性利他（competitive altruism）颇有共通之处[10]。在间接互惠中，声誉（reputation）的获得和传播发挥着重要的作用[11]。声誉是潜在合作者判断一个人是否值得合作的重要标准。若潜在合作者并非直接旁观者时，沟通和传播的作用就至关重要了。

1.1.4 空间选择

物以类聚，人以群分。随着人类居住环境的固定，人口分布的确定，个体周围的人群也会相对稳定。即使生活在背叛者居多的环境下，个体也可以选择少数合作者，并形成相对稳定的合作团体。长此以往，合作者终将获得演化上的优势。空间选择（spatial selection）强调人口结构对合作的促进作用，这里的人口结构不仅指地理分布上的接近[12]，也可以指社会关系网络，即合作者倾向于与合作者形成稳定的社会关系[13]。

1.1.5 多级选择

人类不仅需要面对群体内的竞争，还需要面对群体间的竞争[14]。此时多级选择机制就会出现。对于倾向于不合作的个体，虽然在群体内可以获得演化优势，但是合作的群体往往更能在群体竞争中胜出。覆巢之下安有完卵，可能获得短期演化优势的背叛者终将会随着自己归属的群体的竞争失败而消失。该机制强调个体对集体的贡献对集体发展的作用，所谓“天下兴亡，匹夫有责”或许是该机制很好的诠释。

以上五种机制可以在一定程度上解释合作行为从亲缘间发展到非亲缘间，从两人发展到多人，从个体发展到群体的不断演化过程。这与研究者提出的人类道德发展的两阶段观点不谋而合，先是两人在彼此互动中发展出一般道德准则，然后在多人的社会交往过程中完善道德准则，并被普遍接受[15]。这在一定程度上表明，如同人类具有自私或竞争的基因一样，人类已经演化出利他或合作的基因，从人性演化的角度将人类合作行为研究推进到了一个新高度。

1.2 理性视角下的人类合作行为研究新进展

传统经济学以亚当·斯密在《国富论》中提出的理性经济人假设为前提，认为人是自利的和精于计算的理性个体，并提出了“看不见的手”（invisible hand）的理论，认为当市场中每个人都理性地追逐个人利益时，客观上说，市场（或社会）整体的福利就会被提升[16]。然而，这种观点受到了西方经济发展的现实（特别是不断出现的经济危机）和后来的理论研究的严峻挑战。其中，纳什均衡及随后的一系列博弈论研究在一定意义上直接否定了亚当·斯密的结论。纳什均衡也叫非合作均衡，意思是指人们在不与他人合作上达成均衡，导致个体的理性利益选择总是与整体的理性利益选择背道而驰，其根源在于每个人都是充分理性的、精于计算的经济人。正由于如此，当市场中每个人都理性地追逐个人利益时，在客观上说，市场（或社会）整体的福利是无法达到最优的，这样就衍生出了各种各样的所谓的“困境”。

一种假设导致了两种截然不同的结论，而且这两种结论均在一定程度上不符合人类社会发展的现实。实际情况是，人类社会（包括经济、市场）的发展既不像亚当·斯密设想的那么好，又不像博弈论学者设想的那么差。原因在于，人类既不像经济学家想象的那么自私（如同当代生物科学已经证明的那样），又不像经济学家想象的那么理性。人类的理性资源本身是有限的，还会受到诸多主客观条件的限制而无法发挥。从赫伯特·西蒙（Herbert Simon），到丹尼尔·卡尼曼（Daniel Kahneman），再到理查德·塞勒（Richard Thaler），众多具有心理学背景的诺贝尔经济学奖获得者的研究，不仅证明了这一点，而且开辟了诠释人类行为的第三条路线，成为当今人类合作行为研究的前沿。下面我们结合最新的相关研究，首先从个体因素和环境因素两个方面分析合作情境中人类的理性会受到哪些限制，然后简要介绍最新的合作启发式观点。

1.2.1 限制人类理性发挥作用的个体和环境因素

（1）个体因素

社会价值取向 社会价值取向指个体对自己和他人利益分配的特定偏好，是一种稳定的人格特质，也是社会困境研究中最受关注的个体差异变量[17]。研究者通常将社会价值取向分为合作型、竞争型和个体型三类[18]。合作型个体追求集体利益最大化，竞争型个体追求自我利益相对最大化，而个体型追求自我利益绝对最大化。也有研究者将竞争型和个体型合并为亲自我取向[19]。对于社会价值取向的测量，较为经典的是三优势测量（the tripe-dominance scale）[20]。而新近提出的滑块测验也得到了较多研究者的关注[21]，国内学者王益文等对该测验进行了中文版修订[22]。研究者对社会价值取向与合作之间的关系进行了较多的探讨，近期元分析研究表明，社会价值取向的确可以在中等水平上预测人们的合作行为[23]。

近年来国内心理学研究者也对此给予了较多关注。研究表明，亲社会价值取向个体更倾向于合作[24]，并表现出更多的公平决策[25]。但是亲社会价值取向与合作行为间的关系受到一些变量的调节。刘长江和郝芳探讨了不对称社会困境下，社会价值取向对合作行为的影响，研究结果表明，在初始资源处于相对劣势位置时，亲社会者比亲自我者表现出更高的合作水平[26]。王沛和陈莉考察了社会价值取向和惩罚对公共物品困境中合作行为的影响，发现惩罚取消对亲自我个体的合作行为无显著性影响，但会降低亲社会价值取向个体的合作水平[27]。然而崔丽莹等以初中生为被试，将惩罚区分为道德惩罚和关系惩罚，结果发现在惩罚撤销后，只有亲社会取向者依然保持了高合作水平[28]。袁博等探讨了社会价值取向和社会距离对合作行为的影响，发现相对于与陌生人博弈，亲社会者与朋友博弈时更多选择合作，而亲自我者面对朋友或陌生人时是选择无显著性差异[29]。

合作与竞争人格倾向 除了社会价值取向，研究者还提出其他的概念，以解释个体在合作行为所表现出的相对稳定的个体差异。谢晓非等将合作和竞争看作潜在影响人们合作和竞争行为的稳定的人格倾向，并将其视为两个维度，而不是同一维度的两极。据此，他们编制了合作与竞争人格倾向测量[30]。进一步的检验发现，在合作倾向上得分较高的个体对合作类的词语反应更快，而竞争倾向上得分较高的个体对竞争类的词语反应更快。并且合作和竞争倾向对员工的表现和组织公民行为有着不同的影响[31]，也可以较好地预测个体的合作行为[32]。

强弱势地位 社会分层是现实社会的一个基本特征。不同的个体处于社会阶层的不同位置，有着不同的资源、财富和权力等。研究普遍发现，相比于强势地位，个体处于弱势地位时会表现出更多的合作行为。比如李纾等人发现当儿童处于他人地盘或处于他人控制下时，会表现出更多的亲社会行为[33]。乐国安和李文姣研究表明，虽然贫困和非贫困大学生在外显亲社会上不存在显著性差异，但是贫困大学生对亲社会行为的内隐评价更为积极，并认为自己更具亲社会性[34]。饶俪琳等人以地震地区的个体为对象的研究表明，弱势程度越高，个体亲社会倾向更高；并且亲社会倾向会随着弱势程度的减弱而减少[35]。朱莉琪等发现在独裁者博弈中，相比于高收入家庭的孩子，来自低收入家庭的孩子会给同伴分配更多的贴纸[36]。我们关于权力感的研究表明，相比于高权力感个体，低权力感个体会表现出更高的合作水平[37]。刘长江和郝芳进一步提出，强势个体倾向认为合作是一种力量对抗，更倾向采取力量和分层的垂直取向的行为模式，进而更可能不合作；而弱势个体倾向将合作视为一种道德行为，倾向采取关注道德与和谐的水平取向的行为模型，表现出更多的合作行为，并且社会动机会在其中起到调节作用[38]。

情绪 维持长期的合作关系至关重要。内疚可能在其中起到重要作用。研究表明，内疚可以增加人们的合作行为[39]。并且可以修复破裂的合作关系[40]。以儿童为被试的研究进一步发现：对于2~3岁的儿童来说，背叛者体验到的内疚情绪会促使他们做出相应的补救措施，以弥补自己的背叛对他人造成的伤害。对于4~5岁的儿童来说，背叛者表现出的内疚会缓和被背叛者以及旁观者的负性反应，并促使他们再次合作[41]。

感激是个体接受别人恩惠时产生的一种积极情绪。这种积极情绪往往会引发个体的亲社会行为，以维持长期和谐的人际关系[42]。研究表明，不管是当前情境引发的感激情绪，还是个体之前具有的感激情绪都会引发人们的合作行为[43]。并且，即使在合作关系中，个体收益少于合作者，感激依然能促进合作行为[44]。

除内疚和感激这两种典型的社会情绪外，敬畏也对促进人类的合作行为起到重要作用。研究表明，敬畏会引发个体的小我，较少关注个人利益，更为关注集体利益，从而促进了合作行为[45]。此外，人们对于他人情绪的感知能力，即共情也在合作行为中起到重要作用。一项以儿童对研究对象的追踪研究表明，儿童的共情能力的发展可以显著预测他们的助人行为、分享行为以及合作行为[46]。

（2）环境因素

自然环境 现代社会人们往往生活、居住在建筑环境中，但是不可忽视的是，人类来自自然环境，也在不断接受自然的馈赠。无论生活经验还是实证研究都表明，接触自然有助于改善人们的心情，诱发更多的积极情绪[47]。考虑到情绪对合作行为的影响，接触自然也很可能会促进合作行为。研究的确表明，相较于建筑环境或控制组，自然环境下的被试会表现出更多的助人行为[48]，在社会价值取向量表上的得分更偏亲社会性[49]，会表现出更多的合作行为[50, 51]。

社会规范和制度 社会规范是个体在特定情境下的行为标准，对个体的行为有着深远的影响。具体到人类合作行为，社会规范可以改善并维持人们的合作行为[52]，比如实验研究发现当社会规范鼓励合作时，个体会表现出更多的合作行为[53]；现场研究表明当给用户提供邻居们平均用电量时，会减少用户的用电量[54]。有研究认为人类社会存在条件性合作规范（conditional cooperation）：当他人选择合作时，个体也应该选择合作；当他人背叛时，个体可以选择背叛[55]。该规范或可保障合作者的利益，从而使得合作行为得以维持。当个体违反社会规范时，会受到对方或来自第三方的惩罚。而对不符合社会规范行为的惩罚以及对符合社会规范的奖励是维持社会规范效用的重要基础。

社会规范对合作行为的影响还不限于此。根据社会启发式假设（social heuristic hypothesis），人们在面临决策时并非纯粹理性计算过程，而存在启发式反应，即耗费较少时间、自动化的反应，而社会规范对启发式的形成至关重要。在良好的社会规范下，意味着个体往往进行良好的社会互动，使得合作成为一种优势策略，所以会使得个体表现出自动化的合作行为[56]。值得注意的是，社会规范可以进一步具体化为制度或法律，用于维持社会秩序，也可以内化为道德，用于个体的自我约束。与此同时，社会规范不仅存在于较大范围的社会中，也存在于组织、同伴等较小的群体中。

文化 文化背景会对个体的合作行为产生影响。研究者关注了中国和美国人在合作水平上的差异，发现中国人有着更高的合作水平[57]。另外，研究者以第二代华人为研究对象，发现采用文化符号启动中国文化的被试，比启动美国文化的被试表现出更多的合作行为[58]。陈晓萍和李纾比较了在没有惩罚的混合动机博弈中，集体主义文化下的中国人和个体主义文化下的澳大利亚人在合作水平上的差异，发现中国人的合作水平低于澳大利亚。并且在国外时，中国人倾向于同胞合作，而是否是同胞并不会显著影响澳大利亚人的合作态度[59]。这可能是由于中国是一个熟人社会，讲究合作间的关系性。

1.2.2 有限理性视角下的人类合作启发式

最近，从上述有限理性观出发，结合人类决策研究中的双系统模型开展了一系列关于人类合作行为的认知机制的研究，发现人类在做出合作决策时可能采用具有一定社会现实适应意义的启发式，而启发式往往促进合作。

双系统决策模型认为，人类思维或决策存在启发式和分析式两个系统。启发式系统是并行加工，加工速度快，较少占用认知资源，但容易受到情绪的影响；分析式系统是序列加工，加工速度慢，占用较多认知资源，不容易受情绪的影响[60, 61]。已有许多研究者们将双系统决策模型应用于合作决策[62]，这有助于理解人类合作行为的认知机制。将双系统模型运用于合作行为，自然而然产生的问题是：启发式系统促进合作还是分析式系统促进合作，还是两者作用方向相同？有研究者为此设计了一系列研究，发现决策时间更短的个体会表现出更多的合作行为；当操纵决策时间以验证因果关系时发现，时间压力下，也即是个体更多使用启发式决策时，个体表现出更多的合作行为；时间延迟下，也即是个体更多使用分析式决策时，个体表现出更少的合作行为[62]。这些结果表明合作决策并非理性计算过程，而是启发式过程。

但是启发式会促进合作受到其他研究结果的挑战。有研究者重复了上述研究，却发现启发式并没有促进合作[63]。我们的系列研究也发现，启发式促进合作受到个体差异变量的调节。对于亲社会价值取向个体，在时间压力和时间延迟下均表现出较高水平的合作行为，而对于亲自我个体，在时间压力下相比于时间延迟下表现出更高的合作水平[64]。依恋回避指个体对他人的认知情感图式。低依恋回避个体对他人有着积极认知，而高依恋回避个体倾向认为他人不可靠。研究采用时间压力和认知负荷分别操纵被试的启发式和分析式思维，结果发现高依恋回避个体均表现出较低的合作水平，而相比于启动分析式思维，启动启发式思维的低依恋回避个体表现出较高的合作水平[65]。

研究者进一步提出社会启发式假设（social heuristics hypothesis），认为启发式源自个体经验，是个体在先前的社会互动中优势策略的沿用。在现实生活中，由于信誉机制的存在，博弈往往是重复而非单次，以及道德法律等原因，合作往往是一种优势策略。个体在实验中会沿用这种优势策略，从而导致启发式会促进合作[56]。但是启发式促进合作会受到个体或环境因素的调节。比如对于高依恋回避个体而言，可能由于遇到更多的消极社会互动，其自动的启发式反应可能是不合作，所以启动启发式不会促进合作。研究者进一步区分了纯合作（pure cooperation）和策略性合作（strategic cooperation）[66]。纯合作是合作不能换得未来收益情境下的合作，此时的合作是有悖于个体自身利益的。策略性合作是指当其他人也合作时，个体能获得较大收益情境下的合作，即此时的合作会促使个体自身利益得到满足。根据社会启发式假设，在纯合作情境下，分析式系统会使得个体不合作，但启发式系统往往促进合作；在策略性合作情境下，分析式会促进合作，而启发式也可能促进合作，所以在纯合作情境下，启动启发式思维促进了合作；而在策略性合作情境下，相比于启动分析式思维的个体，启动启发式思维的个体并没有表现出更多的合作行为。

2 相关研究对社会治理的现实指导意义

社会治理是一项宏大的系统工程，需要应对不同层面的各种问题，然而解决这诸多问题的根本均在于促进各方的合作，以最终实现公共利益最大化。从人类与自然界关系的角度来看，全球范围内的气候变化、环境恶化、资源枯竭等问题已经到了唯有人类共同面对、通力合作、集体行动，才有可能找到有效的应对之策的境地；从人类内部不同层次和类型的错综复杂的关系角度来看，基于网络的全球化和扁平化时代的到来，使得人类活动的空间越来越大，参与竞争的范围越来越广，却又越来越相互依存和依赖；国与国之间、不同利益集团之间、组织与组织之间、组织与个人之间、个人与个人之间的关系越来越紧密；经济、政治、文化、科技的全球一体化进程，使得没有一个国家、地区、组织或个人可以无视其他国家、地区、组织或个人而谋求独立发展之路。因此，社会治理的核心是促进人们的合作行为。上述关于人类合作行为研究的最新发现，对于分析现实情境问题，政府的政策制定，各级各类组织的管理都具有相当的启示和指导意义。

从人性假设路线出发的研究表明，人类合作行为有着相应的演化基础，并且可能会自发地表现出合作行为，这些聚合证据表明，在一定程度上讲人们是愿意合作的。该相对乐观的人性观点对社会治理有着重要的启发意义。首先，在社会治理中，不仅要考虑以“规章制度为中心”的“刚性管理”方式，还应关注“以人为中心”的“柔性管理”方式。取道“社会主义核心价值观”、城市精神文明建设等形式，传递优质价值观念和文化，以促进人们的合作意识和行为。其次，在社会治理中，应该注重为民众创造更为简便的合作途径、方式，以使得民众的合作意向更直接的转变为行为。近期我国管理部门推行的简化办事流程，减少不必要的证明等政策，在很大程度上减少了民众办事的负担，促进了民众和政府管理部门间的合作。最后，在社会治理中，也应注重采用制度、规范等措施以维持人们的合作行为。如上文提及，制度和社会规范是促进、维持人们合作行为的重要因素。恰当的制度和良好的社会规范会促进合作，但是如果没有适当的制度和社会规范的保障，人们已有的合作水平也会下降[67]。这启示我们在社会治理中，应该及时关注新兴行业或领域，由政府管理部门会同行业或领域专业研究机构和专家等，制定相应制度规范，引导行业健康发展。比如在我国由加工型经济向创造型经济转型的当口，应该及时制定配套制度，谨防盗版、侵犯知识产权等搭便车行为对科技创新的负性影响，引导市场良性发展。在网络安全和信息化领域同样如此。

从理性假设路线出发的研究表明，人类合作行为并非纯理性过程，而是有限理性过程。这意味着人们的行为并非仅仅取决于收益－损失结构的改变，社会治理并非一定借助奖惩的手段，而可以采用“第三条道路”，即“助推”的方式[68]，以促进人们的合作。声誉机制可能是“助推”人们合作行为的一个好的选择。根据间接互惠理论，具有良好合作倾向的个体也会得到更多的合作机会，从而使得“好人有好报”。虽然人们可能并不能真切看到某人合作倾向如何，但是声誉的传播却为第三方提供了相应信息。作为社会人，人们对于声誉的关注普遍较高。近期研究也表明，相比于惩罚，声誉对合作有着更高的促进效应[69]。在社会治理中可以注重对声誉机制的引导，以“助推”人们的合作行为。比如我国当前面临严峻的环保问题，我国环保部门或许可以根据相关企业对环境的污染情况，评定相应的环境污染指数，列出“环保黑名单”，并保证该名单可以让公众较为方便的查阅。这样，如果企业被列在黑名单里，就会产生负面的公众形象，进而影响该企业的股价、收益等。所以企业可能会因此争相采取措施，减少环境污染，以避免出现在黑名单上。这样便会在较大程度上增加对环境的保护。相应举措或许也可用在学术领域，在学术评价体系中大力推广同行评议制度，让声誉成为一个更专业、可靠的学术评价体系，从而在一定程度上避免学术不端现象，促进学术界共同为科学进步而努力。

3 国内外研究进展比较及未来研究方向

合作行为是个跨学科关注的重要问题，研究者从不同角度，对不同合作课题进行了探讨。在关注具体研究的同时，理论整合和建设的重要性也不容忽视。经济学取向的研究基于理性人假设，认为合作行为是精于计算的结果。然而心理学相关理论和实证研究表明，人们的合作并非完全理性，而是有限理性。未来研究或可从“有限理性合作观”角度整合相关研究。同时，与国外研究比较来看，国内研究力量相对单薄，研究进展较多地集中在少数领域；研究多从行为层面开展，缺少相应的神经生化基础研究；研究多关注基础问题，而较少涉及应用层面。未来研究或可从这些方面进行探讨，以提升国内研究的合理布局。

从研究领域来看，国内研究者多关注个体因素对合作行为的影响，比如社会价值取向和强弱势等。研究者在这些领域做出了一些独特的贡献，比如谢晓非等提出了合作和竞争人格倾向，可以作为预测合作行为的稳定个体差异。但是相对局限的研究领域难以对合作行为形成整体的认识。国内研究应适当扩展研究领域，比如关注社会情境因素对合作行为的影响，关注启发式在合作行为中的作用等。

从研究层面来讲，虽然国内有研究者开始关注合作行为的神经生化基础，比如马燚娜等关注了催产素对合作行为的影响[70]、苏彦捷等关注了催产素受体基因对儿童亲社会行为的影响[71]，但研究大多还是停留于行为层面。未来研究应较多关注合作行为的生化基础。另外，从本质上讲，合作行为是一个多人互动过程，近期发展起来的可以同时记录多人脑活动的超扫描技术，对合作行为的脑神经机制探讨提供了契机。

从研究意义方面说，国内研究者较多关注合作行为的基础研究，这有助于认识人类合作行为的本质及其影响因素，但距离社会应用还有一定的距离。国外已有研究开始关注应用方面的研究，比如研究者比较了惩罚和信誉这两种常见的合作影响因素对合作行为的影响，发现相比于惩罚，信誉更能促进合作[69]。这给社会应用提供了基础，未来研究应该适当关注这些应用方面研究，为社会治理提供有益建议。

参考文献

[1] Dawkins R. The selfish gene [J]. Quarterly Review of Biology, 1976, 110 (466): 781–804.

[2] Kennedy D, Norman C. What don't we know? [J]. Science, 2005, 309 (5731): 75–75.

[3] Nowak M A, Highfield R. Super Cooperators: Altruism, Evolution, and Why We Need Each Other to Succeed [M]. Free Press, 2011.

[4] Hamilton W D. The genetical evolution of social behavior [J]. Journal of Theoretical Biology, 1964, 7: 1–52.

[5] Trivers R L. The evolution of reciprocal altruism [J]. The Quarterly Review of Biology, 1971, 46 (1): 35–57.

[6] Bó P D, Fréchette G R. The evolution of cooperation in infinitely repeated games: experimental evidence [J]. American Economic Review, 2011, 101 (1): 411–429.

[7] Seyfarth R M, Cheney D L. The evolutionary origins of friendship [J]. Annual Review of Psychology, 2012, 63: 153–177.

[8] Nowak M, Sigmund K. A strategy of win–stay, lose–shift that outperforms tit–for–tat in the prisoner's dilemma game [J]. Nature, 1993, 364 (6432): 56–58.

[9] Nowak M A, Sigmund K. Evolution of indirect reciprocity [J]. Nature, 1998, 393 (6685): 573–577.

[10] Roberts G. Competitive altruism: From reciprocity to the handicap principle. Proceedings of the Royal Society B: Biological Sciences [J], 1998, 265: 427–431.

[11] Rockenbach B, Milinski M. The efficient interaction of indirect reciprocity and costly punishment [J]. Nature, 2006, 444 (7120): 718–723.

[12] Hauert C, Imhof L A. Evolutionary games in deme structured, finite populations. Journal of Theoretical Biology [J]. 2012, 299: 106–112.

[13] Skyrms B, Pemantle R. A dynamic model of social network formation [J]. Proceedings of the National Academy of Science of the United States of America, 2000, 97 (16): 9340–9346.

[14] Bowles S, Gintis H. A Cooperative Species: Human Reciprocity and Its Evolution [M]. Princeton University Press, 2011.

[15] Tomasello M, Vaish A. Origins of human cooperation and morality [J]. Annual Review of Psychology, 2013, 64 (1): 231–255.

[16] 亚当·斯密. 国民财富的性质和原因的研究 [M]. 郭大力，王亚南，译. 北京：商务印书馆，1972.

[17] Murphy R O, Ackermann K A. Social value orientation: theoretical and measurement issues in the study of social preferences [J]. Personality and Social Psychology Review, 2014, 18 (1): 13–41.

[18] 吴宝沛，寇彧. 西方社会价值取向的研究历程与发展趋势 [J]. 心理科学进展，2008，16 (6)：987–992.

[19] 王沛，汲惠丽. 社会价值取向与反馈对动态社会两难决策的影响：以水资源两难决策为例 [J]. 心理与行为研究，2009，7：93–97.

[20] Van Lange P A M, Otten W, De Bruin E D, et al. Development of prosocial, individualistic, and competitive orientations, Theory and preliminary evidence [J]. Journal of Personality and Social Psychology, 1997, 73: 733–746.

[21] Murphy R O, Ackermann K A, Handgraaf M J J. Measuring social value orientation [J]. Judgment and Decision Making, 2011, 6: 771–781.

[22] 张振，张帆，原胜，等. 社会价值取向滑块测验中文版的测量学分析 [J]. 心理与行为研究，2015，13 (3)：404–409.

[23] Balliet D P, Parks C., Joireman J J. Social value orientation and cooperation in social dilemmas: a meta-analysis [J]. Group Processes and Intergroup Relations, 2009, 12 (4): 533-547.
[24] 朱玥 马剑虹. 不同社会价值导向个体博弈行为与社会预期的关系 [J]. 心理科学, 2009, 5: 1252-1254.
[25] 洪慧芳, 寇彧, 伍俊辉. 大学生在社会困境中的公平决策: 社会价值取向的影响 [J]. 心理发展与教育, 2012, 28 (5): 487-494.
[26] 刘长江, 郝芳. 不对称社会困境中社会价值取向对合作的影响 [J]. 心理学报, 2011, 43 (4): 432-441.
[27] 王沛, 陈莉. 惩罚和社会价值取向对公共物品两难中人际信任与合作行为的影响 [J]. 心理学报, 2011, 43 (1): 52-64.
[28] 崔丽莹, 何幸, 罗俊龙, 等. 道德与关系惩罚对初中生公共物品困境中合作行为的影响 [J]. 心理学报, 2017, 49 (10): 1322-1333.
[29] 袁博, 张振, 沈英伦, 等. 价值取向与社会距离影响博弈决策的合作与冲突行为: chicken game 的证据 [J]. 心理科学, 2014, 27 (4): 962-967.
[30] 谢晓非, 余媛媛, 陈曦, 等. 合作与竞争人格倾向测量 [J]. 心理学报, 2006, 38 (1): 116-125.
[31] Chen X P, Xie X, Chang S. Cooperative and competitive orientation among Chinese people: scale development and validation [J]. Management and Organization Review, 2011, 7 (2): 353-379.
[32] Lu S, Au W T, Jiang F, et al. Cooperativeness and competitiveness as two distinct constructs: validating the cooperative and competitive personality scale in a social dilemma context [J]. International Journal of Psychology, 2013, 48 (6): 1135-1147.
[33] Han R, Li S, Shi J N. The territorial prior-residence effect and children's behavior in social dilemmas [J]. Environment and Behavior, 2009, 41 (5): 644-657.
[34] 乐国安, 李文姣. 弱势引发亲社会行为——来自贫困大学生的实证研究 [J]. 南开学报 (哲学社会科学版), 2010, 6: 63-68.
[35] Rao L L, Han R, Ren X P, et al. Disadvantage and prosocial behavior: The effects of the Wenchuan earthquake [J]. Evolution and Human Behavior, 2011, 32: 63-69.
[36] Chen Y, Zhu L, Chen Z. Family income affects children's altruistic behavior in the dictator game [J]. Plos One, 2013, 8 (11): e80419.
[37] 高韶晗. 个体权力感对社会困境中合作行为的影响: 信任的中介作用 [D]. 上海: 华东师范大学心理与认知科学学院, 2017.
[38] 刘长江, 郝芳. 不对称社会困境中的决策: 行为的双重模式 [J]. 心理科学进展, 2015, 23: 1-10.
[39] Hooge I E D, Zeelenberg M, Breugelmans S M. Moral sentiments and cooperation: differential influences of shame and guilt [J]. Cognition and Emotion, 2007, 21 (5): 1025-1042.
[40] Skatova A, Spence A, Leygue C, et al. Guilty repair sustains cooperation, angry retaliation destroys it [J]. Scientific Reports, 2017, 7: 46709.
[41] Vaish A. The prosocial functions of early social emotions: the case of guilt [J]. Current Opinion in Psychology, 2018, 20: 25-29.
[42] McCollough M E, Kimeldorf M, Cohen A D. An adaptation for altruism? The social causes, social effects, and social evolution of gratitude [J]. Current Directions in Psychological Science, 2008, 17: 281-285.
[43] Bartlett L, Desteno D. Gratitude and prosocial behavior [J]. Psychological Science, 2006, 17 (4): 319-325.
[44] Desteno D, Bartlett M Y, Baumann J, et al. Gratitude as moral sentiment: emotion-guided cooperation in economic exchange [J]. Emotion, 2010, 10 (2): 289-293.
[45] Piff P K, Dietze P, Feinberg M, et al. Awe, the small self, and prosocial behavior [J]. Journal of Personality and Social Psychology, 2015, 108 (6): 883-899.

[46] Malti T，Ongley S F，Peplak J，et al. Children's sympathy，guilt，and moral reasoning in helping，cooperation，and sharing：a 6-year longitudinal study [J]． Child Development，2016，87（6）：1783–1795.
[47] 陈晓，王博，张豹．远离“城嚣”：自然对人的积极作用、理论及其应用 [J]．心理科学进展，2016，24（2）：270–281.
[48] Weinstein N，Przybylski A K，Ryan R M. Can nature make us more caring? Effects of immersion in nature on intrinsic aspirations and generosity [J]． Personality and Social Psychology Bulletin，2009，35（10）：1315–1329.
[49] Joye Y，Bolderdijk J W. An exploratory study into the effects of extraordinary nature on emotions，mood，and prosociality [J]． Frontiers in Psychology，2015，5：1577.
[50] Zelenski J M，Dopko R L，Capaldi C A. Cooperation is in our nature：nature exposure may promote cooperative and environmentally sustainable behavior [J]． Journal of Environmental Psychology，2015，42：24–31.
[51] 王佳琰．接触自然促进合作：社会启发式的解释 [D]．上海：华东师范大学心理与认知科学学院，2017.
[52] Simpson B，Willer R. Beyond altruism：sociological foundations of cooperation and prosocial behavior [J]． Annual Review of Sociology，2015，41（10）：1–21.
[53] Peysakhovich A，Rand D G. Habits of virtue：creating norms of cooperation and defection in the laboratory [J]． Management Science，2015，62：631–647.
[54] Schultz P W，Nolan J M，Cialdini R B，et al. The constructive，destructive，and reconstructive power of social norms [J]． Psychological Science，2007，18（5）：429–434.
[55] Fehr E，Fischbacher A U. Social norms and human cooperation [J]． Trends in Cognitive Sciences，2004，8（4）：185–190.
[56] Rand D G.，Peysakhovich A，Kraft–Todd G T，et al. Social heuristics shape intuitive cooperation. Nature Communications，2014，5：Article3677.
[57] Hemesath M，Pomponio X. Cooperation and culture：Students from China and the United States in a prisoner's dilemma [J]． Cross–Cultural Research，1998，32：171–184.
[58] Wong R Y，Hong Y. Dynamic influences of culture on cooperation in the prisoner's dilemma [J]． Psychological Science，2005，16：429–434.
[59] Chen X P，Li S. Cross–national differences in cooperative decision–making in mixed–motive business contexts：the mediating effect of vertical and horizontal individualism [J]． Journal of International Business Studies，2005，36（6）：622–636.
[60] 孙彦，李纾，殷晓莉．决策与推理的双系统——启发式系统和分析系统 [J]. 心理科学进展，2007，15（5）：721–726.
[61] Evans J S. Dual–processing accounts of reasoning，judgment，and social cognition [J]． Annual Review of Psychology，2008，59（1）：255–278.
[62] Rand D G.，Greene J D，Nowak M A. Spontaneous giving and calculated greed [J]． Nature，2012，489（7416）：427–430.
[63] Tinghög G，Andersson D，Bonn C，et al. Intuition and cooperation reconsidered [J]． Nature，2013，498（7452）：E1–E2.
[64] 王大磊．时间压力和社会价值取向对合作行为的影响 [D]．上海：华东师范大学心理与认知科学学院，2017.
[65] 贾旭影．启发式促进合作：依赖回避的调节作用 [D]．上海：华东师范大学心理与认知科学学院，2017.
[66] Rand D G. Cooperation，fast and slow：meta–analytic evidence for a theory of social heuristics and self–interested deliberation [J]． Psychological Science，2016，27（9）：1192–1206.
[67] Ledyard J. Public goods：a survey of experimental research [M] // Kagel J，Roth A. Handbook of Experimental Economics. Princeton University Press，1995：111–194.

［68］理查德·泰勒，卡斯·桑斯坦. 助推：如何做出有关健康、财富与幸福的最佳决策［M］. 刘宁，译. 北京：中信出版集团，2015.

［69］Wu J，Balliet D，Van Lange P A. Gossip versus punishment：the efficiency of reputation to promote and maintain cooperation［J］. Scientific Reports，2016，6：23919.

［70］Ma Y，Liu Y，Rand D G，et al. Opposing oxytocin effects on intergroup cooperative behavior in intuitive and reflective minds［J］. Neuropsychopharmacology，2015，40：2379–2387.

［71］Wu N，Su Y. Oxytocin receptor gene relates to theory of mind and prosocial behavior in children［J］. Journal of Cognition and Development，2015，16（2）：302–313.

撰稿人：刘永芳　王修欣

民族认同与民族关系研究进展

1 引言

我国是一个由56个民族构成的多民族国家，加强各民族团结，构建统一的国家认同，始终是我国民族工作的重要内容。在全球化和我国社会快速发展的背景中，因政治、经济、文化和教育的需要，不同民族、不同国家的人员接触与交往日益频繁。在接触与交往过程中，由于不同民族在语言、宗教、文化、经济等方面的差异，清晰的社会比较使得人们的民族身份得以凸显，从而增强了社会成员的民族认同。

民族认同在民族交往和民族关系中扮演着重要角色，也与国家认同有着重要的关系。因此，新世纪以来，民族认同与民族关系成为国内学者研究的一个热点领域，尤其是我国民族地区发生一系列民族冲突和暴恐事件后，比如2008年西藏“3·14”事件和2009年新疆乌鲁木齐的“7·5”事件，民族认同与民族关系更成为国内多学科领域研究者广泛研究的主题。

心理学研究者基于社会心理学的视角也开展了许多理论与实证研究，探讨的主要问题是民族认同的概念界定，民族认同在个体和群体当中的意义，影响民族认同和民族关系的社会与心理因素，民族认同与国家认同的关系等方面，本报告对这这些问题进行较为系统的梳理，在总结现有研究成果的基础上，尝试构建各民族“多元一体”认同的路径与策略，同时进行国际比较，发现国内研究的不足，展望未来研究的方向。

2 国内关于民族认同的研究内容及其进展

2.1 认同的界定及其意义

认同对应于西方的“identity”，是一个外来词，国内心理学者关于认同的界定根据现有文献来看[1]，最早将“认同”这个术语引入心理学的人物是弗洛伊德，用来指“人们与被模仿者在心理和行为上的一种趋同过程”。之后，埃里克森（Erikson）进一步推动了认同研究的发展，提出了新的观点，他认为认同是青少年时期就要完成的一项重要任务，认同形成于个体的探索和投入过程，其完成状况关系到个体一生的发展，尤为重要的是他还对认同进行了个体认同和集体认同的区分。而玛西娅（Marcia）则在埃里克森的基础上，对认同这一概念进行了操作化，Marcia借助Erikson自我同一性理论中认同形成的两个重要标准，即探索和投入，采用结构访谈的方法，根据青少年对职业、宗教、意识形态、性取向以及政治价值的探索和投入程度，将青少年的认同划分为四种状态，即认同混乱、认同早闭、认同延缓和认同完成，不同的发展状态与个体的心理健康水平有重要的关系。当前心理学领域关于个体认同的研究，基本上都是在这个理论框架内展开，这也被称为发展取向的认同研究。

关于群体认同的研究，研究者主要是基于欧洲社会心理学的社会认同理论，该理论将社会认同看做是自我概念的重要组成部分，主张人们都有获得积极社会认同的需要，这种需要要求他们通过群体间的比较建立一个积极的、有价值的区分，从而提高自尊。关于认同的形成过程，该理论主张社会认同的形成经历了三个阶段，即社会比较、自我归类和认同三个阶段而形成。实证研究证实了社会认同理论提出的基本观点，比如社会认同提供自尊、降低不确定感等，但其内群认同必然导致外群体歧视的观点没有被验证，这也是该理论受到批判的地方[2]。

纵观心理学对认同的研究，尽管对认同的定义有所不同，但不难看出，认同本质上在回答“我是谁？”和“我们是谁”这两个问题，前者对应于个体认同，后者对应于群体认同，无论个体认同还是群体认同，研究者一致认为认同是自我概念中重要的组成部分，对个体和群体都有重要的心理意义。从认同的心理功能来看，其能满足个体的五个基本心理需要：第一，认同满足人们的归属感需要；第二，认同为个体提供自尊，尤其社会认同是人们获得自尊的重要来源；第三，提供解释和理解，认同的建立能够使得个体理解社会当中不同群体的心理和行为；第四，提供区分性，即将自我和他人区分开，认同的对立面是“认异”，二者是对立统一的，认同伴随着认异，因而起到了区分作用，使得个体在社会当中找到自己的位置；第五，认同使得人们拥有自主性或者掌控感，因为知道了我是谁或者我们是谁，个体在这个世界当中就会获得一种自主感和掌控感[3]，由此来看，认同本身是人的一种需要。

2.2 民族认同及其操作化

人都是以范畴化或者类别化（性别、宗教、民族、国家、政党和区域等）的形式存在于社会当中，归属于特定的社会群体，并建构着相应的社会认同。民族是多民族社会当中最为重要的社会分类之一，形成何种民族认同，影响着个体在多民族社会中的心理健康和心理适应、文化适应状况等，尤其对于少数民族更为重要[4]。此外，它也影响着多民族国家内部不同民族之间的交往和民族关系，是衡量民族关系的重要变量，也与国家认同有重要关系。民族认同作为一种重要的社会认同，具有前述认同的一般特性和意义，影响广泛。

在心理学领域，研究者对民族认同的界定，整合了发展心理学的认同理论和社会心理学的社会认同理论。对这一领域做出突出贡献的人物是 Phinney，她认为民族认同是一个动态且多维的、涉及自我概念的结构，其成分包括自我归类、投入和依恋、探索、民族行为、民族态度、民族价值观和信念、民族认同的重要性、民族认同和国家认同的关系等[4]。在此基础上，Phinney 依据认同的两个核心维度，即探索和承诺，提出了民族认同的发展模型，开发了测量民族认同的工具（MEIM），根据被试在探索和投入两个维度上的得分，能将被试的民族认同水平置于玛西娅提出的四个发展状态（认同混乱、认同早闭、认同延缓和认同完成）[5]。该测量工具在全世界多个国家使用，被证明具有较好的跨文化一致性，成为测量民族认同的经典工具[6]。

3 民族认同的个体和群体意义研究进展

3.1 民族认同与个体的心理适应和健康的研究

正如社会认同理论的基本观点，群体认同是自我概念的重要组成部分，它对个体有重要意义，是个体自尊的重要来源。国内研究者就此开展了多项实证研究，这些研究表明，无论是少数民族还是汉族，民族认同都与自尊有着显著的正相关[7-10]。也有研究考察了国家认同与自尊的关系，结果同样表明，二者之间存在显著正相关[11, 12]，这与社会认同理论的观点是一致的，这些研究说明群体认同与个体的自尊有重要关系，是自尊的重要来源，如果个体的民族认同受到威胁，那么其自尊也就受到威胁。研究者都一致认为，民族认同对于少数民族成员更为重要，因为少数民族在社会当中面临文化适应、来自主体民族的偏见和歧视，他们的民族认同也更为凸显，而主体民族则很少存在这种问题，因而民族认同也与他们在主流社会当中的心理适应有重要关系[4]。高承海等人的研究就表明，民族认同与个体的幸福感水平有重要关系，民族认同提升幸福感的中介变量是自尊，充分证实了民族认同与自尊的密切关系[9]。同时，高承海等人还从发展心理学的视角对少数民族青少年的民族认同发展状态进行了系列研究，一项针对回族儿童的研究发现，儿童在 4 岁时就有民族类别意识，对内外群体的态度出现差异，即内群体的偏爱现象[13]。另一项以回族青少年的研究发现，民族认同的发展状态与个体的心理适应有重要的关系，在民族认同发展的四种状态中（认同混乱、认同早闭、认同延缓和认同完成），认同完成状态的青少年，其心理适应性最好[10]，这与埃里克森和玛西娅的理论观点是一致的，充分说明了民族认同的重要性。此外，国外研究表明，对于少数民族而言，民族认同还是他们应对主体民族歧视的重要工具，即民族认同能够缓冲歧视知觉带来的消极心理影响，有研究就发现，少数民族大学生的民族认同中介了歧视知觉和压力、抑郁的关系[14]。还有最新研究发现，少数民族在遭遇歧视时，其民族认同显著增强，并且降低了国家认同的水平，而对于主体民族这种影响就比较小[15]。因此，多民族国家在处理民族关系，以及民族认同与国家认同的关系时，要减少主流群体对少数民族的歧视和排除，从而促进民族关系，也能够增强少数民族的国家认同。

3.2 民族认同对民族关系的影响研究进展

3.2.1 民族认同在民族关系当中的作用

民族认同是衡量民族关系的重要变量，它几乎与衡量民族关系的所有变量有关，比如群体态度、刻板印象、偏见、歧视、群际威胁等，民族认同与这些变量也是相互作用的。民族认同在民族关系当中扮演什么角色，是积极的还是消极的，这是需要科学回答的一个问题，当前心理学有两种观点：一种是发展心理学取向的观点，另一种是社会认同理论取向的观点，前者认为民族认同在民族关系当中是积极的关系，因为成熟的民族认同能够促进积极的民族交往和民族关系，而社会认同理论则因其基本主张，即正面的社会认同能够提高自尊，因此人们必然会出现内群体的偏爱和对外群体的排斥和歧视现象，认为民族认同在民族关系当中存在消极影响，或者民族认同与对外群体的态度是消极的关系。在国际上，这两种观点都得到了一定的证实，相对而言，发展取向的观点得到的更多的证据。而在国内，高承海的研究发现了更有趣的结果，对三类被试群体（来自聚居地区的少数民族、散居在汉族地区的少数民族和汉族），发现民族认同与对外群体的态度之间出现了三种相关，即正相关、负相关和零相关，那些来自聚居地区的少数民族被试，其内群体认同与外群体的态度是负相关，而那些来自散居地区的少数民族则是正相关，汉族被试的民族认同与对外群体（即少数民族）的态度之间是零相关[16]。研究者对这一结果的解释的是：根本的原因是民族之间接触的程度不同造成的，聚居地区的少数民族来到主流社会中，他们面临更大的文化冲击，遭遇到社会偏见，甚至歧视，所以其民族认同水平最为强烈，对外群体（汉族）的态度相对就较为消极，二者之间呈负相关；而散居在汉族地区的少数民族，由于较长时间的接触和交往，已经适应了彼此的不同，相互学习，具备了跨文化交往交流的能力，在保持较强的本民族认同的同时，对外群体也有积极的态度，所以二者之间是正相关；而汉族，由于其接触少数民族的机会比较少，接触与否与自身的利益关系不大，因而，他们的民族认同与对外群体的态度则出现没有显著的相关。这项研究有力回应了民族认同在民族关系当中的作用是正相关还是负相关的争论，即二者的关系不是必然的某种关系，而是受到其他社会变量的影响的，比如该研究当中的民族间的接触程度这个变量，等等。

3.2.2 影响民族认同与民族关系的重要因素

第一，民族接触程度是影响民族认同和民族关系的基本变量。之所以会出现民族认同，是因为拥有不同文化、语言和宗教的民族群体，在接触与交往的过程中因各种差异进行社会比较，便会产生“认同”和“认异”，即产生了民族认同，而民族认同又随着接触和交往的程度也在发生变化。高承海等人的研究发现，来自少数民族聚居地区的大学生被试其民族认同比散居少数民族的民族认同水平更高，对汉族的态度也比散居少数民族消极[16]。究其原因，是二者接触程度不同所致，因为在少数民族聚居地区，少数民族是“多数”，其民族身份不突显，而到了汉族地区，其变为“少数”，他们面临着文化适应的问题，还遭遇来自社会的偏见等，使得他们的民族身份凸显出来，民族认同自然增强了，而散居在汉族地区的少数民族，已经适应了民族之间的差异，之前就有与汉族更多的接触，他们的民族认同水平则相对较低，对外群体的态度也更为积极。高承海的博士论文进一步直接证实，民族接触能够减弱民族认同的程度，进而促进积极的外群体态度[17]，这些研究说明，民族接触对民族认同和民族关系有重要影响，创造各民族接触与交往的机会，是改善民族交往和民族关系的重要策略。国内外心理学 60 多年的理论和实践证明，群际接触是最能有效减少偏见、促进群际关系的社会策略[18]。

第二，群际威胁是影响民族认同的又一变量。群际威胁是指在社会群体情境中，一个群体所具有的资源、信念和价值观等各种特征对另一个群体的存在、发展和目标产生的威胁，根据威胁的内容可以分为现实威胁（比如政治、经济利益）、文化威胁（比如语言、宗教和生活方式等）和认同威胁（比如自尊、社会地位等）三类，理论和实践研究都表明，一个群体感知到的群际威胁程度越大，其内群体的认同程度会更高，对外群体则会持有更消极的态度，甚至导致群际冲突和暴力行为[19]。

第三，歧视知觉、偏见感知会增强民族认同，进而影响民族关系[14, 15]。群体成员如果感知到来自外群体的偏见和歧视，其内群体认同水平会显著增强，尤其是少数民族，这对他们有着积极的意义，因为内群体认同水平增强能够获得自尊，从而缓冲歧视知觉在心理上造成的消极影响，起到保护心理健康的作用。二是内群体认同增强群体团结，以应对来自多数群体的歧视和偏见，民族冲突经常由此引发。

第四，公众的民族观（即民族本质论和社会建构论）对民族认同和民族关系有重要影响[16, 20]。民族本质论是普通大众对民族性质的一种理解，他们认为民族之间在外表、语言、文化、心理和行为等方面表现出来的差异是由根深蒂固的生物本质所决定，认为这种差异也是不可变的。高承海的研究发现，持有民族本质论信念更为强烈的个体，他们感知到的族际差异程度更大，民族认同水平更高，对外群体的态度却更为消极。而与民族本质论相对立的另外一种观点民族的社会建构论，持有这种观点的人认为民族仅仅是因为政治、经济等需要而人为建构的，民族的属性也是可以变化的。与持有民族本质论倾向的个体相比较，持有社会建构论倾向的个体，其民族认同水平更低，且对外群体的态度更为积极，跨民族交往的动机更强，也更容易适应异文化，较好地融入异文化中。因此，实践中可以将公众的民族观作为一个中介进行干预，从而促进民族交往和民族关系，即通过教育使人们持有社会建构论的观点，减弱民族本质论观信念，间接地降低内群体认同，增加对外群体积极的态度。

4　民族认同与国家认同的关系研究进展

民族认同和国家认同的关系，既是多民族国家处理的首要问题，同时也是研究者研究民族认同时不可避免的一个课题。多民族国家如何处理二者的关系，与其对二者的关系的认识有重要的关系，如果认为二者的关系是冲突的，在处理民族认同时则会采取同化的措施和制度，从而建立同质化的民族国家；而如果认为二者之间是和谐共存的关系时，则不会采取这种同化政策，而会充分尊重少数民族的认同[21, 22]。这两种观点分别被称为民族认同和国家认同关系的“冲突论”和“和谐共存论”，在学术界也是争论不已的问题。因此，在理论和实证研究的基础上，科学回答二者之间的关系，是多民族国家制定合理的民族政策，正确处理民族认同和国家认同关系的前提。

国内研究者就民族认同与国家认同的关系开展了多项实证研究，比如李晓霞在南疆地区针对民众的调查研究[23]，王嘉毅和常宝宁在新疆南疆地区针对青少年的调查研究[24]，以及高承海和万明钢在西北地区针对各民族大学生的调查研究[25]，结果均一致地表明，调查对象对国家认同有较高水平的认同，同时也对所属民族有强烈的认同，民族认同和国家认同是积极的正相关。但在国外研究结果来看，民族认同和国家认同的关系则不是这么一致的关系，二者之间的关系出现了正相关、负相关和零相关三种关系[26]，为什么出现这种不一致的研究结果呢？万明钢和高承海认为，之所以出现这种结果，与各国的社会和历史文化背景有重要的关系[25]。因为中国是一个世居的多民族国家，每个人的国家身份都是一个，即中国，加之我国也在采取各种制度和措施强化着国家认同，因而民众对国家认同的水平较高，民族认同与国家认同的关系总体上是积极的。而国外研究多来自移民国家，因少数民族先后有两种国家身份，加之受到移入国家对待移民政策的不同，移民自身在异文化背景当中的文化适应情况，遭遇的社会排斥和歧视等因素不同，因而会出现以上三种关系。

高承海等人研究发现，少数民族大学生和汉族大学的民族认同和国家认同的关系虽然是一个正相关，但是二者的相关程度存在很大的差异，回归分析表明，在控制人口学变量的影响后，国家认同对民族认同的回归系数汉族被试的回归系数（$B = 0.79$，$p < 0.05$）显著大于少数民族被试的回归系数（$B = 0.47$，$p < 0.05$）[25]，这个结果具有重要的客观现实依据，他说明在汉族和少数民族的认同体系中，民族身份和国家身份之间的重叠程度是不同的，对于少数民族而言，他们的民族身份更为凸显，认同程度更高，民族身份和国家身

份本身也是两种身份，而汉族作为主体民族，很多时候其民族身份并不凸显，但其汉族身份、中华民族身份和国家身份无论从历史还是现实都有更多的重叠性，因此会导致这一结果。在这项研究中，高承海还考察了少数民族被试对汉族的态度这一变量，检验了少数民族对汉族的态度在民族认同和国家认同之间的中介作用，结果表明，少数民族被试的民族认同和国家认同的关系被其对汉族的态度所中介，这说明，少数民族对汉族的态度影响着国家认同的水平。这个研究的启示是，多民族国家在构建统一国家认同的实践中，改善少数民族和主体民族之间的关系，是增强国家认同水平的重要策略。

从以上研究结果和讨论可知，民族认同和国家认同的关系并不是固定的关系，其因不同的社会背景、历史背景和政治背景而不同，因此，民族认同和国家认同的关系也不必然的是"冲突关系"或"和谐共存关系"，它取决于国家如何处理二者之间的关系，如果一个国家视二者的关系是冲突关系，采取同化政策，试图构建同质化的民族国家，那么必然导致二者之间真正的冲突，甚至最终分裂，历史上不乏此类先例，很多国家都曾经采取过同化政策，比如美国、俄罗斯、英国和前南斯拉夫等，但是所有同化政策都以失败而告终，甚至造成国家解体，西方多元文化主义就是在这个背景当中诞生，并引起巨大反响。相反，采取正确的民族政策，尊重各民族的民族认同，实行民族平等政策，消除民族偏见和歧视，提高各民族跨文化适应能力，促进各民族共同繁荣发展，民族认同和国家认同则是积极的关系，多元而统一的多民族国家也是可以实现的，并能够彰显多元文化的优势。

5 构建中华民族"多元一体"认同的路径与策略

著名的民族学家、人类学家、社会学家费孝通先生提出了"中华民族多元一体格局"的理论构想，用来描述中华民族的结构及其关系[27]。他采用历史学、考古学、语言学和社会学等多学科的资料，证实了中华民族的起源是多元的，各民族在历史交往过程中，尤其近代与西方列强抗争的过程中成为一体，即中华民族。现在，多元是指 56 个民族，一体即中华民族或者中国。该理论提出后在国际学术界引起巨大反响，被广泛讨论并认可，成为理解中国民族关系的基本理论。

我国各民族多元一体的社会格局已经历史的形成，成为客观事实，但在新的社会背景当中，我国民族关系面临着来自国内国际两大复杂因素的影响，如何巩固或者增强"多元一体"这个社会格局，是国家需要在理论和实践层面进行研究的问题。基于国内学者近年关于民族认同的理论与实证研究，笔者尝试从社会心理学的视角对多元一体格局理论进行适度的拓展，多元一体社会格局的巩固和增强就是要构建各民族成员多元一体的身份认同，"多元"在这里指各民族不同的民族身份，"一体"指各民族成员共有的身份"中华民族"或者"中国"，各民族的"多元一体认同"就是各民族成员既要认同自己所属的民族，也要认同于共有的身份"中华民族"或者"中国人"。以"认同"为核心变量，能够洞悉人与社会互动的机制，而社会心理学在这一领域有着较为成熟的理论体系，能够为理解“多元一体认同”和构建各民族“多元一体认同”的实践提供思路。基于国内外的实证研究和理论分析，笔者尝试提出构建中华民族“多元一体认同”的若干路径与策略。

5.1 尊重各民族的民族认同是构建中华民族多元一体认同的前提

不同的文化造就了不同的民族，因为独特的文化是一个民族存在的根本，不同的民族、国家则构成了多元一体的世界，多元一体是一种客观存在。一个人的民族认同就其认同的内容而言，就是对其民族文化的认同，包括对这个民族的历史、语言、宗教和生活习俗的认同等。一个人从出生便置身于某种民族文化当中，塑造着其心理和行为，成为一个人意义的来源，当处于多民族的社会情景当中，民族认同意识便产生了。从前述关于认同的功能和意义讨论来看，民族认同在个体层面和群体层面都有重要的影响，即它能够满足人的基本心理需要，比如提供自尊、降低不确定感等。民族认同如果得不到尊重，在个体方面会影响一个人在多民族社会当中的文化适应和跨民族交往状况，对其心理健康产生影响，在群体方面则对民族关系和国家认同有重要影响，甚至引发民族冲突和民族分裂活动，威胁国家的统一和稳定。因此，尊重各民族的民族认同（包括语言、宗教和文化等等）是构建各民族多元一体认同的前提。

5.2 创造各民族接触与交往的机会是改善民族关系的有效策略

社会心理学家奥尔波特认为，民族之间之所以存在偏见，最为根本的原因是缺乏接触，他在理论与实践研究的基础提出了著名的“群际接触假说”，主张在满足平等地位、相互合作、共同目标和社会制度的支持四个社会条件时，简单的群际接触便能减少偏见，促进积极的群际关系，60 多年的理论研究与社会实践证明，接触是减少偏见最为有效的社会策略[18]，当前国际上已经对接触减少偏见的心理机制进行了广泛而深入的研究，接触的形式也从直接接触扩展到了间接接触策略，比如扩展性接触和想象接触[28]。

从民族接触的角度来看，我国社会表现出来的是少数民族和汉族的“二元分隔”的社会结构特征，首先，少数民族和汉族在居住格局方面整体是一个“二元分隔”的结构特征，少数民族多聚居于边疆地区，我国又采取民族区域自治制度，这在客观上减少了少数民族和汉族相互接触的机会；其次，在民族事务管理方面，少数民族和汉族也是二元分隔的，国家设立了从国务院到地方的民族事务管理机构；最后，我国采取了相对独立的民族教育体系，也在一定程度上区隔着少数民族和汉族，不利于各民族学生之间的接触和交往，二者彼此持有刻板印象和偏见，对民族交往和民族关系产生消极影响。因此，逐渐打破“二元分隔”的社会结构，创造各民族共事、共居、共学、共商的机会，能够减少民族之间的偏见，促进积极的民族关系。社会心理学研究表明，接触能够减弱内群偏爱、降低群际焦虑、弱化民族本质论信念、增加共情和观点采择能力等，从而减少偏见，改善群际关系[18]。

5.3 弱化民族分类、强化共有身份能提升多元一体认同

自我归类理论认为，类别化意识（即将自己归属于某个社会类别）是社会认同产生的重要条件，或者说社会认同的过程就是一个自我归类的过程[29]。我国在 20 世纪 50 年代进行了一次民族识别工作，识别出了 56 个民族，在一系列民族政策的实施过程中，各民族也已经建构起了相应的民族认同，甚至是强化了原有的民族认同，因为所有的民族政策都与民族身份有关，比如各种优惠政策，这就时时在凸显着各少数民族的民族身份，进而也就增强了其民族认同。因此，根据自我归类理论的启示，在社会生活当中通过各种政策实施弱化民族分类，能够减弱民族认同，而若处处、时时强化民族身份，那么民族认同自然也就增强了。

社会心理学的另一个理论，即共同内群体认同理论的研究发现，如果在社会生活当中能凸显不同群体共有的身份，则会促进积极的群际态度，也能够增强对共有身份的认同，从而维持积极的群际关系[30]。根据这两个理论的观点，为构建我国各民族的“多元一体”认同，就是要通过政策调整从认知上不断弱化民族分类，强调各民族共有的身份，即中华民族或者中国人身份，这既能够促进民族之间积极的态度，又能够增强国家认同。

5.4 减少群际威胁是降低民族冲突和暴力活动的心理策略

社会心理学的研究表明，群际威胁是引发群际冲突和暴力活动的重要因素之一[19, 31]。社会群体形成以后，一个群体所拥有的资源，群体成员的行为、信念和价值观等各种特征都有可能会威胁到另一个群体的存在、发展和目标，这种感知到的威胁会导致人们对外群体产生消极的态度和行为，甚至产生群际冲突和暴力活动。在社会心理学里，研究者将群际威胁一般划分为现实威胁、文化威胁和认同威胁三大类：现实威胁主要指政治权力、社会地位、经济利益和人身安全等；文化威胁主要指社会道德、规范和价值，以及语言、习俗和生活方式等方面的威胁；认同威胁主要指的是群体情境中由于与他群体的比较，个体所属群体的价值和地位方面受到的威胁，进而威胁到该群体的自尊。

新中国成立以来，尤其改革开放后，我国各民族在经济社会各方面快速发展，人民生活水平整体得到极大的改善，这在一定程度上增强了国家认同，维护了国家的统一和稳定。但是，地区之间、民族之间在发展方面也存在着很大的差距，比如东、西部地区之间，民族地区和汉族地区之间都有较大差距，且有扩大的趋势，这种差距会使得少数民族产生相对剥夺感，少数民族的民族认同和现实利益都受到威胁。另外，随着我国西部大开发战略实施的不断深入，现代化的生产方式也不断改变着少数民族地区人们的生产、生活方式，越来越多的汉族进入少数民族地区从事经济活动，国家在语言、宗教方面的政策实

施也使得少数民族在文化方面产生一定的威胁感，影响着少数民族与汉族的关系，进而影响国家认同。因此，国家要进一步促进各民族共同繁荣发展，缩小经济差距，降低现实威胁，涉及文化、宗教和语言政策的制定和实施过程中做到“润物细无声”，降低少数民族在文化方面受到的威胁，否则就会造成民、汉冲突，以及民族认同和国家认同的冲突，进而威胁国家的统一与稳定。

5.5 减少主体民族对少数民族的偏见和歧视是改善民族关系的关键

国内研究者发现，少数民族和汉族彼此持有典型的刻板印象，积极的刻板印象对民族交往和民族关系有促进作用，而消极的刻板印象是偏见的认知基础，阻碍着民族交往，严重的民族偏见则导致民族歧视行为，最终引发民族冲突。高承海等人以大学生为研究对象，发现少数民族和汉族彼此持有刻板印象，从内容上来看，汉族对少数民族积极的刻板印象主要体现在“热情”维度，比如认为少数民族热情、好爽、好客等，而少数民族对汉族的积极印象主要体现在“能力”维度，比如认为汉族人聪明、勤劳、有创造力等；在消极刻板印象方面，少数民族对汉族的典型印象是汉族人爱钱、势力、自私等，而汉族对少数民族普遍持有的印象是冲动、粗鲁、鲁莽、野蛮等。从持有刻板印象的程度来看，高承海等人发现，在积极刻板印象方面二者并有显著差异，而在消极刻板印象方面有显著差异，表现为汉族对少数民族持有的消极刻板印象更多，持有的程度也更大，所有被试其消极刻板印象均与外群交往态度之间是显著的负相关[32]，说明消极刻板印象阻碍着民族交往，对民族关系有着消极的影响。

由于汉族对少数民族持有消极的刻板印象，少数民族在内地遭遇着各种偏见，尤其近年发生的几起民族冲突和暴力事件后，内地汉族对维吾尔族、藏族等少数民族的消极刻板印象更为强烈，甚至产生一些社会歧视行为，比如一些少数民族在内地城市被出租车拒载、登记住宿困难或者要接受盘查、机场安检时要接受更为严格的检查等，这些行为引起少数民族强烈不满，也就更加增强了他们的民族认同，他们对汉族、对国家的态度也就更为消极，对民族关系和国家认同产生消极影响。因此，在促进我国民族关系的实践中，要减少汉族对少数民族的偏见，民族团结教育中更要教育汉族，这是改善民族关系的关键。

5.6 大力发展民族教育，促进各民族全面发展，是解决民族问题的根本

根据马斯洛的需要层次理论，人有不同层次的需要，当低层次的需要得到满足后，便会产生更为高级的需要，比如自我发展和自我实现的需要，如果一个人的各层次需要都能够得到比较好的满足，那么这个人必然是一个身心健康和幸福的人，群体亦然。新中国成立后，我国采取了一系列发展少数民族地区经济文化事业的政策和民族优惠政策，这极大地促进了少数民族地区经济社会的快速发展，提高了少数民族的生活水平和物质条件，满

足了各族人民的基本需要。但当这些基本需要得到满足后，各少数民族更高级的需要也产生了，或者更为凸显，比如群体自尊和公平性的需要。由于各民族因历史、地域、环境、人口、语言和文化等多种因素，民族之间在经济、教育和文化等方面的发展还存在显著的差异，少数民族明显处于劣势，尤其是边疆地区少数民族和内地汉族之间的差距更大。主体民族汉族明显在社会当中占据主导地位，清晰的社会比较（比如居住环境、工作岗位和受教育程度方面等）使得少数民族容易产生心理上的失衡，如果少数民族将这种发展的不平衡归因于主体民族的侵略，或者归因于国家政策的不合理，会加剧他们的不公平感，这种不平衡心理若被一些敌对势力或分裂势力加以利用，便对我国的民族关系和国家的统一和稳定产生威胁。

虽然世界上没有绝对平等的社会，但是追求平等是人类社会的理想目标，只有不断地向这个目标前进，才会缓解社会矛盾，促进社会的和谐发展。当前我国各民族在经济和物质方面已经得到较好的发展，通过民族优惠政策发展经济不应是我国解决民族问题的首要手段，而是要将着力点放在通过发展来满足人的高级需要。因此，放眼长远，大力发展民族教育，解决制约民族教育发展中的核心因素（比如少数民族地区合格双语师资的问题），提高民族教育质量，培养高素质的少数民族人才，提升少数民族在社会当中的竞争力，才能促进各民族全面发展，各民族才有更高、更全面的能力来发展经济、教育和文化事业。当少数民族的经济收入不是靠国家的优惠政策提高，当高考不是靠“降分录取”的优惠政策，当他们与汉族面对同样的工作岗位具有同样的竞争力和机会时，他们才会获得民族自尊，他们才会产生平等感。

6 国内外研究比较

整体上与国外研究相比较，我国学者关于民族认同的研究起步比较晚，从发表的学术论文来看，我国研究者 20 世纪 80 年代末才开始触及这个话题，进入 21 世纪后国内关于民族认同的研究才逐渐增多，并成为热点问题。国际上已经有众多关于认同研究的杂志，比如 *Self and identity*，*Identity Studies*，*Journal of Identity and Migration Studies*，*Journal of language*，*identity*，*and education* 和 *Cultural Diversity & Ethnic Minority Psychology* 等多个杂志，从研究队伍来看，欧美国家对民族认同的研究最多，并且多学科共同研究，采取的研究方法多样化，注重实证研究，已经产生了众多理论化成果，在欧美国家改善族群关系的实践当中也发挥了重要作用，国内研究者关于民族认同的研究都是基于国外的理论在开展实证研究。

6.1 缺乏多学科的整合意识

从学科领域来看，民族认同和民族关系是政治学、社会学、民族学、心理学等多个学科共同研究的主题，从影响民族认同和民族关系的因素来看，也包括了政治、经济、文化、社会与心理等多因素，这至少说明两个问题：一是研究民族认同和民族关系具有重要性，它关乎社会的和谐与稳定；二是研究民族认同和民族关系具有复杂性，其影响因素错综复杂。因此，只有整合多学科的研究成果，才能对民族认同和民族关系有正确的理解和认识，才能在处理民族认同和民族关系时制定合理的政策。就心理学研究者而言，更要整合多个学科的研究成果，这才能够理解民族认同的建构过程及其与社会互动的心理机制问题，当前这方面的研究不足。

6.2 未构建起本土化的理论体系

因种族和宗教冲突不断的社会现实，西方社会心理学家自第二次世界大战后就开始系统研究群际关系，并已经产生了一系列经典的群际关系理论，比如奥尔波特的群际接触假说，便是基于20世纪50年代美国专项经费支持的黑人和白人的混合居住实验而提出的，对美国解决种族问题做出了突出贡献，群际接触策略也被理论和实证研究证实为最有效的减少偏见的社会策略，而我国近几年才开始在新疆建设“嵌入式社区”，目的也是促进民族接触。之后欧洲社会心理学的社会认同理论又成为解释群际冲突的经典理论，并且不断有新的理论诞生。当前国内心理学界对民族认同的研究都是基于西方的理论指导开展实证研究，还未产生本土化的理论。我国民族学领域虽然费孝通的中华民族“多元一体”格局理论对于解释我国的民族结构和民族关系的多元一体社会格局的形成具有理论意义，在国际上广受认可，而如何进一步巩固和增强这个多元一体的社会格局，我国心理学研究者还需要进一步在这个理论基础上提出本土化的理论体系，比如笔者提出的“多元一体认同”的理论构想，既能够继承我国前辈的思想，又能整合西方社会心理学的理论为我所用，构建本土化的理论体系。

6.3 研究队伍数量偏小，研究内容有待丰富

国内研究者的一项关于民族心理研究的文献计量学的研究表明（2003—2012）发现，心理学9种期刊10年发表的民族心理研究文章数量不到总量的1%，研究民族心理的研究者队伍数量较小，研究者主要来自西北和西南两个地区的个别院校。近期另一项关于近年来我国民族认同研究的文献计量分析（2004—2014）也同样发现，虽然民族认同是一个研究热点问题，但是学科之间、南北区域之间缺少合作研究，研究者主要研究的内容还是停留在民族认同的概念界定，探讨民族认同和国家认同的关系，少数民族的民族认同与文化适应、心理健康之间的关系等，而对于民族认同在民族关系当中的作用及其影响因素，民族认同建构的过程及其机制等问题鲜有人研究。究其原因，之所以研究民族心理的研究者少，除了研究者所处地域因素外，还有一个重要的原因就是研究民族问题的“敏感化”，发表学术论文很难，因此很多研究者选择不去触碰这个领域。

6.4 研究对象和方法单一

以上两项关于民族认同研究的文献分析均表明，当前国内关于民族认同的研究在研究对象和研究方法的较为单一。在研究对象方面，研究主要选取的是大学生被试或者青少年儿童，主要集中于学生群体，因此，研究结果的推论有待进一步去验证。研究中还存在一个误区，对民族认同的研究大多都以少数民族为对象，很少研究汉族的民族认同及其在民族关系当中的作用，这本身就是一种研究中的偏见，也没有深刻理解民族认同和民族关系的互动性特征，民族关系的主体彼此的民族态度必然影响民族认同及民族关系，尤其要看到在多民族国家，主体民族对少数民族的态度对民族关系有重要影响。

在研究方法方面，国内研究者主要采取的是文献法和问卷调查法，较少采用实验的方法，方法比较单一。文献法虽然可以梳理和介绍国内外关于民族认同和民族关系的研究进展，这对于开展国内民族认同研究有借鉴意义。但是需注意，我国世居的多民族社会和西方移民国家在社会历史背景、政治制度等方面都有很大的不同，研究我国的民族认同问题，必须要立足我国社会现实进行本土化分析。问卷调查法虽然可以快速收集大样本数据，但因研究民族问题的敏感性，往往存在社会赞许效应，使得研究结果一定程度上受到质疑。问卷法可以考察多个变量的关系，但都是相关研究，对于变量间的因果关系探讨明显不够。

7 未来研究展望

针对国内以上研究的不足，将来国内民族认同和民族关系的研究应该整合多学科的观点，借鉴国外最新研究成果，实证研究应该扩大研究对象，采取多种研究方法，并对研究结果进行本土化分析，构建本土化的理论体系，尤其建议做好以下几个方面的工作：

第一，将费孝通的中华民族多元一体格局理论在心理学领域进一步拓展，从而把我国各民族多元一体的社会格局进一步转变为社会成员的心理格局，巩固和增强各民族多元一体的社会格局，即在心理上构建各民族多元一体的认同意识。因此，国内研究者应该借鉴社会心理学有关群际关系的理论，探讨多元一体认同的心理机制和影响因素，进一步在各领域（比如经济、文化和教育活动等）探索构建各民族多元一体认同的具体路径与策略。

第二，民族认同具有情景性特征，它随着情景的变化而变化，也与国家的制定的民族政策及其执行有关，在民族关系当中的作用也在变化。我国社会快速发展，随着“一带一路”战略的实施，人口流动、民族交往将不可避免地增多，这为民族心理学家研究民族认同和民族关系创造了一个天然的实验室，抓住这个机遇，研究现实需要的问题，必将在理论上有所突破，在实践方面也能够为国家构建多元一体的认同意识提供心理学的依据。

第三，鉴于我国心理学者研究民族认同和民族关系的研究队伍数量较少的现状，我们建议中国心理学会应该加以积极引导，给那些想做但又不敢做民族心理研究的人“脱敏”，鼓励更多的心理学研究者立足我国民族关系发展的现实需要，开展更多接地气的实证研究，鼓励加强心理学多领域的合作研究，在民族心理研究的成果发表，以及在成果对国家制定民族政策决策提供参考方面给予支持，这会使研究民族心理的学者逐渐增多。

参考文献

[1] 万明钢，高承海，安洁．西方关于青少年族群认同研究的现状和进展［J］．民族教育研究，2010，(6)：30-34.

[2] Brown R. Social identity theory：past achievements，current problems and future challenges［J］. European Journal of Social Psychology，2000，30（6）：745-778.

[3] Simon B. Identity in Modern Society：A Social Psychological Perspective［M］. GB：Wiley-Blackwell，2008：242.

[4] Phinney J. S. Ethnic identity in adolescents and adults：review of research［J］. Psychological Bulletin，1990，108（3）：499-514.

[5] Phinney J. S.，Ong A. D. Conceptualization and measurement of ethnic identity：Current status and future directions［J］. Journal of Counseling Psychology，2007，54（3）：271-281.

[6] Herrington H. M.，Smith T. B.，Feinhauer E.，et al. Reliability Generalization of the Multigroup Ethnic Identity Measure-Revised（MEIM-R）［J］. Journal of Counseling Psychology，2016.

[7] 高承海，王丽君，万明钢．少数民族大学生的宗教认同与心理健康的关系［J］．民族教育研究，2012，(1)：36-42.

[8] 梁进龙，高承海，万明钢．回族、汉族高中生的民族认同和国家认同对自尊的影响［J］．当代教育与文化，2010，(6)：63-67.

[9] 高承海，安洁，万明钢．多民族大学生的民族认同、文化适应与心理健康的关系［J］．当代教育与文化，2011，(5)：106-113.

[10] 高承海，撒丽．青少年民族认同的发展状态与心理适应的关系［J］．西北师大学报（社会科学版），2017，(2)：106-110.

[11] 崔淼，黄雪娜．青少年的民族认同、国家认同与其自尊关系的研究——以宁夏回族为例［J］．现代教育科学，2011，(2)：62-64.

[12] 刘建红，张京玲．“民族认同，国家认同”与青少年自尊的关系［J］．社会心理科学，2008，(2)：25-28.

[13] 万明钢，高承海，党宝宝，等．回族儿童族群偏爱态度的形成与发展［J］．心理科学，2015，(6)：1411-1418.

[14] Brittian A. S.，Kim S. Y.，Armenta B. E.，et al. Do dimensions of ethnic identity mediate the association between perceived ethnic group discrimination and depressive symptoms?［J］. Cultural Diversity & Ethnic Minority Psychology，2015，21（1）：41-53.

[15] Sumino T. National Identity and Public Attitudes Toward Multiculturalism in Canada：Testing the Indirect Effect via Perceived Collective Threat［J］. Canadian Journal of Behavioural Science，2017，49（3）：183-194.

[16] 高承海，万明钢．民族本质论对民族认同和刻板印象的影响［J］．心理学报，2013，(2)：231-242.

[17] 高承海．民族接触减弱民族本质论：民族认同和文化相似性的作用［D］．西北师范大学，2015.

[18] Pettigrew T. F.，Tropp L. R. A meta-analytic test of intergroup contact theory［J］. Journal of Personality & Social

Psychology，2006，90（5）：751–783.
［19］张婍，冯江平，王二平. 群际威胁的分类及其对群体偏见的影响［J］. 心理科学进展，2009，（2）：473–480.
［20］高承海，侯玲，吕超，等. 内隐理论与群体关系［J］. 心理科学进展，2012，（8）：1180–1188.
［21］高永久，朱军. 论多民族国家中的民族认同与国家认同［J］. 民族研究，2010，（2）：26–35.
［22］袁娥. 民族认同与国家认同研究述评［J］. 民族研究，2011，（5）：91–103.
［23］李晓霞. 试析维吾尔民众的国家认同、民族认同与宗教认同［J］. 北方民族大学学报（哲学社会科学版），2009，（6）：11–17.
［24］王嘉毅，常宝宁. 新疆南疆地区维吾尔族青少年国家认同与民族认同比较研究［J］. 当代教育与文化，2009，（3）：1–6.
［25］高承海，万明钢. 民族认同、宗教认同和国家认同的关系—基于大学生数据的分析［J］. 中国民族学，2015，（1）：85–97.
［26］Berry J. W.，Phinney J. S.，Sam D. L.，et al. Immigrant Youth：Acculturation，Identity，and Adaptation［J］. Applied Psychology，2006，55（3）：303–332.
［27］费孝通. 中华民族的多元一体格局［J］. 北京大学学报（哲学社会科学版），1989，（4）：3–21.
［28］高承海，杨阳，董彦彦，等. 群际接触理论的新进展：想象性接触假说［J］. 世界民族，2014，（4）：1–10.
［29］Turner J. C.，Hogg M. A.，Oakes P. J.，et al. Rediscovering the social group： A self–categorization theory［J］. British Journal of Social Psychology，1987，26（4）：347–348.
［30］Gaertner S. L.，Dovidio J. F. Common Ingroup Identity Model［M］. Blackwell Publishing Ltd，2011.
［31］党宝宝，高承海，杨阳，等. 群际威胁：影响因素与减少策略［J］. 心理科学进展，2014，（4）：711–720.
［32］高承海，党宝宝，万明钢. 汉族与少数民族的民族刻板印象之比较［J］. 西北师大学报（社会科学版），2013，（4）：106–110.

撰稿人：万明刚　高承海

心理学视角下的价值观研究进展

在社会活动中，人们的认知评价和行动选择不仅受到了法律习俗的制约和影响，同时人们行为与心理也受到价值观念的调节与引导。价值观对个人和社会而言具有重大意义，对个体行为、社会变迁、文化传承有重要的解释和预测作用。尤其是在国家经济快速发展、社会急剧转型时期，价值观在社会治理中扮演着重要的角色。一个国家的发展、一个政党的生存、一个军队的实力都有其所主张的价值观表达。价值观具有定向、引领、判断等作用。因此，任何政党和国家都高度重视价值观建设。党的十八大以来，中央高度重视培育和践行社会主义核心价值观，从国家、社会和个人三个层面明确提出了24字要求，旨在进一步有效整合社会意识，推动社会和谐发展。

在学术界，价值观（values）这一概念为心理学、教育学、社会学、政治学等诸多人文学科的关注领域，并形成了一系列各具特色的学术成果。20世纪20年代德国人格心理学家斯普兰格（E.Spranger，1928）的重要著作《人的类型》（*Type of Men*）的出版被视为心理学价值观研究最早的标志成果。心理学主要围绕价值观的结构、差异和功能等方面进行了大量的研究，形成了许多具有跨学科影响力的成果。近年来，*The Psychology of Values*[1]及*Cultural Psychology of Human Values*[2]相继出版，标志着价值观在心理学研究中越发广泛。使用“Values”及相关关键词（materialism | liberalism | conservatism | racism | racialism | Ethnocentrism | altruism | altruistic | Individualism | individualistic | individualist | sexism | ageism | classism | collectivism | realism | Neorealism | idealism | cynicism）对4本顶级英文期刊和4本心理学相关英文综述期刊进行标题检索，发现近年来发表的价值观相关论文数量众多，其中近10年来（2008—2017）*Science*发表12篇，*Nature*发表6篇，*Proceedings of National Academy of Sciences*（PNAS）发表4篇，*Annual Review*发表8篇，共30篇；*Psychological Review*发表2篇，*Personality and Social Psychology Review*发表14篇，*Journal of Personality and Social Psychology*发表23篇，*Psychological Science*（PS）发

表7篇，共46篇。仅使用“价值观”关键词对中国心理学会主办的4本心理学期刊《心理学报》《心理科学》《心理科学进展》《心理学探新》进行标题和摘要检索，发现近10年来（2008—2017）发表的相关论文共有32篇（涉及工作价值观7篇、价值观变迁4篇、文化价值观3篇、物质主义价值观3篇等）。

随着社会经济的发展以及互联网的普及，人们的生活方式和价值观念也逐渐发生转变，新的问题摆在了价值观研究者的面前。近些年来，价值观研究者为了解决这些时代性的问题，相继发展了新的理论工具和研究方法，增加了理论的解释力，为理解价值观的心理机制提供了新视角。在此基础上，研究者也成功将新兴的信息科学和认知神经科学的技术运用到了价值观的研究过程中，产生了一批新的研究范式。本文将在梳理价值观的基本内涵和结构的基础上，介绍近年来国内外价值观研究的最新成果，讨论目前价值观研究存在的问题以及未来研究趋势。

1 价值观研究的热点问题

价值观研究经历了几十年的发展历程，研究者从不同角度和理论去解读和界定价值观这一概念。在这个过程中价值观概念逐渐涵盖了知、情、意成分，并表现出一种兼具内隐 - 外显和稳定 - 动态的历史文化综合信念体系。尽管价值观的定义仍小有争议，但大多数研究者在价值观基本含义上取得了较为一致的看法，即价值观是人们对事物及行为的意义、效用的评定标准，是推动并指引人们决策和采取行动的核心[3]。但是在价值观的具体内涵和结构上，国内外学者尚未取得一致看法，而是形成了多种理论并存，相互交织，不断完善的研究格局[4]。近些年来，研究者在价值观的结构、成因和功能等方面取得新的研究成果。

1.1 价值观结构研究进展

价值观内容丰富，结构复杂，在价值观具体的内涵和结构方面，研究者们尚未取得一致看法，而是从各自理论视角出发解析价值观的结构，并取得了一系列研究成果。早期Kluckhohn（1951）将价值观分为外显和内隐两个层次。从价值观的内在结构来看，价值观结构理论分为分类说（categories）和维度说（dimensions），这两种结构理论在心理学其他概念同样有所体现[5]。价值观的分类思想认为价值观是由一系列要素组成或者体现在一系列社会领域中，价值观的分类取向更加关注价值观在要素、领域上的划分，意义相对具体，如Perry的六类不同领域的价值观将人们的价值观分为：认知、道德、经济、政治、审美和宗教六类不同领域的价值观[6]。相比于价值观的分类体系而言，价值观的维度理论更加关注价值观的潜在结构，这类价值观通常表现为成对的抽象概念，如Rokeach将价值观分为“行为方式”和“终极状态”两个方面，最终形成了终极性价值观和工具性价值观两个维度[7]。以价值观领域近些年来影响力最大的几个模型来看，Hofstede 的文化维度理论以及 Inglehart 的文化维度模型将价值观维度化，试图寻找出价值观潜在脉络，因此可以划归到价值观维度理论中；而价值观理论通常为分类理论，例如，在价值观模型建构方面，Schwartz 是价值观分类取向和维度取向的集大成者，其价值观模型兼顾分类取向的领域指向性又具有维度理论的深刻逻辑性。

本文将围绕价值观的理论模型发展和具体研究成果对国内外最近进展进行梳理，Hofstede 和 Schwartz 的价值观理论在提出之后，逐渐构成了当代价值观研究的主流。与此同时，近些年来 Hofstede 的文化价值观模型增加了新的维度，Schwartz 的价值观分类也进行了大规模扩充，成为价值观研究新的增长点，相关研究层出不穷。因此本文将详细介绍两个理论模型的最新发展。

1.1.1 Hofstede 价值观模型

自 20 世纪 60 年代开始，Hofstede 在 IBM 公司对 70 多个国家的员工进行了“士气调查”后，发现员工的表现更多地受到了国家文化的影响。在此基础上，他提出了经典的文化价值观维度理论，开创了量化国家文化价值观的先河[8-10]。已有研究发现在跨文化的研究中，Hofstede 的文化价值观维度是最被经常使用的模型，仅其中的个体主义 – 集体主义维度就出现在 1/3 的跨文化研究中。由此可见，Hofstede 文化价值观的重要影响力与应用性。需要指出的是，价值观并非局限在个体身上，同样体现在国家社会的各个层面。价值观可以由所处层次划分成为：个人价值观、社会价值观和文化价值观[11]，如果将 Schein 的组织文化理论加入其中[12]，那么价值观可以分为个人价值观、组织价值观、社会价值观和文化价值观四个水平。Hofstede 的价值观理论更加关注国家水平，因此也被称为文化价值观。

该理论早期认为国家价值观为四维结构：个体主义 – 集体主义、权力距离、不确定性规避、男性气质 – 女性气质[8]。在此之后，Hofstede 在又借鉴了 Bond 关于东亚社会的研究成果，增加了长期取向 – 短期取向维度[10, 13]。近些年来幸福感研究受到广泛关注，Hofstede 理论既有的五个文化维度难以解释幸福感与经济的复杂联系。而 Minkov 研究发现了一个新的文化价值观维度与幸福感有着紧密的联系，最终提出了一个新的文化价值观维度即：放纵 – 约束维度[14]。

表 1　Hofstede 文化价值观六维度

维度	具体内容
个体主义 - 集体主义 Individualism/Collectivism	衡量一个社会更加关注个人的利益还是更加关注集体的利益。个体主义文化中成员之间的关系相对松散，个体以追求自身目标和自身兴趣为主要导向。集体主义文化中成员之间联系更加紧密，更加强调集体利益。

续表

维度	具体内容
权力距离 Power Distance	衡量一个社会中人们对于权力在社会或组织中不平等分配的接受程度。高权力距离的文化下，人们对于权力分配不公忍受性较高。
不确定性规避 Uncertainty Avoidance	衡量一个社会中人们在模糊或未知的情况所感受到的威胁程度。高不确定性规避文化对于社会中不稳定性因素更加敏感，通常试图通过相应手段建立标准化的环境较少不确定性因素的影响。
男性气质 - 女性气质 Masculinity/Femininity	衡量一个社会中人们的男性的品质如竞争性、独断性更多，还是代表女性的品质如谦虚、关爱他人更多。男性气质指数越大的文化下社会的男性化倾向越明显；反之，则说明该社会的女性化倾向越明显。
长期取向 - 短期取向 Long/Short–Term Orientation	衡量一个社会中的成员对延迟其物质、情感、社会需求的满足所能接受的程度。长期取向的社会更能够接受延迟物质、情感等需要的满足。
放纵 - 约束 Indulgence/Restraint	衡量一个社会中是人们追求基本的愿望、兴趣、需要和自由的程度。放纵文化允许社会成员自由的追求基本的欲望并以此获得生活的乐趣。约束文化强调社会规范以约束和调节社会成员的需要。

其中“放纵 – 约束”维度为最新提出的文化价值观维度，该维度能够对文化成员的满意度和积极行动有正向预测作用，在组织行为中能够显著预测员工的组织承诺、积极组织文化[15]。

在消费心理领域，研究者以美国和印度为“放纵”和“约束”文化的典型代表，分析了不同文化环境下人们的促销倾向（以促销信息为消费参考的心理特征）、情绪与冲动性消费的关系。研究发现在美国，情绪与促销倾向交互影响个体的冲动性消费；但是在印度，情绪与促销倾向对个体的冲动性消费没有显著的交互作用，即情绪对于促销倾向个体的冲动性消费没有显著影响[16]。

在组织心理学方面，研究者分析了英语教师的职业倦怠与 Hofstede 文化价值观的关系。研究发现，情绪耗竭能够被不确定性规避与放纵 – 约束价值观预测，不确定性规避越高，放纵得分越高，个体的情绪耗竭就越大；去个性化能够被男性化 – 女性化、放纵 – 约束价值观预测，个体价值观越女性化，越偏向于放纵，其去个性化程度越高；在个人成就感方面，不确定性规避、男性化 – 女性化以及放纵 – 约束价值观都是有效预测指标，个体的价值观越男性化、不确定性规避越低、越约束，个体的成就感越高[17]。

在跨文化研究领域，有研究在伊朗对 Hofstede 文化价值观六个维度进行了本土化研究，并根据伊朗文化背景，编制了一套有效的测量工具[18]。国内有研究者以中国文化为背景对“放纵 – 约束”文化价值观进行了探索性研究，发现中国广东地区更倾向于“放纵”文化，这与传统认识中“约束”的中国文化有所相悖，表明中国在“放纵 – 约束”价值观维度上可能存在地区差异[19]。

Hofstede 本人强调以上文化价值观都是国家水平上的分析结果，并不能直接推论到个体水平上。由于 Hofstede 的文化价值观维度是通过国家间比较分析得出的，因此他本人也反对将一个国家内个体价值观的均值作为国家价值观[20]。但是不少研究者将该理论的文化价值观维度运用在个体层面上，并且也有很多研究者通过地区内个体价值观的加和平均作为一个地区的文化价值观状态。因此 Hofstede 文化价值观理论在各个层面的研究中都具一定的适应性，越来越多的研究使用这些价值观维度进行研究分析。

1.1.2 Schwartz 价值观模型

Schwartz 文化价值观理论最初于 1987 年提出，该理论源于对 Rokeach 的价值观理论的探讨，研究对 Rokeach 的价值观分类进行了改进。该理论以动机理论为基础提出了三类文化价值观动机，并将价值观分为了 8 个具有普遍性且各自独立的价值区[21]。随后该理论进行了多次模型修改，2012 年 Schwartz 对价值观模型重新进行了分类，使原来理论中价值观分解和扩展为新理论的 19 种价值观，以及三类相互嵌套的动机性维度体系：成长 - 自我保护、关注社会 - 关注个人、自我超越 - 自我增强和保守 - 开放[22]。

在 Schwartz 价值观模型中，“面子（face）”和“谦逊（humility）”为新增加的价值观分类并且都具有跨动机性的特点，面子价值观：通过维护个体的公众形象避免丢人带来的羞耻感，具有保守和自我增强的双重属性。谦虚价值观：认识到周遭世界的浩瀚与自己的渺小，具有自我超越和保守双重属性。其中“支配权力（power-dominance）”“资源权力（power-resources）”“个人安全（security-personal）”“社会安全（Security-societal）”“人际遵从（conformity-interpersonal）”“规则遵从（conformity-rules）”“友善 - 关怀（benevolence-caring）”“友善 - 可依赖（benevolence-dependability）”“博爱 - 关注（universalism-concern）”“博爱 - 大自然（universalism-nature）”和“博爱 - 宽容（universalism-tolerance）”由旧有价值观分类分解而成。支配权力价值观：通过控制他人获得权力感。资源权力价值观：通过控制社会物质和资源获得权力感。个人安全价值观：保持个体当下安全。社会安全价值观：保持广泛的社会稳定。人际遵从价值观：避免伤害他人或者失望。规则遵从价值观：服从规则、法律和各种规定的义务。友善 - 关怀价值观：为群体的福祉而效力。友善 - 可依赖价值观：成为所属群体中可靠和值得信赖的一员。博爱 - 关注价值观：致力于全人类的公平、公正和安全。博爱 - 大自然价值观：保护自然环境。博爱宽容价值观：接受那些与自己意见相左的他人。

“成长 - 自我保护”和“关注社会 - 关注个人”两个维度为新增加的维度。“成长 - 自我保护”中的“成长”类价值观主要指思想自主、行动自主、刺激、享乐主义等，具有使自我延伸的动机属性，人受该驱动时没有焦虑（无焦虑）；“自我保护”类的价值观注重规则、权力和遵从等具有保护自己、回避焦虑与威胁（抗焦虑）的动机属性。“关注社会 - 关注个人”中“关注社会”类价值观主要包括遵从、谦虚和博爱等内容具有个体更关心他人或社会的动机属性；“关注个人”类价值观包含自主、成就、面子和安全等内容，具有自我关注的动机属性[23]。见图 1。

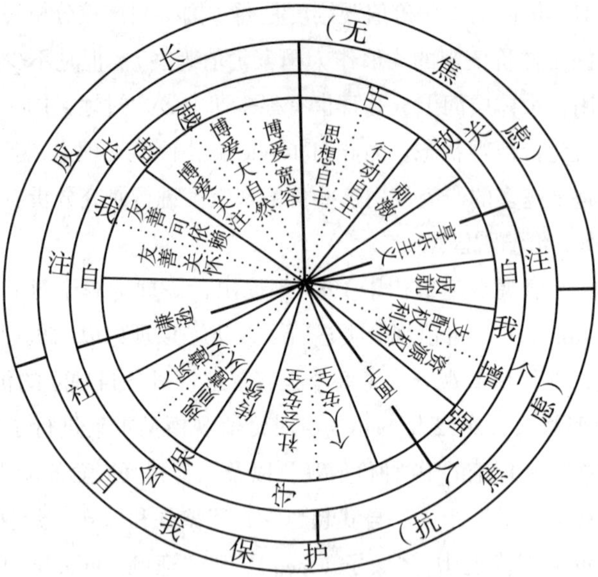

图 1 Schwartz 价值观最新模型

Schwartz 多次强调其理论的价值观排列顺序代表着一种动机的环状连续体，因此价值观之间的动机差异应当是连续的而非离散的，基于理论的价值观空间分割是人为的，具有任意性。研究人员在使用其价值观模型时相对比较自由，但其内在价值观归属具有较为严格的结构[23]。

在 Schwartz 的 19 类价值观模型验证方面，研究者在俄罗斯调查了人们 19 类价值观和 130 种日常行为方式之间的关系。通过对变量进行聚类之后，研究发现，19 类价值观相较于原有的 10 类价值观更加精细，与日常生活方式有着更加紧密的联系，19 类价值观对个体的社会行为有着更好的预测能力[24, 25]。在跨文化研究中，有研究者以德国、波兰和葡萄牙等 8 个国家为研究对象，研究对比 19 类价值观和 10 类价值观的测量结果。结果发现，19 类价值观的分类方式具有更好的拟合结果，表明 19 类价值观在跨文化情境下仍具有一定的稳定性[26]。除了日常的行为方面，在 15 个不同文化的国家研究方面，研究者发现 19 类新的价值观念能够与个体的政治态度有着显著而稳定的关系[27]。在另一项研究中 Schwartz 的 19 类价值观也能够有效预测个体的政治参与度与投票行为[28, 29]。然而，目前 Schwartz 的 19 类价值观模型研究所涉及国家基本仍属于欧洲发达国家（新西兰除外），在东亚国家以及其他地区发展中国家的跨文化研究仍有待进。

1.2 价值观成因的研究进展

社会 – 生态心理学的研究取向关注自然环境、社会环境以及人际关系环境（例如，气候、制度和社会网络）对人们情绪、认知以及个体行为和组织行为的影响，同时关注这些情绪、认知以及行为如何反过来形塑他们所处的自然环境、社会环境以及人际环境，这种理论取向重点关注个体和社会生态环境的互动情况[30]。目前，越来越多的研究者开始分析不同地区文化价值观的社会生态因素，包括微观的家庭环境、中观的社会关系和宏观的自然环境等[31]。

社会生态理论研究内容主要分为三个部分：社会生态、文化和个体心理和行为，基本作用模式如图2所示。

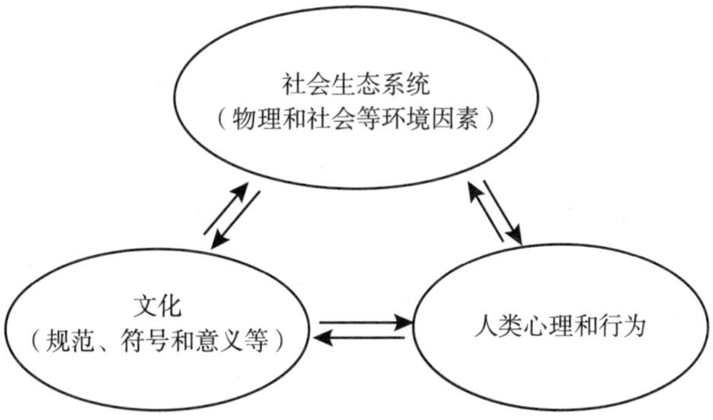

图2 社会生态理论模型（Oishi & Graham，2010）

该取向的研究更加关注社会生态系统对文化价值观和个体心理行为的影响，这与进化心理学强调的生存适宜性有着很大的相似性，即社会生态理论强调社会和个人的价值观念具有生态适宜性。因此社会生态理论在研究价值观时，更加关注某一价值观背后的成因，尤其是较为远端而宏观的因素[32, 33]。目前，已有很多研究围绕社会生态探讨了价值观的成因问题，以下为经常提及的影响因素。

1.2.1 经济因素

经济因素在社会科学研究中具有举足轻重的地位，在价值观研究中同样如此。在宏观的国家层面，通常而言经济能够有效预测个体–集体主义文化[34]。这是由于人均GDP高的国家中个体资源相对较多，在社会互动过程中与他人合作的需要更低，因此对人际关系的依赖更少，行为作风更加个体主义。近期的研究从动态的价值观变迁角度验证了经济因素对个体主义的影响。研究发现随着社会现代化的进行，社会结构从而随着变化（如城镇化、白领群体增加、家庭规模减小），这些社会结构的变化都使得人们更加偏向个体主义，同样的结果也出现在亚洲（菲律宾、中国、日本）人为被试的研究中[35, 36]。

在个体水平方面，经济同样能影响一个人的价值观念。已有研究发现贫困能够影响人们的认识，使得人们的目光更加的短视更少的长远考虑未来，形成较为短期趋向的价值观念[37]。

1.2.2 气候因素

气候对国家社会以及个人的影响不言而喻，气候同样能够影响文化价值观念。气候对人们价值观的影响与经济因素有相似之处。通常而言，人们在最适宜的温度下生活，身体消耗和健康水平最好，但是如果人们面临的气候过于炎热或者寒冷，那么人类用于维持温度和健康的需要则会有所增加，因此人与人之间的支持需要更多，人们的价值观由此变得更加集体主义[38]。

已有研究发现气候要求高（即气候环境相对较差）的国家（如，蒙古）爱国主义和裙带关系价值观最高，气候要求中等的国家（如，卡塔尔）人们的裙带关系价值观和爱国主义处于中等水平，而气候要求低的国家（如，芬兰）人们的裙带关系价值观和爱国主义等与集体主义密切关联的价值观得分最低[39]。之后有研究以中国为对象，分析了中国各个地区的个体主义－集体主义文化，结果发现气候要求越高的地区（如，黑龙江）集体主义越高，而气候要求越低的地区（如，广东）人们的个体主义越高。气候对于人们的心理与行为的影响，同样也受到经济的调节作用，经济越发达人们心理和行为受到气候的影响就越小[40, 41]。

1.2.3 地理因素

在社会活动中地理因素也扮演着重要的角色。有研究者分析了美国个体－集体主义文化的分布与形成与原因，研究者认为美国西部地区的个体主义较高而东部地区个体主义较低，是由于在美国移民过程中那些外向、寻求刺激并且相对具有冒险精神的人选择了向西部迁移，因此形成了西部地区较为独立自由的价值文化[42]。

类似的结果在加拿大进行的研究中同样被证实，研究者使用常见名字百分比作为个体主义－集体主义的代理指标，研究发现：加拿大西部地区比东部地区的常见名字百分比更低，具有更高的个体主义价值观[43]。除了历史移民造成的价值观地理差异，地理距离本身对人们的影响就十分巨大。不同地区交通便利性存在着差异，沿海地区距离港口较近更容易得西方风气之先，这一点在对贸易方面体现得尤为突出。已有研究发现，距离港口越近，对贸易比重越高的地区，其民族主义价值观念越低[44]。

近期一项研究针对中国南北文化价值观差异原因提出了大米理论（rice theory）[45]，其理论逻辑在于：种植小麦不需要大量社会成员的相互合作就可以完成，但是水稻的种植与收获需要大量的灌溉资源以及社会成员彼此合作才能完成。因此种植水稻的地区形成了彼此依赖的社会关系从而形成了更加具有集体主义的价值观，相反种植小麦的地区就形成了彼此独立的社会关系从而形成了个体主义的价值观。严格来讲，大米理论更多的属于价值观的生产方式理论，但是鉴于该理论近些年成果较少，故合并大米理论至价值观的地理因素部分。

在其他价值观方面，国内已有研究运用“亲亲性（loyalty/nepotism）”的内隐文化任务在中国 27 各省市进行了调查，结果发现南方人对朋友更优待，内外群体的心理界限更明显，集体主义倾向更强。研究认为南北地区价值观的差异是由于受到文化环境的影响：以儒家文化为代表的中原文化中心南迁，使得南方地区文化价值观更加集体主义[46]。

1.2.4 疾病和灾害因素

传染病理论（pathogen prevalence theory）作为近 10 来年兴起的理论其解释力随着研究的进行越发广泛。最早传染病理论用于解释厌恶情绪的功能，即人们的厌恶情绪是为了保护人们远离病原体而形成的行为免疫系统[47]。之后人们发现，厌恶感能够影响人们的道德判断并且能够有效影响个体的文化价值观念和政治意识形态[48]。具体而言，厌恶敏感性越高的个体社会态度更加保守，反对堕胎、同性恋等反传统行为，并且对外群体的评价更加消极，同时更具有更高的民族中心主义（"偏爱本群体的生活方式，以自己的生活方式为标准，用否定的态度，否定或贬低其他民族群体的生活方式和文化成就。"）价值观，更加秉持世界遵循着"丛林法则（弱肉强食）"[49-51]。

在国家层面上，研究者发现疾病流行率越高的地区，集体主义就越高。集体主义价值观强调人们在内群体内交往，这种群体内交往倾向有效地减少了由于与外群体交往而被传染疾病的风险，因而集体主义文化是对高疾病流行的一种适宜性表现，疾病流行高的地区意味着更高的集体主义文化。并且传染性疾病流行程度减弱能够预测个体主义的增加[52-54]。

在灾害影响方面，灾害（如，地震和洪水等）能够有效启动个体的死亡意识，造成个体文化价值观增强，变得更加人际依存，价值观上更加集体主义[55, 56]。有研究通过分析历史上美国各州的灾害差异与集体主义价值观的变迁发现，美国各州的灾害变化与个体主义变化呈正相关，该研究的作者根据恐惧管理理论认为灾害能够增加人们对其主流文化价值观的依附，因为美国的主流价值观是个体主义，所以灾害变化正向预测了个体主义文化的变化[57]。

1.2.5 家庭和社会因素

在个体的价值观方面，个体受到了社会环境的影响，如传媒的影响：现代社会生活的每个角落都充斥着商业广告，大肆鼓吹物质消费，宣扬金钱崇拜。研究者们基于相关研究、准实验研究、纵向追踪研究以及跨文化研究的结果认为，电视观看，主要是广告观看与青少年物质主义价值观的形成密切关联。随着广告观看时间的增加，青少年的物质主义水平随之提升，容易养成物质主义价值观[58]。居住环境对人们的影响也很大，有研究者通过微博数据中大陆用户和海外用户的微博发言发现，大陆用户使用集体主义的词汇显著高于海外用户，而海外用户使用个体主义词汇量显著高于大陆用户，结果表明居住环境能够显著影响个体的价值观念[59]。

家庭环境作为个体发展的社会生态环境对个体的价值观亦有着重要的影响。例如，家庭应激源对物质主义价值观具有正向预测作用。具体而言，来自家庭的消极应激事件破坏了青少年与父母的亲子依恋，使得青少年转而从物品中寻求安慰与补偿，物质主义价值观水平随之升高[60]。此外，来自中国的研究结果表明，父母的拒绝型教养方式容易造成青少年的物质主义价值观[61]。而相比较于父母提供给青少年的有形资源（例如，金钱与物品），由父母提供的无形资源（例如，亲情）能够有效降低青少年的物质主义水平和强迫性购买倾向[62]。对于家庭和环境对于人们心理发展的影响方面，生命史理论认为，个体早期生活环境的不稳定将深刻影响人们的价值观念，如童年生活的贫困与不稳定能降低个体的成年后的道德直觉与道德行为，情绪更加不稳定也更容易形成种族歧视的价值观念[63]，并且不稳定的生活环境使得个体更加偏好“快策略”的生活方式，形成较为短期导向和风险寻求的生活价值观，如早期生活不稳定的个体可能初次性行为年龄更小，性伴侣更多，婚前性行为更普遍，更加追求眼前的利益，更容易表现出风险行为[64, 65]。

在青少年成长过程中，同伴关系扮演着重要的角色。例如，青少年会将感知到的同伴对物质、消费的认同作为一种规范，成为消费社会化的重要准则，因此同伴文化压力越大，青少年的物质主义水平越高[66]。同理，同伴排斥也会提升青少年的物质主义水平[67]。

1.3 价值观与社会心理的研究进展

价值观作为人们日常生活的指导信念无疑影响到个体心理和行为的方方面面。通过梳理价值观对个体自身和社会两个层面的影响，并结合该领域内较为重要的社会议题。本文从价值观与幸福感以及价值观与腐败两方面介绍价值观与社会心理研究的进展情况。

1.3.1 价值观与幸福感

在价值观功能研究方面，幸福感研究具有重要的意义。幸福感是人们生活追求的重要内容。在宏观的文化价值观方面，有研究分析了欧洲 25 国的价值观与幸福感的关系。研究涉及了 Schwartz 的 10 类基本价值观，人类发展指数以及幸福感等变量。结果表明：在国家水平上，友善与享乐主义价值观与幸福感的相关最显著，呈正相关关系。权力和安全感价值观与幸福感呈显著的负相关。在低人类发展指数国家中，成就价值观与满意度呈正相关，但是在高人类发展指数的国家中两者呈显著的负相关，但是对于安全价值观而言，在低人类发展指数国家中，安全价值观与满意度呈负相关，在高人类发展指数的国家中两者呈显著的正相关[68]。

有研究者分析了集体主义、权力距离、不确定规避、未来取向和性别平等 9 个价值观和幸福感的关系，研究结果表明：仅有权力距离和性别平等能够有效预测个体的幸福感，其中权力距离的解释力最大，能够解释几乎一半的幸福感变异[69]。

在具体的价值观研究中，物质主义与幸福感的研究相对较多。目前大多数研究结果表明，物质主义与幸福感之间存在负相关关系，这种负相关不仅表现在生活满意度、总体幸福感方面，还表现在各个不同的生活领域中，如家庭生活、工作、人际关系等方面[70]。为何持有物质主义价值观的个体幸福感程度反而低呢？有研究者认为物质主义者追求的是外在目标，如金钱、社会认可和迷人的外貌等，不仅忽视了内在目标，而且对外在目标的追求阻碍了个体基本心理需要的满足，导致消极的心理体验，因此即使最终实现了物品拥有的抱负，也不会增加幸福感[71]。同时，过分追求物质给物质主义者带来了较低的自我评价，造成自尊下降，由此造成了幸福感的降低[72, 73]。此外，物质主义者对现状缺乏感恩之心，而是一味追求未曾拥有的物品，这造成个体难以形成健康乐观的心态从而降低幸福感[74]。

在政治价值观与幸福感方面，研究一度产生了较大的争议。在2013年的一项基于问卷调查的研究中，研究者发现保守主义者相对于自由主义者的幸福感更高[75]。但是，2015年的研究表明，在问卷调查中保守主义者的确自我报告的幸福感更高，但是通过之后分析不同政治价值观念的人在实际生活中的表情和社交网站文本，研究者发现保守主义者的幸福感实际上低于自由主义者，由于保守主义者的自我增强倾向更高，因此报告的幸福感也越高[76]。

1.3.2 价值观与腐败心理

腐败是当代社会发展过程中的顽疾，严重影响了国家社会的长治久安。近些年来，党和国家高度重视腐败问题，而研究者也在腐败方面展开了系统研究。在腐败研究中除了法律因素和制度机制以外，研究者更加关注个体心理特质如价值观与腐败的关系。

在价值观与腐败的研究中，集体主义文化通常被视为滋养腐败主义的文化温床。普遍研究发现集体主义促进了个体与社会的腐败[77]，集体主义国家的腐败更加严重[78]，这与集体主义文化推崇维护内群体人际关系，具有内群体偏好以及重视裙带关系有关。集体主义导致人们的对自己的行为更加不负责，集体参照方式降低了人们的自我内疚等反思性心理与行为。但是，目前也有研究发现“评价顾忌”会调节集体主义与腐败的关系，如果环境中具有明显的评价线索，那么集体主义对于腐败的影响便会大大降低。这说明集体主义在腐败方面也有具有特殊性，在促进腐败的同时也会受到评价的制约。

在精英主义与腐败关系的研究中，研究者认为精英主义强调社会等级和高才能者对社会的重大意义，维护高地位群体的利益，因此造成精英主义者能够忍受不平等的制度甚至是赞成不公平的社会资源分配，有着更高的特权心理，因此社会等级划分越明显的社会下，人们越推崇精英主义，最后导致人们更容易腐败[79]。精英主义观念得分越高的个体，腐败感知越低，腐败意图越高[80]。

社会支配倾向是衡量个体期望优势群体支配劣势群体的程度变量，高社会支配倾向者偏好加大不同群体间的阶层差异，并期望优势群体更多地支配劣势群体；低社会支配倾向者偏好缩小不同群体间的阶层差异以增加社会平等，并期望优势群体更少地支配劣势群体。因此社会支配倾向越高，个体越不注重平等观念，腐败容忍也越高，更易腐败[80]。

权力是社会机制运作过程中必不可少的基本要素。权力原罪理论认为，权力作为一种具有强制性的支配力量，必然地导致腐败，腐败是权力的必然结果。英国历史学家阿克顿勋爵更加直截了当地说道：“权力导致腐败，绝对权力导致绝对腐败[81]。”早期的研究表明，权力的确能够有效预测个体的腐败意图[82]，高权力感的个体更倾向于做出冒险行为[83]并产生不道德行为[84]。然而也有研究者指出，权力并不一定必然导致腐败，它还受到权力施用者对于权力的施用目标，即权力价值取向的影响[85, 86]。其中个人权力取向

（personalized power）指向自我中心式目标的达成，认为权力是用来达到个人目标、控制他人及获取地位的工具；社会权力取向（socialized power）指向他人聚焦式目标的达成，认为权力是用来帮助和造福他人的工具[87]。王芳等人[87]研究发现：相比个人权力取向者，社会权力取向者对腐败的容忍度更低（不管是对自己还是他人），更少做出自利行为；在个人权力导向者中，相比高权力者，低权力者自己做出的自利行为更少，但和高权力者一样更加容忍高权力者而不接受低权力者做出腐败行为。因此，权力价值观会约束权力与腐败的关系，权力对于腐败的促进作用只在秉持个人权力取向价值观的个体身上出现。

物质主义价值观[88]体现了个体追求外部目标（如，财富，成就，地位）并且将这些作为自己成功与否的标准。而这些外部目标通常也是人们腐败的目的，因此两者之间存在着紧密的联系。已有研究发现，物质主义能够中介自尊对腐败的影响[88]。

宗教价值观一直是价值观研究的重要研究变量，在一项 43 个国家的调查研究中，研究者发现宗教价值观能够有效地降低腐败[89]。

在腐败的纵向研究中，已有研究分析了 59 个国家从 1980—2008 年间社会价值观（传统权威 – 世俗理性权威价值观和生存 – 幸福价值观）、财富、政府规模、民主水平与幸福感之间的关系。研究发现，在国家间，自我表达（幸福）价值观越高，财富越多，政府规模越大，国家的腐败越少。在国家内只有财富的增长能够有效地降低腐败[90]。

1.4 价值观变迁研究进展

社会变迁带来了社会文化价值观念的改变，并且文化价值观念的改变也推动了社会变迁。因此价值观的历史流变便成为价值观研究的重要议题，同时现代社会的急剧变迁也为价值观变迁研究提供了现实基础。中国社会科学院价值观课题组的《中国青年大透视——关于一代人的价值观演变研究》[91]在 1988—1990 年之间先后两次对 4357 名城乡青年进行了价值观调查，内容涉及人生价值观、道德价值观、政治价值观、职业价值观、婚恋与性价值观等五个方面。并总结了当时青年价值观演变的三个特点：群体本位取向向个体本位取向的偏移；单一取向向多元取向发展；世俗性的价值目标正在取代理想主义的价值目标。这类研究取向关注价值观变迁模式和动力性问题，并且关照现实社会中价值观的引导和培养。

1.4.1 国际水平的价值观变迁

Inglehart 依照其价值观理论的两维度：传统权威 – 世俗理性权威和生存 – 幸福，对世界上 40 余国家进行划分，由此得到了世界价值观地图[92]。传统权威 – 世俗理性权威和生存 – 幸福分别表示了工业化和后工业化时代人们对于权威和幸福追求的定义变化。Inglehart 根据世界价值观调查（world value survey）2010—2014 年的数据，绘制了最新的 2015 年世界价值观地图。最新的世界价值观地图包括："波罗的海文化（Baltic）"、"欧洲基督教文化（Protestant Europe）"、"儒家文化（Confucian）"、"东正教文化（Orthodox）"、

“天主教文化（Catholic Europe）”、“南亚文化（South Asia）”、“英语文化（English Speaking）”、“非洲－伊斯兰文化（African–Islamic）”和“拉丁美洲文化（Latin American）”，其中“波罗的海文化（Baltic）”为最近加入的文化区域，而原来的“非洲文化”和“伊斯兰文化”合为“非洲－伊斯兰文化（African–Islamic）”（见图 3）。中国位于“儒家文化（Confucian）”中。

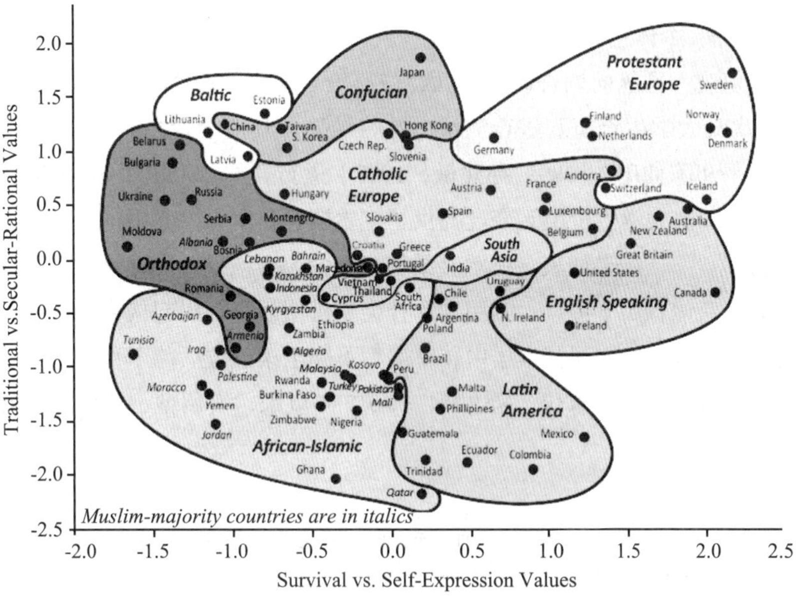

图 3　2015 年世界价值观地图

在一项价值观变迁的跨国研究中，研究者分析了 Google Ngram 平台（books.google.com/ngrams）提供的 9 种语言语料库，利用第一人称单数（如，“我”）与第一人称复数（如，“我们”）的差值作为测量个体主义的指标，研究发现，从 1949—2008 年，以上 9 种语言都呈现显著的个体主义增强趋势，但是其中中文的变化趋势更加独特，其波动性最大[93]。

1.4.2　国家水平的价值观变迁

有研究者通过谷歌语料库使用 N–gram 分析了美国道德文化价值观的历史变迁[94]。研究发现在美国过去百年历史变迁中，人们对于道德词汇的使用逐渐减少而不道德的词汇使用增加，说明美国的道德文化价值观呈现出一种衰退迹象。Inglehart 本人通过分析英国退欧和特朗普的成功，认为西方国家的民粹价值观念逐渐上升，这与这些西方国家的后工业化发展有着密切的联系，呈现出一种文化反弹现象[95]。

在个体－集体主义价值观的变迁研究中，研究者分析了美国 1800—2000 年间图书中个体主义和集体主义词汇的变化情况，结果表明，美国在发展过程中个体主义逐渐增强而集体主义则逐渐减弱[96]。

同样，在日本，研究者分析了日本 2004—2013 年间日语中含有汉字最常见的 10 个名字的发音变化情况，发现这些名字的发音越来越多变，这表明日本个体主义在增强[97]。

在中国价值观研究方面，有研究者通过分析中国9700多万个体姓名的常见名字百分比，分析了人名演变的时代变迁。研究结果表明：中国人常见名字的百分比从20世纪50年代到90年代期间一直在逐渐下降。这表明：从20世纪50年代到90年代期间，中国人的自我独立性逐渐增强，即个体主义价值观文化逐渐兴盛[98]。同样也有研究者借助Google Ngram分析中国个体－集体主义的变迁过程，多个研究结果显示，中国大约在上世纪70年代开始，个体主义逐渐稳步上升[99, 100]。

国内价值观大型纵向调查研究方面，许燕等人采用《价值观类型量表》于1997年至2017年11次对大学生价值观进行测试，并将结果与其他学者之前结果（雷霆和杨国枢，1984；彭凯平和陈仲庚，1989；孙建敏，1992）进行合并，得出了30余年大学生价值观演变轨迹，为国内大学生价值观变迁提供了宝贵资料，也为探索中国社会价值观变化提供了有力依据[101-104]，结果如表2所示。结合以往的调查结果，发现自改革开放以来，大学生社会价值观变化有如下特点：实用型和社会型价值观呈现出起伏变化，信仰型价值观排名不断上升，科学型价值观基本居中，审美型下降至第五位后趋于稳定，政治型价值观呈现出落崖式下滑并稳定于末位。自2014—2017年以来，实用型、信仰型价值观一直稳居前两位。

表2 1984—2017年大学生社会价值观的变化趋势

年份	等级排列					
	1	2	3	4	5	6
1984年	政治型	审美型	科学型	实用型	社会型	信仰型
1989年	政治型	审美型	科学型	实用型	社会型	信仰型
1992年	实用型	社会型	政治型	科学型	审美型	信仰型
1997年	社会型	实用型	科学型	信仰型	审美型	政治型
2001年	实用型	信仰型	科学型	社会型	审美型	政治型
2003年	实用型	社会型	信仰型	审美型	政治型	科学型
2005年	实用型	社会型	科学型	信仰型	审美型	政治型
2007年	社会型	实用型	信仰型	科学型	政治型	审美型
2008年	社会型	实用型	信仰型	科学型	审美型	政治型
2009年	社会型	信仰型	实用型	科学型	审美型	政治型
2012年	社会型	实用型	信仰型	科学型	审美型	政治型
2014年	实用型	信仰型	社会型	科学型	审美型	政治型

续表

年份	等级排列					
	1	2	3	4	5	6
2016 年	实用型	信仰型	科学型	社会型	审美型	政治型
2017 年	实用型	信仰型	科学型	社会型	审美型	政治型

在中国香港地区，张妙清等根据 2012 年及 2014 年两轮有关“香港核心价值”的调查（表 3），分析了民众心目中的核心价值。研究发现“香港核心价值观”在两年间发生了一定变化并且不同社会经济背景人士对于核心价值的看法呈现了不同的变化[105]。

表 3　2012 年和 2014 年“香港核心价值”调查

	2012 年调查	2014 年调查
法制	10.8	22.9
自由	29.2	20.8
公正廉洁	6.1	15.3
民主	7.0	11.1
社会安定	7.9	8.3
和平仁爱	1.8	5.5
市场经济	2.5	3.5
多元包容	1.0	2.5
公平竞争	2.0	1.9
保障私人财产	1.1	1.9
重视家庭责任	0.8	1.6
其他	19.4	1.5
不知道 / 很难说	10.3	3.4

1.5　研究方法进展

随着计算机网络的发展，以及相关信息技术的快速进步，通过人们的网络使用留下的大样本数据，成为宏观层面上分析人类活动机制的新方法。运大数据用到心理学研究领域也成为当下的一个研究趋势。与大数据研究日益火热的趋势相类似，认知神经科学近些年来逐渐成为心理学研究主流。实际上两个研究方法在两个方面补充了以往心理学研究的不足：生态效度问题和心理的生理机制问题。两者分别从微观和宏观两个方向推进了心理学研究，其中就包括价值观研究。

1.5.1 价值观的大数据研究

在价值观测量方面，近些年来出现了新的测量方式，尤其是在测量宏观的文化价值观方面，可以通过特定词表、机器学习等多种方法分析文本中的价值观倾向性。例如在研究国家个体主义 – 集体主义价值观方面，可以通过分析每个时期海量历史文本中第一人称单数（我）和第一人称复数（我们）所占比例或者人群中常见名字百分比等生态指标作为个体主义价值观和集体主义价值观的代理指标[106, 107]。例如，一项大数据研究以 Google Ngram 网站（books.google.com/ngrams）提供的 9 种语言的语料库对各个国家第一人称单数占第一人称的比例作为个体主义的代理指标，该研究发现该指标与 Hofstede 价值观中的个体主义有着显著的正相关。说明该指标可以作为该语言或国家个体主义的行为指标[108]。国内任孝鹏等人围绕个体主义和集体主义进行了广泛而深入的研究，通过中国居民常见姓名百分比，分析了中国集体主义的年代变迁的独特模式[100]，并且通过微博网络大数据刻画了中国个体主义 – 集体主义心理地图[59]，这些工作为了解我国价值观水平的宏观变迁和地域格局提供了实证依据。

在理论驱动的价值观大数据研究方面，词表有着很广泛的应用。这些词表一般为研究者根据相关理论编制。如前文提到的美国 1800—2000 年的个体 – 集体主义变迁研究中，研究者的个体主义词表包括："个体"（individual）、"自我"（self）、"独一无二"（unique）等，而集体主义词汇包括："服从"（obedience）、"权威"（authority）、"归属"（belong）。但是应用最为广泛的心理学词表当属 LIWC[109]，该软件提供多达 60 多个类别的词表，包括第一人称单数 / 复数、标点、心理过程等类别。而且，已经有研究者扩充了原版词表，以适应更广范围的研究。例如道德价值观词表（道德五基准）、奢侈品词表以及根据 Schwartz 价值观编制的 8 类个人价值观（如，享乐主义、权力感、成就感等）词表[110–112]。如在大数据研究方面，已有研究分析了美国各个州的奢侈品搜索情况指出，一个地区的收入越不平等，那么这个地区的奢侈品搜索就越多。奢侈品搜索则代表了一个地区对于物质主义的追求，该研究为宏观水平的物质主义价值观现象提供了新的理解[113]。

除了理论驱动的价值观大数据研究还包括数据驱动的价值观大数据研究，这类研究通常采用机器学习的方法，根据有监督或者无监督的学习过程，对个体进行分类。如，叶勇豪、许燕等人通过网络大数据分析了"温州动车事故"的网络道德情绪变化，结果表明在道德价值观表达方面存在着个体和群体差异。男性和女性的道德价值观念不同，相对于男性而言，女性更倾向于表达同情和爱；而男性则比女性更可能表达愤怒、鄙视和厌恶[114]。

1.5.2 价值观的认知神经研究

在认知神经科学方面，价值观是重要的研究问题。传统问卷和实验的方法有时候难以解释更加深层次的原因，即使以生态效度见长的大数据研究同样无法揭示价值观的微观发生发展机制。因此价值观的认知神经研究对理解价值观的生理基础有着重要的意义。

研究者认为个体道德价值观的差异就可能体现于大脑结构的区域差异上。他们检验了道德价值观的两个主要维度——个体化（关于伤害 / 关心及公平的价值观）和约束性（对权威、内群体忠诚、纯洁性和神圣性的维护）与大脑局部灰质体积的关系，结果发现“个体化”与背内侧前额叶左侧的体积呈正相关，与双侧楔前叶体积呈负相关；“约束性”与双边胼回（subcallosal gyrus）呈显著正相关，与左前脑岛的体积也有正相关趋势[115]。而有研究者对新近发表的 13 项 fMRI 研究元分析的结果也与之相符：眶额叶皮层存在一小群以共同的神经尺度编码不同奖赏主观价值的特殊大脑节点[116]。在认知神经方面，国内已有学者初步总结了国外研究认为：价值观活动相关脑区可能是额叶—顶叶—颞叶神经网络带，既包含大脑皮层的前额叶、顶叶下部、颞叶侧部，也涉及边缘系统的杏仁核、扣带回、脑岛，基底核中的纹状体等也有参与[117]。

2 国内外研究进展比较

从理论发展的角度来看，国外学者注重理论构建的推进性。例如。Hofstede 的文化维度理论和 Schwartz 价值观环状模型，近些年来不断在改变其结构以扩大理论适应力与解释力。理论建构更加多样性，这得益于国外较早的起步与扎实的调查工具。例如，世界价值观调查问卷（worldwide veterinary service，WVS）为价值观的结构和变迁研究提供了珍贵的数据，这些调查工具已经引起了政治、经济、社会等多个学科领域研究者的重视[118-120]。国外研究近些年来，提供了几个较为新颖的文化价值观理论，例如松 - 紧（tight and loose）文化[121]以及社会生态理论，这些都为研究者提供了新的理论工具。国内的理论研究更多的关注点在理论的使用方面，尽管很少对理论本身进行修正，但是借助这些理论工具仍然取得了一批杰出的研究成果。其次，国内在研究价值观的过程同时也是对国外理论工具的检验，例如大米理论与气候 - 资源理论与在中国研究的结果就有冲突[122]，这为国内学者在研究价值观尤其是文化价值观时提供了天然优势。

在具体研究方面，无论国内还是国外学者都逐渐采用多水平或者多研究方法去进行价值观研究。但是从国内外价值观研究的对比分析来看，国内研究仍存在一些问题。首先，国内研究在方法使用上相对单一，在大数据应用和认知神经方法使用上远低于国外研究。这使得国内价值观研究相对传统，很难适应现在多方法多层次研究的趋势；其次，国内研究在理论应用上相较于国外而言更加狭窄，没有充分探索其他价值观维度的独特价值。但是从研究能力来看，传统的问卷和实验与较为新进的大数据和认知神经方法国内学者都能很好的应用与国外研究相比没有明显的劣势。

从研究价值观的取向来看，国外学者更偏向在宏观水平研究价值观，而国内学者更偏向在个体水平研究价值观。造成这一现象的原因，除了国外具有较好的传统以外，更多的是国内数据尤其是宏观地区水平的数据资源没有国外丰富。一些奠基性的研究尚没有展开，例如国外很多国家都有各个地区的价值观数据，而地区水平的数据具有非常重要的意义，能够弥补个体水平和国家水平之间的生态鸿沟，并且从多个水平验证的结果才更加可靠[123]，而国内的数据很难支持地区水平的分析。这些问题一定程度上阻碍了国内价值观研究的进行。

最后，由于价值观研究一直受到各个领域学者的密切关注，因此跨学科的合作一直是价值观研究的重要内容，尤其是现在价值观研究的大数据方法和认知神经技术大量的被引入。好的价值观研究通常需要多个方向甚至领域的研究者合作。国内外学者都在合作研究方面努力，在价值观领域中外研究者合作也越发的常见。

3　价值观研究发展趋势及展望

价值观概念复杂、覆盖内容宽广，难以就价值观的各方面研究进行综述。本文只对价值观的概念、结构、理论模型和前沿领域进行了最近进展综述。因此有很多价值观研究成果没有展现出来，例如个体层次价值观对认知、情绪、行为选择的影响，价值观的具体分类（如亲环境价值观、政治价值观等）的研究成果。但是本文基本呈现了价值观近些年来最具有活力的前沿研究，这些研究为将来的研究开辟了道路。

从价值观研究的整体状况而言，价值观已经涉及其结构、前因后效、历史变迁、社会生态分析、大数据和认知神经方法的应用，显示出研究内容和方法全面发展的态势。纵观国内外研究，尽管围绕价值观研究已经取得了丰硕的成果，但是目前仍存在一定的问题。例如，价值观的很多概念在使用时面临着跨文化研究的挑战，改编的量表是否具有跨文化的可比性，并且某些概念如个体主义 – 集体主义的概念仍存在争议，到底具有哪些要素仍需要研究者根据研究问题把握。从大的研究视角出发，目前价值观研究内容过于狭窄，例如研究者都比较关注个体主义 – 集体主义文化，有研究表明，在跨文化研究中超过 1/3 的研究者运用该文化维度进行相关分析[124]。这既说明个体主义 – 集体主义在揭示文化现象差异时具有很好的解释力，但同样说明研究者的视野过于集中，而其他价值观维度仍具有很好的发展潜力，这既是研究不足也是未来的研究方向。

在价值观的未来研究方向上，新兴技术的应用成为必然趋势，大数据和认知神经技术在价值观研究方面越来越重要，已有的大型数据库以及越来越多的网络数据为大数据分析提供了支持，在时空水平上越来越精确的认知神经测量也为认知神经科学在价值观研究方面提供了帮助。在研究层次上，多层次分析也成为未来的研究方向。价值观在个体、地区、国家、国家间等水平的整合分析也有助于深刻理解价值观。最后，如何将价值观研究成果应用于现实，可能是一项长期发展任务。在研究方式方面，未来跨学科、跨文化合作将成为价值观研究中重要的组成部分，研究者应该具有广阔的理论视角与合作意识。

参考文献

[1] Seligman C, Olson J M, Zanna M P. The psychology of values [M]. The Psychology of Values. Lawrence Erlbaum Associates, 1996.

[2] Branco A U, Valsiner J. Cultural psychology of human values [M]. Information Age Pub, 2012.

[3] 许燕. 北京大学生价值观研究及教育建议 [J]. 教育研究, 1999, (5): 33-38.

[4] Kluckhohn. C. Values and value-orientations in the theory of action: An exploration in definition and classification: Toward a general theory of action. Cambridge [M]. Harvard University Press, 1951: 388-433.

[5] De Boeck P, Wilson M, Acton G S. A Conceptual and Psychometric Framework for Distinguishing Categories and Dimensions [J]. Psychological Review, 2005, 112 (1): 129-158.

[6] Perry R B. General Theory of Value [M]. 1967.

[7] Rokeach M. Beliefs, attitudes, and values: a theory of organization and change [J]. Revue Française De Sociologie, 1968, 11 (3): 202-205.

[8] Hofstede G. Culture's consequences : international differences in work-related values [M]. Sage Publications, 1980.

[9] Hofstede G, Bond M H. The Confucius connection: From cultural roots to economic growth [J]. Organizational Dynamics, 1988, 16 (4): 5-21.

[10] Hofstede G H. Culture's consequences : international differences in work-related values [M]. Sage Publications, 1984.

[11] 杨宜音. 社会心理领域的价值观研究述要 [J]. 中国社会科学, 1998, (2): 82-93.

[12] Hogan S J, Coote L V. Organizational culture, innovation, and performance: A test of Schein's model [J]. Journal of Business Research, 2014, 67 (8): 1609-1621.

[13] Hofstede, G., & Minkov, M. Cultures and organizations: Software of the Mind [M]. McGraw-Hill, 2010.

[14] Minkov M, Hofstede G. Hofstede's Fifth Dimension New Evidence From the World Values Survey [J]. Journal of Cross-Cultural Psychology, 2012, 43 (1): 3-14.

[15] 郑伟波, 将霞. Hofstede 跨文化比较研究的新进展及管理实践应用 [J]. 企业科技与发展, 2014, (17): 56-59.

[16] Pandey S, Devasagayam R. The effect of deals and moods on compulsive buying in young adults: A comparison of an indulgence culture and a restraint culture [J]. Journal of Customer Behaviour, 2015, 14 (3): 257-270.

[17] Saboori F, Pishghadam R. English Language Teachers' Burnout Within the Cultural Dimensions Framework [J]. The Asia-Pacific Education Researcher, 2016, 25 (4): 677-687.

[18] Saboori F, Pishghadam R, Fatemi A H, et al. Development and Validation of a Cultural Dimensions Scale (CDS) and Its Application in an Iranian Context [J]. Mediterranean Journal of Social Sciences, 2015, 6 (4): 364-378.

[19] Cai J, Luo J. An Empirical Study on Different Tendencies toward Indulgence-Restraint Dimension from the Intercultural Perspective —In the Case of Guangdong Province [J]. Chinese Studies, 2015, 4 (4): 116-126.

[20] Hofstede G H. Culture's Consequences, Second Edition: Comparing Values, Behaviors, Institutions and Organizations Across Nations [C]. Edn, Sage Publications, Inc, Thousand Oaks. 2001: 924-931.

[21] Schwartz S H, Bilsky W. Toward A Universal Psychological Structure of Human Values [J]. Journal of Personality & Social Psychology, 1987, 53 (3): 550-562.

[22] Schwartz S H, Cieciuch J, Vecchione M, et al. Refining the theory of basic individual values [J]. Journal of Personality & Social Psychology, 2012, 103 (4): 663-688.

［23］李玲，金盛华．Schwartz 价值观理论的发展历程与最新进展［J］．心理科学，2016，（1）：191-199.

［24］Schwartz S H. Functional theories of human values：Comment on Gouveia，Milfont，and Guerra（2014）［J］. Personality & Individual Differences，2014，68（3）：247-249.

［25］Butenko T，Schwartz S H. Relations of the New Circle of 19 Values to Behaviors［J］. Social Science Electronic Publishing，2011，402（2）：137-143.

［26］Schwartz S H，Butenko T. Values and behavior：Validating the refined value theory in Russia［J］. European Journal of Social Psychology，2014，44（7）：799-813.

［27］Cieciuch J，Davidov E，Vecchione M，et al. The Cross-National Invariance Properties of a New Scale to Measure 19 Basic Human Values A Test Across Eight Countries［J］. Journal of Cross-Cultural Psychology，2014，45（5）：764-779.

［28］Schwartz S H，Caprara G V，Vecchione M，et al. Basic Personal Values Underlie and Give Coherence to Political Values：A Cross National Study in 15 Countries［J］. Political Behavior，2014，36（4）：899-930.

［29］Caprara G V，Vecchione M，Schwartz S H. Basic values，ideological self-placement，and voting：A cross-cultural study［J］. Cross-Cultural Research，2016. doi：106939711771219.

［30］Vecchione M，Schwartz S H，Caprara G V，et al. Personal values and political activism：A cross-national study［J］. British Journal of Psychology，2015，106（1）：84-107.

［31］Oishi S，Graham J. Social Ecology：Lost and Found in Psychological Science［J］. Perspectives on Psychological Science A Journal of the Association for Psychological Science，2010，5（4）：356.

［32］窦东徽，石敏，赵然，等．社会生态心理学：探究个体与环境关系的新取向［J］．北京师范大学学报（社会科学版），2014，（5）：43-54.

［33］Oishi S. Socioecological psychology［J］. Annual Review of Psychology，2014，65（1）：581-609.

［34］Inglehart R，Baker W E. Modernization，Cultural Change，and the Persistence of Traditional Values［J］. American Sociological Review，2000，65（1）：19-51.

［35］Cao J. The Analysis of Tendency of Transition from Collectivism to Individualism in China［J］. Cross-Cultural Communication，2009，5（4）：42-50.

［36］Takeshi Hamamura，Qinmei Xu，Yushen Du. Culture，social class，and independence-interdependence：The case of Chinese adolescents［J］. Int J Psychol，2013，48（3）：344-351.

［37］Shah A K，Mullainathan S，Shafir E. Some consequences of having too little［J］. Science，2012，338（6107）：682.

［38］Van d V E. Climato-economic habitats support patterns of human needs，stresses，and freedoms［J］. Behavioral & Brain Sciences，2013，36（5）：465-480.

［39］Vliert E V D. Climato-Economic Origins of Variation in Ingroup Favoritism［J］. Journal of Cross-Cultural Psychology，2011，42（3）：494-515.

［40］Vliert E V D，Yang H，Wang Y，et al. Climato-Economic Imprints on Chinese Collectivism［J］. Journal of Cross-cultural Psychology，2013，44（4）：589-605.

［41］Fischer R，Van d V E. Does climate undermine subjective well-being? A 58-nation study［J］. Personality & Social Psychology Bulletin，2011，37（8）：1031-1041.

［42］Kitayama S，Pietromonaco P R，Park H，et al. Ethos of independence across regions in the United States：the production-adoption model of cultural change［J］. American Psychologist，2010，65（6）：559-574.

［43］Varnum M E，Kitayama S. What's in a name?：popular names are less common on frontiers［J］. Psychological Science，2011，22（2）：176-183.

［44］Lan X，Li B G. The Economics of Nationalism［J］. AMERICAN ECONOMIC JOURNAL-ECONOMIC POLICY，2014，19（13）：1413-1421.

[45] Talhelm T, Zhang X, Oishi S, et al. Large-scale psychological differences within China explained by rice versus wheat agriculture [J]. Science, 2014, 344 (6184): 603-608.
[46] 马欣然，任孝鹏，徐江. 中国人集体主义的南北方差异及其文化动力 [J]. 心理科学进展，2016，24 (10): 1551-1555.
[47] Fincher C L, Thornhill R. Assortative sociality, limited dispersal, infectious disease and the genesis of the global pattern of religion diversity [J]. Proceedings of the Royal Society B Biological Sciences, 2008, 275 (1651): 2587-2594.
[48] Fincher C L, Thornhill R. Parasite-stress promotes in-group assortative sociality: the cases of strong family ties and heightened religiosity [J]. Behavioral & Brain Sciences, 2012, 35 (2): 61-79.
[49] Navarrete C D, Fessler D M T. Disease avoidance and ethnocentrism: the effects of disease vulnerability and disgust sensitivity on intergroup attitudes [J]. Evolution & Human Behavior, 2006, 27 (4): 270-282.
[50] Hodson G, Choma B L, Boisvert J, et al. The role of intergroup disgust in predicting negative outgroup evaluations [J]. Journal of Experimental Social Psychology, 2013, 49 (2): 195-205.
[51] Shook N J, Ford C G, Boggs S. Dangerous worldview: A mediator of the relation between disgust and social conservatism [J]. Personality & Individual Differences, 2017, 119: 252-261.
[52] Schaller M, Murray D R. Pathogens, personality, and culture: disease prevalence predicts worldwide variability in sociosexuality, extraversion, and openness to experience [J]. Journal of personality and social psychology, 2008, 95 (1): 212-221.
[53] Fincher C L, Thornhill R, Murray D R, et al. Pathogen prevalence predicts human cross-cultural variability in individualism/collectivism [J]. Proceedings Biological Sciences, 2008, 275 (1640): 1279-1285.
[54] Fincher C L, Thornhill R. The parasite-stress theory may be a general, theory of culture and sociality [J]. Behavioral & Brain Sciences, 2012, 35 (2): 99-119.
[55] Triandis, H. C. Ecological determinants of cultural variations. Understanding culture: Theory, research and applications [M]. NY: Psychology Press, 2009: 189-210.
[56] 陆可心，沈可汗，李虹. 恐惧管理理论中情绪的作用 [J]. 心理科学进展，2017，25 (1): 76-85.
[57] Igor G, Varnum M E W. Social structure, infectious diseases, disasters, secularism, and cultural change in America [J]. Psychological Science, 2015, 26 (3): 311-324.
[58] 蒋奖，曾陶然，杨淇越，等. 青少年物质主义的成因、测量与干预 [J]. 心理科学进展，2016，24 (8): 1266-1278.
[59] 任孝鹏，焦冬冬，朱廷劭. 基于微博大数据的中国人个体主义/集体主义的心理地图 [A]. 见：第十九届中国心理学学术会议论文集 [C]. 西安：出版商，2016.
[60] 蒋奖，杨淇越，于芳，等. 中学生家庭应激源与物质主义价值观的关系：亲子依恋的中介作用 [J]. 中国临床心理学杂志，2015，23 (3): 525-528.
[61] Fu X, Kou Y, Yang Y. Materialistic Values Among Chinese Adolescents: Effects of Parental Rejection and Self-esteem [J]. Child & Youth Care Forum, 2014, 44 (1): 43-57.
[62] Baker A M, Moschis G P, Benmoyal-Bouzaglo S, et al. How Family Resources Affect Materialism and Compulsive Buying: A Cross-Country Life Course Perspective [J]. Cross-cultural Research, 2013, 47 (4): 335-362.
[63] Figueredo A J, Rushton J P. Evidence for shared genetic dominance between the general factor of personality, mental and physical health, and life history traits [J]. Twin Research & Human Genetics the Official Journal of the International Society for Twin Studies, 2009, 12 (6): 555-563.
[64] 林镇超，王燕. 生命史理论：进化视角下的生命发展观 [J]. 心理科学进展，2015，23 (4): 721-728.
[65] 彭芸爽，王雪，吴嵩，等. 生命史理论概述及其与社会心理学的结合——以道德行为为例 [J]. 心理科学进展，2016，24 (3): 464-474.

[66] 蒋奖，梁静，杨淇越，等. 同伴文化压力对青少年物质主义价值观的影响：自尊的调节作用[J]. 中国特殊教育，2015，(1)：92–96.

[67] Jiang J，Zhang Y，Ke Y，et al. Can't buy me friendship? Peer rejection and adolescent materialism：Implicit self–esteem as a mediator [J]. Journal of Experimental Social Psychology，2015 (58)：48–55.

[68] Liu J，Klein K W，Griffin J D，et al. Personal Value Priorities and Life Satisfaction in Europe：The Moderating Role of Socioeconomic Development [J]. Journal of Cross–Cultural Psychology，2014，45 (1)：1161–1162.

[69] Ye D，Ng Y K，Lian Y. Culture and Happiness [J]. Social Indicators Research，2015，123 (2)：519–547.

[70] 蒋奖，王卓. 物质主义与幸福感的关系述评[J]. 社会心理研究，2011，(2)：34–43.

[71] Kasser T，Ryan R M. Be careful what you wish for：Optimal functioning and the relative attainment of intrinsic and extrinsic goals [J]. Life goals and well-being：Towards a positive psychology of human striving，2001，11：116–131.

[72] 蒋奖，宋玥，邱辉，等. 大学生物质主义价值观、自尊与幸福感的关系[J]. 中国特殊教育，2012 (8)：76–80.

[73] 辜美惜，邱龙虎，曾伟楠，等. 大学生幸福感与物质主义的关系及社会支持的中介作用[J]. 中国心理卫生杂志，2016，30 (3)：237–240.

[74] 谢晓东，张卫，喻承甫，等. 青少年物质主义与幸福感的关系：感恩的中介作用[J]. 心理科学，2013，(3)：128–136.

[75] Onraet E，Van H A，Dhont K. The relationship between right–wing ideological attitudes and psychological well–being [J]. Personality & Social Psychology Bulletin，2013，39 (4)：509–522.

[76] Wojcik S P，Hovasapian A，Graham J，et al. Conservatives report，but liberals display，greater happiness [J]. Science，2015，347 (6227)：1243–1246.

[77] Mazar N，Aggarwal P. Greasing the palm：can collectivism promote bribery? [J]. Psychological Science，2011，22 (7)：843–848.

[78] Zheng X，Ghoul S E，Guedhami O，et al. Collectivism and corruption in bank lending [J]. Journal of International Business Studies，2013，44 (4)：363–390.

[79] Tan X，Liu L，Huang Z，et al. Working for the Hierarchical System：The Role of Meritocratic Ideology in the Endorsement of Corruption [J]. Political Psychology，2017，38 (3)：469–479.

[80] Tan X，Li L，Zheng W，et al. Effects of social dominance orientation and right–wing authoritarianism on corrupt intention：The role of moral outrage [J]. International Journal of Psychology Journal International De Psychologie，2015，51 (3)：213.

[81] 达尔伯格 – 阿克顿侯健，范亚峰. 自由与权力[M]. 译林出版社，2014.

[82] Waite D，Allen D. Corruption and Abuse of Power in Educational Administration [J]. Urban Review，2003，35 (4)：281–296.

[83] Anderson C，Galinsky A D. Power，optimism，and risk–taking [J]. European Journal of Social Psychology，2006，36 (4)：511–536.

[84] Inesi，M. E.，Gruenfeld，D. H.，& Galinsky，A. D. (2012). How power corrupts relationships：cynical attributions for others' generous acts. *Journal of Experimental Social Psychology*，48 (4)：795–803.

[85] Mcclelland D C. Human Motivation [M]. Cambridge University Press，1987.

[86] Winter，D. G. The power motive [M]. New York，NY：Free Press，1973.

[87] Wang F，Sun X. Absolute power leads to absolute corruption? Impact of power on corruption depending on the concepts of power one holds [J]. European Journal of Social Psychology，2015，46 (1)：77–89.

[88] Yuan L，Li L，Tan X，et al. The Effect of Self–Esteem on Corrupt Intention：The Mediating Role of Materialism [J]. Frontiers in Psychology，2016，7：1063–1074.

［89］ Pop I. Acceptance of Corrupt Acts：a Comparative Study of Values Regarding Corruption in Europe［J］. Journal of Social Research & Policy，2012，3（1）：27–42.

［90］ O'Connor S，Fischer R. Predicting Societal Corruption Across Time：Values，Wealth，or Institutions?［J］. Journal of Cross–Cultural Psychology，2012，43（43）：644–659.

［91］ 中国社会科学院社会学所『当代中国青年价值观念演变』课题组. 中国青年大透视 ：关于一代人的价值观演变研究［M］. 北京出版社，1993.

［92］ Woods D. Value Orientations From the World Values Survey：How Comparable Are They Cross–Nationally?［J］. Comparative Political Studies，2016，49（8）：1039–1067.

［93］ Yu F，Peng T，Peng K，et al. Cultural Value Shifting in Pronoun Use［J］. Journal of Cross–Cultural Psychology，2015，47（2）：310–316.

［94］ Pelin Kesebir，Selin Kesebir. The cultural salience of moral character and virtue declined in twentieth century America［J］. Social Science Electronic Publishing，2012，7（6）：471–480.

［95］ Inglehart R，Norris P. Trump，Brexit，and the Rise of Populism：Economic Have–Nots and Cultural Backlash［J］. Working Paper，2016.

［96］ Greenfield P M. The changing psychology of culture from 1800 through 2000［J］. Psychological Science，2013，24（9）：1722–1731.

［97］ Ogihara Y，Fujita H，Tominaga H，et al. Are common names becoming less common? The rise in uniqueness and individualism in Japan［J］. Frontiers in Psychology，2015，6：1490–1504.

［98］ Hamamura T，Xu Y. Changes in Chinese Culture as Examined Through Changes in Personal Pronoun Usage［J］. Journal of Cross–Cultural Psychology，2015，46（7）：930–941.

［99］ Zeng R，Greenfield P M. Cultural evolution over the last 40 years in China：using the Google Ngram Viewer to study implications of social and political change for cultural values［J］. International Journal of Psychology，2015，50（1）：47–55.

［100］ 苏红，任孝鹏，陆柯雯，等. 人名演变与时代变迁［J］. 青年研究，2016（3）：31–38.

［101］ 许燕. 北京大学生价值观研究及教育建议［J］. 教育研究，1999（5）：33–38.

［102］ 许燕，王砾瑟. 北京和香港大学生价值观的比较研究［J］. 心理学探新，2001，21（4）：40–45.

［103］ 许燕，王芳. 社会变迁与大学生价值观的演变［A］. 2008 学术前沿论坛，科学发展：社会秩序与价值建构——纪念改革开放 30 年论文集（上卷）［C］. 北京：北京师范大学出版社，2008：277–287.

［104］ 许燕，王芳，贾慧悦. 5·12 地震灾后四川和北京大学生价值观类型的对比［J］. 心理学探新，2008，28（4）：46–50.

［105］ 张妙清，郑宏泰，尹宝珊. 香港核心价值的变迁——基于民意调查的分析［J］. 港澳研究，2015（1）：61–72.

［106］ Bianchi E C. American individualism rises and falls with the economy：Cross–temporal evidence that individualism declines when the economy falters［J］. Journal of personality and social psychology，2016，111（4）：567–584.

［107］ Oyserman D，Lee S W. Does culture influence what and how we think? Effects of priming individualism and collectivism［J］. Psychological Bulletin，2008，134（2）：311–342.

［108］ Uz I. Individualism and First Person Pronoun Use in Written Texts Across Languages［J］. Journal of Cross–Cultural Psychology，2014，45（10）：1671–1678.

［109］ Ii R C H，Boyd R L. Such Stuff as Dreams Are Made On：Dream Language，LIWC Norms，& Personality Correlates［J］. Dreaming，2017，27（2）.

［110］ Vaisey S，Miles A. Tools from moral psychology for measuring personal moral culture［J］. Theory & Society，2014，43（3–4）：311–332.

［111］ Jones K L，Noorbaloochi S，Jost J T，et al. Liberal and Conservative Values：What We Can Learn From

Congressional Tweets [J]. Political Psychology, 2017 (1) .
[112] Pennebaker J W, Francis L E, Booth R J. Linguistic inquiry and word count: LIWC [J]. Lawrence Erlbaum Associates Mahwah Nj, 2007.
[113] Walasek L, Brown G D. Income inequality and status seeking: searching for positional goods in unequal U.S. States [J]. Psychological Science, 2015, 26 (4): 527–533.
[114] 叶勇豪，许燕，朱一杰，等. 网民对“人祸”事件的道德情绪特点——基于微博大数据研究 [J]. 心理学报，2016，48 (3)：290–304.
[115] Lewis G J, Kanai R, Bates T C, et al. Moral Values Are Associated with Individual Differences in Regional Brain Volume [J]. Journal of Cognitive Neuroscience, 2012, 24 (8): 1657–1663.
[116] Levy D J, Glimcher P W. The root of all value: a neural common currency for choice [J]. Current Opinion in Neurobiology, 2012, 22 (6): 1027–1038.
[117] 李林，黄希庭. 价值观的神经机制：另一种研究视角 [J]. 心理科学进展，2013，21 (8)：1400–1407.
[118] Harris D, Herrmann B, Kontoleon A, et al. Is it a norm to favour your own group? [J]. Experimental Economics, 2015, 18 (3): 491–521.
[119] Franzen A, Vogl D. Acquiescence and the Willingness to Pay for Environmental Protection: A Comparison of the ISSP, WVS, and EVS [J]. Social Science Quarterly, 2013, 94 (3): 637–659.
[120] Pellicer M, Wegner E. Socio-Economic Voter Profile and Motives for Islamist Support in Morocco [J]. Party Politics, 2014, 15 (1): 116–133.
[121] Gelfand M J, Yamaguchi S. Differences between tight and loose cultures: a 33-nation study. [J]. Science, 2011, 332 (6033): 1100–1104.
[122] Conway Iii L G, Houck S C, Gornick L J. Regional differences in individualism and why they matter [M]. Geographical Psychology: Exploring the Interaction of Environment and Behavior. 2014: 31–50.
[123] 徐江，任孝鹏，苏红. 个体主义 / 集体主义的影响因素：生态视角 [J]. 心理科学进展，2016，24 (8)：1309–1318.
[124] 陈玲丽，金盛华，刘文，等. 个体主义——集体主义研究述评与展望 [J]. 理论月刊，2013 (1)：150–154.

撰稿人：许　燕　高树青　蒋　奖　王　芳　任孝鹏　焦丽颖　马一星

网络大数据在社会心理学中的研究进展

1 前言

作为一种“高维媒介”的互联网，建构了一个介于物理空间和精神空间之间的“第三空间”，并催生出一个新的社会空间、运作空间和价值空间[1]。在改变人们生活方式的同时，它也给学术研究范式带来了深刻变革。一方面，互联网用户借助微博、论坛等社交媒体产品和移动互联网工具记录自己的生活，并高密度地进行突破传统时间、空间限制的人际、人机互动，积累了前所未有的海量在线文本、图片、视频等信息；另一方面，数据挖掘等计算机和信息科学技术的发展，使得高效处理和分析海量人类行为数据成为可能，从而奠定了海量数据挖掘的技术基础[2]。近年来，手机、平板等网络移动终端的普及，使得研究者可实时获取的数据得到了空前增长。理论上讲，用户所有的联网行为都可以被记录，一个人一天所产生和接收的信息，比 15 世纪一个人一年所产生和接收的信息还要多[3]。人们在论坛、博客、微博、微信、电子商务交易平台、搜索引擎等平台上积累的海量数据，已经成功应用于天文学、大气学、物理学、基因组织学、生物学、社会学等多个学科领域。作为以外部表现数据为分析对象的学科，心理学有着深厚的积累和顺应时代发展的需求，需要借助科学技术的发展来实现不断创新[4]。因此，它与大数据的相遇并非偶然，而是心理学和信息科学为寻求自身发展而产生的必然结合[5]。

心理学与网络大数据的结合，衍生出反映人类行为方式和内心经验的新规律，包括相关的生理反应、行为表现、认知过程和情感体验[1]。这既为传统心理学挖掘大规模人群在个体层面的心理与行为机制提供了更为广阔的平台和机会，也同时为研究大规模人群在群体层面涌现出来的群体心理行为规律提供了可能[5]。

2 大数据心理学研究的主要特征

2.1 网络大数据的数据来源

人们在互联网上积累的大量心理与行为数据，给心理学提供了广阔的资源的同时也带来了全新的研究视角。结合当下的研究来看，大数据心理学研究的数据来源主要包括社交媒体数据、网络搜索数据、网络调查和实验数据以及移动智能终端数据四大方面。

（1）社交媒体数据

社交媒体的崛起降低了传统人际互动受限于地域和时间的束缚，拓展了互联网的社交互动属性。人们每天在 Twitter、Facebook、微信、微博等自媒体上的信息数以亿计，这为心理学研究提供了丰富的“原料”，一系列探索大规模人群心理与行为规律的研究便是基于此而展开。例如，美国康奈尔大学心理学家 Golder 和其合作者 Macy 分析了 2008 年 2 月至 2010 年 1 月期间，覆盖全球 84 个使用英文的国家约 240 多万用户产生的 5 亿多条 Twitter 数据的情绪信息，致力于探索大规模人群的情绪时间波动特征[11]。此外，Schwartz 等基于 7.5 万志愿者提供的人格测验结果，以及从用户 Facebook 信息中提取得到的 7 亿条单词、短语和话题数据，较为系统地探索了用户在 Facebook 上的语言表达与其人格、性别、年龄之间的关系[12]。

（2）网络搜索数据

相对于社交媒体数据通过人们在社交媒体平台客观表达、披露的数据来挖掘用户的心理与行为特征，网络搜索数据则通过 Google、百度、雅虎等搜索引擎记录的客观搜索数据来反映用户对特征主题的兴趣和关注度。因此，网络搜索数据成为研究者测量和捕捉大规模人群对特定主题关注度的重要资料。例如，Google 工程师利用人们在 Google 上 5000 万条搜索数据，成功开发了预测季节性流感传播的模型[13]。相较于传统基于线下数据的流感预测，由于线下数据收集方法和过程的限制，往往会有 1 至 2 周的延迟，因此，基于网络搜索的预测研究对于监测和预测流感的爆发趋势具有重要的价值。在经济金融领域，Preis 等系统考察了 98 个金融相关词汇的 Google 搜索数据与美国股市走势之间的关系，结果发现金融词汇的搜索数据能提前预测股市的走势[14]。

（3）网络调查和实验数据

网络调查和实验也成为搜集大规模人群心理与行为数据的重要渠道之一。在线调查问卷的流行和技术的进步，使得进行一项在线调查研究变得越来越简单。如国外的 Survey Monkey、PsychData、Qualtrics 以及国内的问卷星、调研宝等，都为用户提供相应的服务。用户只需选择与问卷的方式及模板，便可轻松编辑操作。在编辑完成后，只需将问卷置于如微信、QQ 等不同社交平台上，即可完成分发[3]。关于通过网络测验获得的数据是否和通过纸笔测验获得的数据同样可靠这一问题，国外已经进行了大量网络调查测验和传统纸笔测验的对比研究[8, 15–17]。研究结果发现网络调查测验和纸笔测验具有类似的信效度，两种方法得到的结果通常也基本一致。这些发现为网络调查的可靠性提供了一定的证据，从而降低研究者在应用网络调查和实验数据方面的顾虑。

（4）移动智能终端数据

随着移动智能终端应用的普及，基于手机、可穿戴设备搜集的数据也成为大数据心理学研究的一大数据来源。尤其是手机在人们生活中扮演着越来越重要的角色，因此手机通话、短信以及 App 数据成为揭示人类心理与行为规律的重要资料。例如，一项研究分析了 50 万条“9・11 事件”当天的手机短信，发现愤怒情绪是最先开始发生的主导情绪，而焦虑虽然会产生，但会回复至基线，悲伤则是较后才产生的情绪[18]。Killingsworth 和 Gilbert 通过一个基于 iPhone 手机的应用软件，要求被试实时报告其当下的思维、情绪以及事件，从而搜集了 83 个国家、数千名被试人共计 86 类活动的数据，最终创建了一个覆盖较大范围人群日常生活中即时思维、感受和行动情况的数据库[19]。其研究结果发现，性爱、锻炼、聊天、游戏、听音乐等是最快乐的事情，而相比于不幸福的事件，幸福事件通常是那些人们比较专心去做的事情。

2.2 研究特点和优势

心理学自诞生伊始便以科学认识论与方法论为学科指导原则，不断探索、改进研究方法以期形成严谨、成熟的学科研究范式[6]。而过去的心理学研究受到客观条件限制，长期以来几乎难以获得覆盖全部研究对象的客观数据，因而主要依赖于以实验室实验和抽样统计为核心的学科操作规范，这使得研究结果的真实性、可用性以及推广性均受到一定程度的制约。这种研究方法上的局限，便成为学科内外质疑的主要原因。而互联网为代表的信息技术的发展，为心理学研究方法的完善提供了契机。互联网上用户积累的数据资源使得大规模的用户研究成为可能，极大地拓宽了心理学的研究范围，研究者可以聚焦于用户颗粒化信息，从而大大提高了研究的准确度与灵活性。大数据心理学研究的特点和优势主要包括：样本代表性、时效性和客观性[4]。

（1）样本代表性

传统心理学研究受研究成本和研究手段限制，主要基于统计抽样和推论统计思想进行研究。即先从总体中抽取规模较小的样本，再借助统计方法把样本的研究结果推广到总体。因此，研究结果往往存在样本代表性的风险。而大数据研究，从理论上可实现直接对总体的全部数据进行分析，从根本上改变了传统研究方法无法直接研究总体的缺陷，进而消除了样本代表性的问题。如申学易、买晓琴、刘超基于以 Micro Turk 等为代表的、具有交易功能的大型行为数据网络收集平台进行的社会认知领域的研究，从网络平台大数据采样的数据质量和大数据对社会认知领域新方向的启发两方面进行阐述，总结了网络大数据在样本范围和数量、分析方法和实验情境上相比传统实验室数据采集的优势——极佳的社会性生态效度[7]。“调查猴子”（Survey Monkey）、“亚马逊土耳其机器人”（Amazon's Mechanical Turk，MTurk）等网络调查和被试平台也被广泛应用于心理学研究。有研究者专门检验了利用网络招募被试的样本人群特征以及数据质量问题，结果发现网络样本在性别、年龄、地区和社会经济地位等方面比传统研究样本都更具区分性和代表性，收集到的数据的可信度至少不会低于传统方法，而且网络调查结果的外部效度不受重复作答者或不认真作答者的影响[8, 9]。

（2）时效性

以往的心理学，在进行大规模的问卷和测验研究时，往往需要等待被试反馈足够的信息，这一过程产生的时滞严重影响了研究的效率，且在问卷回收之后的数据处理阶段需要耗费大量的人力成本。大数据技术所具备的海量信息挖掘能力，突破时空限制采集被试信息，甚至可以实现数据的实时抓取。Mitchell 等建立的“Hedonometer”项目，通过对美国 Twitter 用户发布的带有地理信息标签数据的大数据分析，实现了对美国各地区幸福感的实时测量和可视化[10]。此外，在数据处理阶段，大数据强大的信息处理能力加速了数据整理的时间，缩短了周期，提高了效率。

（3）客观性

相比于问卷调查法、实验法等传统心理学研究方法，大数据研究方法在客观性方面具有显著优势。具体而言，问卷调查法往往要求受访者对问题给出主观的感受或态度，因此具有较强的主观性、社会赞许性等误差。实验法的主要缺陷则在于对实验条件的控制通常会营造出不同于真实生活中的行为情境，并且在实验过程中始终伴随着实验者效应、要求特征等干扰因素[4]。而大数据研究方法可以不直接接触被试而获得数据，避免了非自然环境对被试造成的影响，因此具有很强的生态效度。

3　国外大数据与社会心理学研究现状

自 Lazer 等一批来自政治学、计算机科学等跨多学科领域的研究者在 *Science* 杂志上正式提出了“计算社会科学（computational social science）”以来[20]，大数据的研究方法已经逐渐渗透到社会科学的各个领域。社会心理学也不例外，越来越多的研究运用大数据研究方法来解决应用社会心理学相关的研究问题，并涌现出一批富有启发性和代表性意义的研究成果。

3.1　大数据与人格心理学

作为描述人们心理特征和差异的重要指标，人格是社会心理学研究的重要议题。传统心理学研究主要通过自我报告的线下问卷调查方法对人格结构开展了一系列研究，例如经典的“大五人格模型（Five-factor Model）”。随着社交媒体和移动互联网的普及，网络大数据为刻画和挖掘人们的心理行为规律、人格特征提供了新的视角和数据资源。Schwartz等基于7.5万志愿者的Facebook数据和人格测试结果，探索了用户在Facebook上的语言表达与其人格、性别、年龄之间的关系[12]。结果发现，不同人格特质的用户在社交媒体使用的词汇也存在特定的规律，例如外向型的用户更倾向于提及“聚会”“爱你”等词汇；开放型的用户更倾向于提及“音乐”“艺术”“梦想”等词汇；而神经质的用户则更倾向于提及“厌烦”“抑郁”等词汇。Yarkoni通过搜集了694名Google博主的近80万字文本数据，系统分析了人格、整体词语类别和个体使用词汇特征间的相关，结果一方面验证了以往现实情境中的相关，另一方面又发现了一些人格特征与分类水平、单个词语使用之间相关关系的新结果[21]。

Park等通过66732名Facebook用户的发文信息和他们的基于问卷调查得到的五大人格特征，并建立了基于这些发文信息的人格预测模型[22]。利用该预测模型，该团队对4824个用户的样本进行了大五人格因素的预测。结果显示，基于语言的人格评估方法得到的结果与基于问卷调查的自我报告的结果相吻合，并且这种外在效标和自我报告的关联度甚至在超过6个月的时间内都具有一定的稳定性。人们在社交网络上的一些客观行为，例如Facebook上的点赞行为，也为开发预测用户人格等自动化心理预测模型提供了可能。例如，Kosinski等通过5.8万Facebook用户的点赞数据、人格测试等心理测验数据以及人口统计学调查数据，发现人们在Facebook的点赞数据能较为准确地预测出用户的人格、性取向、民族、宗教信仰、政治观点、幸福感、物质滥用、年龄、性别等特征和属性[23]。Wu等基于8.6万Facebook账户用户信息以及人格测试数据发现，基于用户点赞数据等客观行为数据构建的计算机人格预测模型具有良好的预测力，并且基于计算机的人格预测模型准确度要比用户好友通过问卷调查判断的准确度高[24]。

3.2 大数据与情绪心理学

情绪在人们的日常表达中具有意义重要但歧义性相对较低等特征，因而成为目前为止和大数据结合最为紧密、成果最为丰富的研究领域。尤其是社交媒体为其用户提供了一个简单易用的线上平台，让用户可以在这里发布其观点、感想、事件及其个人信息，具有实时性、私人化等特点。因此结合大数据分析技术的情绪心理学领域，已经涌现出一系列研究成果。例如，在情绪的时间波动规律特征方面，Golder和Macy基于全球2008年2月至2010年1月期间5亿多条Twitter数据进行情绪分析，结果发现：情绪的日内波动支持了人们可通过一晚上的睡眠恢复情绪的假设；在周波动规律方面，积极情绪和消极情绪在一周七天内的波动节律几乎一致，但积极情绪在周六、周日显著高于工作日。在季节性波动规律方面，支持了有关情绪与季节关联的“阶段转换假说（phase-shift hypothesis）”，而并没有支持“情绪随日照时间变化”的假说。此外，该研究通过跨文化、地域的大样本数据验证了积极情绪和消极情绪是两个独立的维度的观点[11]。

也有研究者尝试分析了社交媒体情绪的影响因素。例如，关于情绪心理学中经典的情绪传染效应，Kramer 等基于 Facebook 上近 69 万用户的实验研究发现，人们的情绪状态会无意识地体验到与他人相同的情绪状态，即情绪可通过情绪传染机制传播给他人。他们通过客观实验的方法证实了仅仅暴露在完全缺乏非言语线索的好友情绪表达的网络环境中也可以发生情绪传染效应[25]。Gallego 等则研究了人们所在的地理位置和其在 twitter 上表达的情绪之间的关联，结果发现：表达出快乐情绪的推文更多的定位在那些具有更多“check-in”的地区，并且这些地区吸引着生活在其他地区的人们前往这些地区，即该结果证实了现实环境对人们情绪的影响[26]。

3.3 大数据与文化心理学

大数据技术和研究方法，也使得探索个体主义－集体主义、价值观等文化心理学议题的长时历史变迁规律成为可能。作为文化心理大数据研究中应用较为广泛的工具，Google Ngram 是一款由 Google 公司通过扫描全球所有已出版书籍中约 4% 的数据，并为用户提供历时近 200 年文本大数据的在线应用产品，因此它可提供特定关键词在历史文本大数据中的词频随时间的变迁情况[27]。例如，Greenfield 基于 Google Nram 的词频数据发现，随着城市人口的增加和农村人口的下降，1800—2000 年期间美式英语书籍中选择、个人拥有等个体主义倾向的词汇的词频在上升，而社会义务、责任、给予、归属、宗教等集体主义倾向的词汇的词频在下降，并且英国书籍数据的证据也同样证实了上述结果，即验证了社会变迁理论的假设[28]。Twenge 等也基于 Google Ngram 数据发现，即使在控制了共同词汇和短语后，1960—2008 年期间美国书籍中个体主义词汇和短语的使用量仍然有显著的上升趋势，即自 1960 年以来美国书籍中的语言使用越来越关注自我和独特性[29]。Grossmann 和 Varnum 开展的一项关于个体主义－集体主义文化变迁的研究中[30]，基于 Google Ngram 的词频数据也被用于反映个体主义－集体主义的指标，结果发现美国书籍中的个体主义词汇、婴儿名字独特性占比、独生子女家庭相对多子女家庭的比例等指标均一致显示美国 20 世纪的个体主义倾向在上升。此外，研究者还发现，与已有相关理论一致，社会经济结构、传染病流行率和世俗主义的变迁与各指标反映的个体主义变迁之间均存在显著关联。

3.4 大数据与健康心理学

由于时效性、样本代表性等特征，大数据也被广泛用于疾病、传染病、心理健康等公共卫生议题相关或健康心理学研究。Ram 等利用 Twitter、Google 搜索和环境监测器的数据构建与治疗哮喘病有关的急诊室需求量预测模型，模型预测的精确度达到 70%[31]。Eichstaedt 等通过分析社交媒体的语言来确定动脉硬化性心脏病（AHD）死亡率的心理特征[32]。该研究者对数百万条 Twitter 的推文进行基于字典和开源词汇分析来确定与

AHD 死亡率有关的语言的心理特征，并通过构造、评估 AHD 死亡率的预测模型来判断在 Twitter 上与 AHD 有关的信息的总量，然后将其与给予人口统计与社会经济风险因素的传统模型进行对比。其研究结果表明，使用语言的特征包含负面情绪、不合群的、不良人际关系等特征和高风险的患病率具有较强的关联性；而使用语言的特征包含正面情绪、合群的等语言特征则与抗病具有较强的关联性。该研究表明，Twitter 上的语言可以作为一种社区级别（community-level）上的心理社会健康的衡量指标。Settanni 等通过分析 Facebook 用户发帖的情绪特征与用户自我报告的情绪幸福感之间的关系发现：负面情绪的表达与焦虑、抑郁及相关的压力症状呈现正相关[33]。其中，社交媒体上表达的愤怒情绪和表达的焦虑存在显著正相关；社交媒体上正面情绪符号使用与压力症状存在负相关；负面情绪符号的使用则与焦虑症存在显著正相关。另外，研究结果还显示，社交媒体上表达的情绪与自我报告的情绪幸福感之间的关系会因年龄段的不同而有所变化：总体上，年轻人比年长者会更经常使用正负面情绪的用语和情绪符号；网络表达的情绪和自我报告的情绪幸福感的关联在年轻人群体上更加显著。社交媒体的迅速普及，也可能改变着人们的作息习惯。为此，Garett 等通过研究大学本科新生在 2015 年 10 月至 12 月期间的 Twitter 发帖频率来研究他们的睡眠质量情况[34]。那些更多在深夜时段发推文的学生被认为其睡眠质量较低，而那些更多在工作日的晚间时段发推文的被认为其睡眠质量较高。其研究证明了社交媒体的使用情况与大学生的睡眠质量存在相关性。

3.5 大数据与经济心理学

在经济金融面，用户在社交媒体平台的心理与行为特征被证明与宏观的股票市场走势之间存在显著关联。例如，Bollen 等基于心理学情绪量表构建了社交媒体情绪测量指标，并尝试分析了 2008 年美国微博网站 Twitter 上的情绪特征与股票市场走势之间的关系[35]。结果发现 Twitter 用户微博条目中的“镇定（calm）”类情绪词汇量变化趋势可以成功预测 2~6 天后美国道琼斯工业指数的升降趋势，并且该模型对于指数升降的预测准确率可达到 87%。类似的，Bordino 等的研究则发现，美国纳斯达克 100 指数与其成分股的雅虎搜索量呈现出显著的相关性，并且在搜索指数的峰值附近有提前 1 天的预测作用[36]。除了预测股市外，Preoţiuc-Pietro 等则尝试通过 Twitter 用户的发帖文本内容、用户行为、用户影响力等数据预测其用户的收入特征[37]。该研究结合各类用户特征（包括粉丝数、关注数等用户基本信息资料，以及推文的情绪特征、关注话题类型）来构建预测模型。研究结果显示，含有女性、年轻、非洲裔美国人、低学历等特征的用户往往收入较低；收入较高的群体在推文中倾向于做出较为中立的表达等。

随着社交媒体的发展，用户可以在网络平台上发布多种形式的信息，部分研究者不再局限于文本信息，也有研究者尝试构建基于图片等多媒体信息资料的预测模型。例如，Barchiesi 等通过对照片分享网站 Flickr 上具有地理位置标签的照片来量化研究国际旅行者的流动情况[38]。他们通过对2008—2013年的Flickr的数据进行分析，得到来自其他国家的Flickr用户到英国旅游的人数，发现其与英国国家统计局公布的外来游客访问量存在显著相关。研究者认为，与单一的标准社会经济指标相比，Flickr上照片拍摄的时间和地点的数据可以更精确地估计平均每年到英国旅游局的游客量。

3.6 大数据与政治心理学

大数据也被应用于探索选举行为及其相关心理规律、大众政治意识形态规律等政治心理学议题。例如，Caldarelli等基于意大利全国政治大选期间Twitter平台的大数据分析发现，网民在Twitter上提及各党派领导人的微博数量及其随时间的变化特征能够显著预测选举结果[39]。Bond和Messing的研究证明了通过Facebook数据预测大众政治意识形态的有效性和可行性[40]。人们的行为、决策过程往往会受到其所接受到外在信息内容的影响。为此，Reed等以美国2012年总统选举为例，通过利用Twitter的数据研究了社交媒体对人们选择一致性的影响[41]。该研究者在选举的前期、当期和后期阶段搜集每日的twitter数据，并通过词典法判断用户推文的政治意识形态倾向以及情绪状态（积极或消极）。该研究结果表明，个人的政治意识形态的确受到了社交媒体的影响。

在政治意识形态与社交媒体心理与行为规律方面，Sylwester等[42]根据已有研究成果假设，自由主义者在社交媒体应该更倾向于强调个体唯一性、含有更多誓言色彩成分、体现更多的焦虑情绪和使用更多的反映个体感觉的词汇；而保守主义者更倾向于强调群体性、更愿意提及成果和宗教内容等。但研究者通过对三个民主党Twitter账户的5373名粉丝、三个共和党Twitter账户的5386名粉丝的Twitter数据进行分析，结果显示：在社交媒体上表达的积极情绪越多，关注民主党而不是共和党的可能性越大，这意味着尽管共和党宣称有更高的生活幸福感，但是他们却较少地在社交媒体上表达出来。Wojcik等开展的一项研究试图结合问卷调查、实验以及社交媒体大数据等多渠道数据，更为直接地探讨了保守主义者和自由主义者谁更幸福的问题[43]。结果发现，在自我报告的问卷调查结果中，保守主义者报告了比自由主义者更高的幸福感，但他们在Twitter等社交媒体上却显著地表达了比自由主义者更低的幸福感。

3.7 其他

当然，大数据还被广泛应用于群体社会心理学等其他应用社会心理学领域。例如，Lu和Brelsford以2011年的日本大地震为例，基于Twitter平台的网络大数据分析了人们在突发事件下的社交网络结构及其演化规律[44]；Botta等则利用移动电话数据和Twitter的数据来测量人群的密集程度，并证明了利用移动电话和Twitter的数据预测特定的时间和地点范围内人口数量的可行性[45]。

4 国内相关研究进展

我国的社会心理学研究者主要围绕微博情绪、人格、心理健康、主观幸福感等议题也开展了基于中国网络大数据的社会心理学研究。

4.1 微博情绪

对在线文本进行情感分析一直是心理学、信息科学等交叉领域的热点问题[46]。南开大学心理与行为大数据实验室的乐国安课题组围绕微博情绪问题，开展了中国微博情绪测量工具的开发及其应用于股市、社会风险等议题的系列研究。

4.1.1 中国微博情绪测量工具及词库开发

词汇匹配技术是目前分析海量微博客（例如 Twitter、新浪微博）使用最为广泛，也是效果相对较好的方法。该方法的原理主要是通过统计目标文本中与情绪词库中特定类型的情绪词的词频多少来计算该文本的情绪定向。因此，情绪词库的建设是基于词汇匹配技术的在线文本情感分析技术的核心。研究者基于心理学经典的基本情绪结构理论，将微博情绪分为快乐、悲伤、愤怒、恐惧和厌恶五种，构建了包含 818 个情绪词（快乐 306 个；悲伤 205 个；厌恶 142 个；恐惧 72 个；愤怒 93 个）的标准化微博客基本情绪词库（Weibo Basic Mood Lexicon，Weibo-5BML）[47]。

为了检验该情绪词库和工具的有效性，课题组通过与华东师范大学软件学院海量计算研究所团队合作，对 160 多万新浪微博用户在 2011 年 7 月—2012 年 11 月期间发布的微博文本上进行测试。各类情绪之间的内部关系与心理学经典的情绪理论，例如效价 - 唤醒理论，有较好的一致性。在生态学效度方面，研究团队发现五种微博情绪在现实社会中重大节日、重大社会热点事件中均呈现出了较为灵敏以及合理的反应，即具有较高的生态学效度。例如，2011 年 7 月 23 日，甬温线段发生了旅客列车特别重大事故，快乐情绪在事故发生当天便开始下降，而悲伤、愤怒和恐惧情绪则呈现出显著上升趋势。随后的几天人们一直沉浸在悲伤、愤怒和恐惧的氛围中，一直到 7 月 29 日悼念活动结束以后公众的各种基本情绪才逐渐恢复到往日的水平。在此基础上，研究团队通过整理五种微博情绪在一周内（周一至周日）的周变化趋势，结果发现快乐情绪在周末显著高于工作日，而周三的快乐情绪达到最低点。

4.1.2 基于中国微博情绪工具的应用社会心理学研究

（1）预测股市

乐国安课题组在发现新浪微博上单个情绪词（例如“紧张”）与上证指数之间存在显著关联的基础上，为了探索更一般性的微博情绪与股市关系，团队成员基于心理学的情绪理论和情绪测量量表分析了新浪微博 2011 年 8 月 1 日至 2012 年 2 月 29 日期间 2242 个情绪词汇的词频数据[48]。结果发现，2242 个情绪词中，有 993 个情绪词与上证指数之间存在显著的相关关系，并且基于这 2242 个情绪词通过相关系数筛选、加权得到的微博情绪综合指数与上证指数之间的相关高达 0.877。通过进一步的协整模型分析发现，微博情绪综合指数和上证指数的时间序列存在显著的长期均衡关系，且微博情绪综合指数能够显著预测下一交易日的上证指数。此外，课题组借助该词库分析了 2012 年 2 月 1 日—2012 年 11 月 30 日期间的新浪微博数据，检验了不同类型的微博情绪与股市之间的关系[49]。结果发现，五种情绪中悲伤情绪能显著提高上证指数成交量。考虑到悲伤是一种低唤醒度的情绪，研究者尝试把悲伤情绪词中唤醒度最低的 25% 作为新的悲伤指数重新建模分析，结果发现它仍能显著预测上证指数成交量。这意味着具有低唤醒度的负性情绪与上证指数交易量相关，因而从群体层面支持了情绪维持假说。

（2）预测社会风险

课题组还尝试通过微博情绪测量工具探讨群体层面的微博情绪与社会风险认知之间的关系。个体层面的研究认为，由感知的社会风险诱发的情绪，可能会引发集体行动。但在宏观群体层面，由于测量手段和成本的限制，大众感知的社会风险与社会情绪之间的关系并不明确。为探索大众对感知的社会风险的情绪反应规律，课题组通过百度搜索数据来刻画中国网民的社会风险感知水平（例如金融风险，社会稳定风险），并通过微博基本情绪词库（Weibo-5BML）工具测量微博网民的五类基本情绪[50]。研究结果发现，大众感知的社会风险能够显著预测社会情绪，但不同的风险类型对不同类型的情绪预测力并不相同。例如，资源环境风险感知能显著预测未来 2~5 日的悲伤情绪，而感知的政治执政风险则能显著预测愤怒情绪。另一方面，大众感知的社会风险可能直接影响到社会稳定与和谐，因此研究群体层面的大众情绪能否影响或预测社会风险感知也具有重要意义。课题组采用同样的方法，检验了中国网民的社会情绪预测大众社会风险感知的作用[51]。研究结果发现，社会情绪能够显著预测大众感知的社会风险，但不同的社会情绪预测不同类型的社会风险感知作用仍然不同。例如，消极情绪对社会风险感知水平的预测效果要高于积极情绪。

（3）预测地区民族主义

进化心理学的研究证据表明，厌恶情绪可保护人们免受有毒物质、病菌和疾病的威胁[52]。个体层面的实验和调查证据发现，厌恶情绪与个体的政治意识形态存在显著关联。民族主义是个体认同或依附于自己民族和国家的一种信仰或意识形态，具有以自我民族中心，以及排斥、贬低外民族的倾向等主要特征。那么，在群体层面的厌恶情绪与地区的民族主义是否有关联？为了回答该问题，研究团队尝试基于新浪微博数据以及包含 17 万网民样本的“中国政治坐标系测试”关于政治意识形态网络大调查数据，来分别测量 2011 年中国各省（市、自治区）的厌恶情绪表达和民族主义倾向[53]。研究结果发现：中国各省的厌恶情绪表达与地区民族主义存在显著相关，并且在进一步控制了各省的人均 GDP、地理封闭性、农村人口比重等变量后，该结果仍然显著存在。该结果为理解群体层面的情绪表达和民族主义倾向之间的关系提供了直接的证据。

（4）精英与大众的微博情绪关系

精英与大众的关系一直是政治学、社会学、传播学、心理学等多学科领域学者关注和争论的问题。精英是因为能准确感知大众舆论的趋势，迎合或顺应大众的“民意”，从而获得大众拥戴，即“时势造英雄”；还是因为能凭借自身能力制造、引领时势，充当大众引领者的角色，即“英雄造时势”。为了回答该问题，课题组以微博情绪的分析视角为切入点，通过搜集新浪微博 2011—2012 年的微博数据，分析了覆盖房地产、教育等 9 个行业的 894 名微博精英和 160 多万名的大众用户之间的微博情绪关系[54]。结果发现：①当下中国的经济资本比文化资本具有更大的影响力。房产、财经和科技类意见领袖（即经济资本领域）均有显著领先于大众情绪的倾向，而来自传媒、艺术、教育等领域（即文化资本领域）的意见领袖情绪领先大众情绪的倾向相对更低甚至落后于大众情绪。②虽然不同领域、不同情绪类型下的影响关系有所不同，但总体来看，“时势造英雄”的效果要比“英雄造时势”的效果强些。③消极情绪比积极情绪更易传播。总的来说，经济资本和文化资本之间的支配和被支配关系取决于哪类资本占据了相对较高的话语权。该研究关于经济资本比文化资本更具影响力的结果发现，在一定程度上反映了转型期中国文化转型落后于经济转型的社会现状。

4.1.3 情绪相关的其他研究

除了南开大学课题组围绕微博基本情绪及其应用的大数据研究实践外，国内其他团队也有关注网络情绪相关的研究。例如，中国科学院心理研究所计算网络心理实验室的朱廷劭课题组也探索了中国新浪微博用户的在不同时间段的情绪特征规律[55]。他们以 195 万微博活跃用户为样本，自 2011 年 9 月起直至 2012 年 6 月，每隔 3 个月从新浪微博中收集用户数据一次，每次收集周期为一周，共获取春夏秋冬四个不同季度的新浪微博数据。通过统计用户积极情绪词频与消极情绪词频情况，研究者发现：在日波动规律方面，人们在活动时间的情绪要好于休息时间的情绪，且每日情绪高峰分别出现在中午和晚上 8 时。在周波动规律方面，人们积极情绪在工作日与休息日并无太大差异，但周末的消极情绪要明显低于工作日；在季节规律方面，夏季的消极情绪与积极情绪最高，而在秋季则为最低；在性别方面，男性与女性的情绪走势基本一致，但女性总体上更加感性、情绪表达倾向也相对较高。

北京师范大学心理学院许燕课题组围绕道德情绪问题，以 2011 年 7 月 23 日发生的温州动车事故为例，采用微博大数据分析方法研究了动车事故发生后网民道德情绪的特点[56]。研究者通过对温州动车事故发生后 40 天内的 94562 条微博进行情感分析和数据挖掘，结果发现：违反道德基础会诱发相应的道德情绪，例如“权威 / 尊重”“伤害 / 关心”“公平 / 互惠”等，并发现道德情绪间存在明显的性别差异。在性别方面，结果发现女性更倾向于表达同情和爱，男性则更倾向于表达愤怒、鄙视和厌恶等。此外，在网络空间中相对于匿名用户而言，认证用户更为注重表达的恰当性，而匿名用户则更为容易表达消极情绪。

还有研究者探讨了人们在使用社交媒体时的情绪反应规律。华中师范大学青少年网络心理与行为教育部重点实验室周宗奎等对 27 名在校大学生浏览新浪微博时的情绪体验进行生理、心理考察，并且进行了为期一年的跟踪研究[57]。他们采用心率变频仪来采集被试的皮电和肌电数据，同时采用风景图片刺激材料与情绪自评量表等来进行实验操作。研究结果发现，被试在使用微博的过程中皮电、肌电水平均有显著提高，并且具有更为积极的情绪体验与生理反应；在微博使用后，被试的快乐、兴趣和满足三种正性情绪体验显著增长。

4.2 人格

朱廷劭课题组针对基于社交媒体的人格大数据研究问题开展了系列研究。在微博人格结构方面，课题组根据人格词汇学的分析法，采集了 100 名新浪微博活跃用户的微博文本数据，并最终形成 78 个形容词的词表用以探索用户在微博语境之下的人格结构特点[58]。结果研究发现微博人格七因素分别为：道德善良、独立担当、团结包容、幽默活泼、网络个性、谦虚淡定以及自信低调，并且上述微博人格七因素对大五人格的解释度要高于大五人格对微博人格七因素的解释度。在基于微博行为数据构建人格预测模型方面，课题组搜集了 547 名微博活跃用户在微博上的文本和行为数据以及大五人格的问卷测验分数[59]。基于用户的微博行为数据，课题组提取了 845 个行为特征变量作为人格的预测变量，并采用支持向量机和 Pace 回归算法训练人格预测模型。训练结果显示，SVM 训练模型中的分类精度达到 84%~92%，“Pace 回归”模型的相关系数则达到 0.48~0.54，即基于“微博”行为构建的人格预测模型拥有良好的测量属性。

4.3 心理健康

现代人工作压力大、生活节奏快，由于心理健康问题而引发的自杀等社会问题愈发成为社会关注的热点。心理健康问题不仅对于个人生理心理健康发展有着重要意义，对于整个社会的健康发展也有着深刻影响。由于个人心理健康问题有着内隐性的特点，传统基于面对面人际交流的心理健康问题识别方法，具有效率相对较低、较大程度地依赖于来访者的主动性等缺陷。因此，朱廷劭课题组尝试运用微博行为大数据来预测用户心理健康状态，并提出心理健康（抑郁）预测模型[60]。他们基于微博用户的网络数据以及抑郁测验数据，通过对数据进行集成、清洗、转换、特征提取以及特征选取后，训练基于数据分析的抑郁预测模型。结果发现，通过微博数据特征可以较为精确地预测出用户的抑郁水平。课题组还尝试借助新媒体数据进行自杀风险预测以及相关心理与行为规律探索。例如，在微博用户语言及行为特征与自杀可能性的关系研究方面，课题组获得了于 2014 年 5 月到

7月期间在新浪微博上参与在线问卷调查的微博用户982名[61]。通过分析该样本的问卷调查数据和微博数据，课题组发现不同程度自杀可能性的用户其微博语言及行为存在一定差异性，并且归纳出具有高自杀可能性的用户特征。具体而言，与低自杀可能性组相比，高自杀可能性组的微博社交活跃度更低，并且在夜间的活跃程度更高，这与已有相关研究结果一致。在微博语言上，高自杀可能性组更经常使用与死亡、自杀相关的词汇，而较少使用与未来相关的词汇，表达更多的消极情感。

4.4 主观幸福感

在主观幸福感方面，清华大学彭凯平课题组在运用大数据方法的基础上，提出了国内首个“清华幸福指数”[62]。研究者认为，中国当前正在经历的城镇化进程中，既有机遇也潜藏着挑战，当前中国所面临的这些挑战与20世纪初美国所经历的城镇化进程具有相似之处，而“中国梦”概念的提出体现了积极心理学对于社会建设与社会进步具有重要意义。根据中国人的文化和心理特点等，他们构建了一套可以用以测量幸福程度的中文心理词库。该词库不仅具有积极情绪、意义、投入、关系和成就等传统维度，还加入了有关事件的维度。基于2013年的新浪微博数据和幸福感词库，他们计算了中国各个地级市的幸福指数并绘制了“清华中国幸福地图”。在幸福感的时间效应上，他们发现社会负面事件的发生会对社交媒体上的幸福指出造成一定影响；相反，积极事件的发生则会带动社交媒体上的幸福指数。在幸福感的节假日效应方面，人们在节日中所感受到的幸福感不仅与假期有关，而且也与节日背后的社会心理价值有着密切的关联。此外，他们还发现幸福感的“拐点理论”在中国同样适用，3000元的人均GDP是中国国民幸福感的一个“拐点”。具体而言，在较贫穷地区，幸福感随着经济发展而上升；而在经济较为发达地区，经济并不是影响人们幸福感的最主要因素。

朱廷劭课题组基于新浪微博用户数据，提出了预测微博用户主观幸福感的模型，尝试利用该模型进行大规模人群的主观幸福感测量与感知[60]。研究结果显示，运用微博大数据能实时感知用户的主观幸福感，并且其预测模型能较好预测出各个维度的主观幸福感。为了进一步研究生活满意度高或生活满意度低的微博用户在微博语言、行为上的差异，课题组等以1773名新浪微博活跃用户为研究对象，通过问卷调查、微博特征采集与大数据分析的方法，试图归纳可以区分用户生活满意度的微博特征[63]。其研究结果显示，相比于生活满意度低的被试，生活满意度高的被试有着更高的收入与受教育程度，并且更多为城市人口、已婚、身体健康与有宗教信仰，以上结果与既有心理学研究结果大体相符。此外，生活满意度高的被试更多地使用人称代词、金钱词、相对词以及空间词，而生活满意度低的被试使用排除词更为频繁。在用户行为上，生活满意度高的被试有着更多的粉丝，并且互粉数及其与关注数比更高。可见，不同生活满意度的微博用户在部分微博文本中的话语特征以及微博行为方面存在一定的差异性。

4.5 其他

群体性事件研究对公共安全和社会稳定具有重要意义，而预测和分析群体社会态度是其中的重要一环。朱廷劭课题组通过搜集微博用户数据，并同时发放 2300 份在线用户社会态度问卷（包括生活状况评价、社会风险判断、经济发展信心以及对政府执政满意程度共四大类指标），尝试构建群体事件风险预测模型[64]。结果显示，研究者建立的社会态度预测模型预测精度可达 85%，这对于群体社会态度的预测以及群体性事件的预警有着重要的意义。也有研究者关注了突发灾害性事件下，大规模人群的心理与行为反应规律。例如，Jia 等以 2013 年的雅安地震为例，通过搜集 157358 名地震灾民的手机数据和地理位置数据，探讨了人们在突发灾害性事件下的自然应对方式和行为规律[65]。结果发现，地震灾害强度越高的地区，人们的行为活动并不是越少，反而在通讯类 APP、功能性 APP 以及享乐型 APP（例如音乐、视频）的使用强度上更高。该结果意味着享乐型行为可能是人类在应对突发性灾害事件的一种应对和恢复策略，而这点往往是以往风险管理和政策制定中忽视的地方。

除了微博数据外，还有研究者尝试借助其他网络平台数据开展网络大数据与社会心理学相关的研究。例如，南开大学心理与行为大数据实验室课题组尝试借助淘宝平台的网络搜索和交易大数据检验行为金融经典的“裙摆理论（Hemline Index Theory）”[66]。根据裙摆理论，当经济繁荣时，裙摆是上升的；而经济衰退时，裙摆则是下降的，甚至是拖到地板的，但该理论一直存在争论。为此，研究者通过搜集 2013 年 3 月至 11 月期间淘宝平台网民每日的短裙搜索量和交易量数据，并分析其与上证综合指数时间序列数据之间的关系。结果发现，上证综合指数的收盘价能够显著预测下一日的短裙的搜索量和交易量，即在一定程度上支持了裙摆理论。

5 国内外趋势对比

从国外研究现状来看，围绕网络大数据的社会心理学研究展现出了巨大的发展潜力，在研究视角、研究方法的多元化等方面都取得了一定的突破。目前已涌现出了一批具有代表性意义的大数据心理学研究，并得到了一些主流心理学期刊的认可。现已有多篇基于 Facebook、Twitter、Google 网络搜索的大数据研究相继在社会心理学领域的国际顶级期刊，如美国的《人格与社会心理学》《心理科学》等杂志上发表。2016 年，美国《心理学方法》杂志还在第 4 期推出了围绕大数据与心理学主题的专刊。可见，基于大数据的社会心理学研究领域已经逐渐步入主流心理学研究的视野，并开始展示其蓬勃的生命力。

国内研究者也关注到了大数据研究的发展趋势，并积极把握该趋势带来的机遇。在研究课题方面，国内社会心理学领域研究者已成功申请并承担国家重点基础研究发展计划（“973”项目）、国家高技术研究发展计划、国家社科基金重大招标项目、国家社会科学基金重点项目、中国科学院重点部署项目等多项大数据相关的国家级课题。例如，南开大学社会心理学系乐国安教授承担的“混合网络下社会集群行为感知与规律研究（‘973’项目）”“基于大规模网络实际测量的个体与群体行为影响分析研究”（国家社科基金重大招标项目）等课题。在学会建设方面，中国心理学会网络心理学分会已于2016年成功筹备和建立，并把网络大数据心理研究作为其重要的发展方向之一。但相比较而言，国内相关领域的研究总体上仍处于探索期，研究成果和经验仍然相对较少。这既意味着存在广阔的发展空间，也意味着面临着巨大的挑战。

6　挑战与展望

当前中国的大数据社会心理学研究，主要存在以下几方面的挑战：

（1）因果性挑战

网络大数据方法及相关技术在问题的描述和相关关系探索上展现出了独特的优势和价值，但在揭示事物的因果机制方面仍存在较大的挑战。尽管有观点认为，大数据时代的到来，使得相关性的价值不断凸显，甚至可以抛弃因果性的寻求。但也有质疑观点认为，因果机制作为社会科学研究的重要内容，在科学研究中仍具有不可替代的意义。笔者认为，应该客观认识大数据作为一种研究方法，本身不可避免地具有的一些方法论优势及其局限。研究者可考虑发挥大数据在描述性、相关性研究等方面的优势，同时考虑与实验法等传统研究方法相结合，弥补在因果规律研究方面的不足。

（2）数据开放与共享问题

数据是开展大数据相关科学研究的基础。没有高质量的数据作支撑，大数据心理学研究的样本代表性、时效性、客观性等优势都无从谈起。但从现阶段的研究实践而言，数据资源仍然是制约很多研究者运用大数据研究方法开展社会心理学研究的重要瓶颈。中国作为网络大国，积累了海量的网络数据。但这些数据还主要分散在各互联网企业和政府机构，并且缺乏有效地整合和共享机制。

（3）数据伦理与隐私问题

在数据开放和共享的同时，如何兼顾数据伦理与隐私问题也是一大挑战。我们在网上的各种行为，都会被实时跟踪记录，并且很大一部分涉及个人隐私（特别是消费者隐私）。因此可能在数据开放和共享时，如果不注意对隐私数据进行保护，可能给个人的隐私、人身和财产安全构成直接威胁。此外，随着技术的发展，许多原本看似经过简单匿名处理的信息，如果综合多渠道来源数据以及利用特殊技术分析，仍然可能泄露很多个人隐私信息[6]。因此，未来研究者在推进数据开放机制的同时，也应该同时关注数据隐私和使用伦理规范建设。

（4）跨学科团队搭建和人才培养问题

与问卷法、实验法等传统心理学研究相比，网络大数据研究方法的研究流程更加复杂，需要坚实的跨学科团队和人才队伍作支撑。开展基于网络大数据的社会心理学研究，一般而言需包括前期数据抓取、数据存储和管理、数据清洗、数据提取、理论建模、统计建模、总结归纳等流程，其中涉及计算机科学、信息科学、统计学、心理学等多学科的专业技能。但目前国内研究者在跨计算机科学和心理学的团队合作和人才队伍建设方面，仍与国外有着较大差距。建议国家多设立和支持旨在鼓励跨学科合作的资源项目，建设长效的跨学科人才培养机制；而研究者自身则应能主动地学习和了解相关领域的知识，打破传统的学科界限，积极投身于跨学科合作实践。

为了有效推进网络大数据应用于社会心理学的研究实践，更好地把握大数据时代给心理学提供的重大发展机遇，建议未来研究者重点关注以下两个问题：

（1）理论创新

大数据与中国本土心理学的有机整合。目前大数据研究在整个大社会科学中的应用过程中普遍面临理论贡献的挑战和质疑，因此中国社会心理学研究者在推进大数据研究过程中也应重视理论关怀和理论创新问题。事实上，关注契合中国语境的理论创新，也正是当前中国本土心理学所重视的方向。考虑如何将大数据与中国本土心理学实践实现有机整合，对中国心理学学科建设也将意义重大。彭凯平等认为，中国文化所强调的群体意识和具有普遍联系的整体观，正好符合大数据研究中从总体数据中发现未知的研究特点，因而研究者应抓住大数据为中国心理学带来的机遇，建构一套独有的心理学体系[67]。大数据为心理学带来的不仅是一种技术层面的变革，更应该是研究思维层面的革命。思考如何将大数据与中国本土心理学学科体系相结合，寻求理论上的突破和创新，也是真正支撑中国大数据心理学研究长远发展的坚实路径。

（2）结合中国重大现实问题。

研究者在未来研究中不能仅仅是指把网络作为一种人类活动的特定情境来理解和研究用户的心理与行为规律，更应重视借助网络大数据相关的研究技术和手段来解决心理学领域的重要理论和现实问题。

1）中国是天然的“社会实验室”：中国作为网络大国，在网络心理学和大数据社会心理学研究中拥有诸多天然的优势。当前正处于转型期的中国，在大众心理与行为层面涌现出了许多可供深入挖掘的研究资源。建议研究者应充分把握中国作为天然社会实验室，为心理学乃至社会科学带来的重大研究机遇。

2）关注重要社会现实问题：建议未来研究多结合心理信息学的视角，将网络大数据研究技术多应用于解决中国当前具有重要社会现实意义的社会问题（例如，当前紧张的医患关系问题、日益严峻的环境问题），落实心理学服务社会的使命。

3）重视群体层面的心理规律探索、干预等应用研究：建议国内研究者在延续传统心理学研究范式，探讨网络化环境下个体心理、社会适应的影响机制研究的同时，也多关注借助网络大数据探索群体心理和行为问题。网络大数据在数据规模、时效性、客观性等方面的优势，也为探索群体层面的社会心理、公众态度、政策反应等提供了新的路径，可为开展群体干预、社会治理等应用实践提供科学的参考。

参考文献

[1] 周宗奎，刘勤学. 网络心理学：行为的重构［J］. 中国社会科学评价，2016，(3)：55-67.

[2] 陈浩，乐国安，李萌，等. 计算社会科学：社会科学与信息科学的共同机遇［J］. 西南大学学报（社会科学版），2013，39（3）：87-93.

[3] 王娱琦，余震坤，罗宇，等. 利用网络进行心理学研究：西方与中国概况［J］. 心理科学进展，2015，23（3）：510-519.

[4] 朱廷劭，汪静莹，赵楠，等. 论大数据时代的心理学研究变革［J］. 新疆师范大学学报哲学社会科学版，2015，(4)：100-107.

[5] 乐国安，赖凯声. 基于网络大数据的社会心理学研究进展［J］. 苏州大学学报：教育科学版，2016，4（1）：1-11.

[6] 薛婷，陈浩，赖凯声，等. 心理信息学：网络信息时代下的心理学新发展［J］. 心理科学进展，2015，23（2）：325-337.

[7] 申学易，买晓琴，刘超. 基于互联网平台的大数据收集在社会认知研究中的应用［J］. 科学通报，2015，（11）：986-993.

[8] Gosling S D，Vazire S，Srivastava S，et al. Should we trust web-based studies? A comparative analysis of six preconceptions about internet questionnaires［J］. American Psychologist，2004，59（2）：93-104.

[9] Buhrmester M，Kwang T，Gosling S D. Amazon's Mechanical Turk［J］. Perspectives on Psychological Science，2011，6：3-5.

[10] Mitchell L，Frank M R，Harris K D，et al. The geography of happiness：Connecting twitter sentiment and expression，demographics，and objective characteristics of place［J］. PloS one，2013，8（5）：e64417.

[11] Golder S A，Macy M W. Diurnal and seasonal mood vary with work，sleep，and daylength across diverse cultures［J］. Science，2011，333（6051）：1878-1881.

[12] Schwartz H A，Eichstaedt J C，Kern M L，et al. Personality，Gender，and Age in the Language of Social Media：The Open-Vocabulary Approach［J］. Plos One，2013，8（9）：e73791.

[13] Ginsberg J，Mohebbi M H，Patel R S，et al. Detecting influenza epidemics using search engine query data［J］. Nature，2009，457（7232）：1012-1014.

[14] Preis T，Moat H S，Bishop S，et al. Quantifying the digital traces of Hurricane Sandy on Flickr［J］. Scientific. Report，2013，3：3141.

[15] Buchanan T，Ali T，Heffernan T M，et al. Nonequivalence of on-line and paper-and-pencil psychological tests：The case of the prospective memory questionnaire［J］. Behavior Research Methods，2005，37（1）：148-54.

[16] Buchanan T，Johnson J A，Goldberg L R. Implementing a five-factor personality inventory for use on the internet［J］. European Journal of Psychological Assessment，2005，21（2）：115-127.

[17] Pettit F A. A comparison of World-Wide Web and paper-and-pencil personality questionnaires［J］. Behavior Research Methods，2002，34（1）：50-4.

[18] Back M D，Küfner A C P，Egloff B. “Automatic or the people?” Anger on September 11，2001，and lessons learned for the analysis of large digital data sets［J］. Psychological Science，2011，22（6）：837-838.

[19] Killingsworth M A, Gilbert D T. A wandering mind is an unhappy mind [J]. Science, 2010, 330 (6006): 932.

[20] Lazer D, Pentland A S, Adamic L, et al. Life in the network: the coming age of computational social science [J]. Science, 2009, 323 (5915): 721.

[21] Yarkoni T. Personality in 100,000 words: A large–scale analysis of personality and word use among bloggers [J]. Journal of research in personality, 2010, 44 (3): 363–373.

[22] Park G, Schwartz H A, Eichstaedt J C, et al. Automatic personality assessment through social media language [J]. Journal of personality and social psychology, 2015, 108 (6): 934–952.

[23] Kosinski M, Stillwell D, Graepel T. Private traits and attributes are predictable from digital records of human behavior [J]. Proceedings of the National Academy of Sciences, 2013, 110 (15): 5802–5805.

[24] Wu Y, Kosinski M, Stillwell D, et al. Computer–based personality judgments are more accurate than those made by humans [J]. Proceedings of the National Academy of Sciences of the United States of America, 2015, 112 (4): 1036–1040.

[25] Kramer A D I, Guillory J E, Hancock J T. Experimental evidence of massive–scale emotional contagion through social networks [J]. Proceedings of the National Academy of Sciences, 2014, 111 (24): 8788–8790.

[26] Gallegos L, Lerman K, Huang A, et al. Geography of Emotion: Where in a City are People Happier? [C] // Proceedings of the 25th International Conference Companion on World Wide Web. International World Wide Web Conferences Steering Committee, 2016: 569–574.

[27] Michel J B, Shen Y K, Aiden A P, et al. Quantitative analysis of culture using millions of digitized books [J]. science, 2011, 331 (6014): 176–182.

[28] Greenfield P M. The changing psychology of culture from 1800 through 2000 [J]. Psychological science, 2013, 24 (9): 1722–1731.

[29] Twenge J M, Campbell W K, Gentile B. Increases in individualistic words and phrases in American books, 1960–2008 [J]. PloS one, 2012, 7 (7): e40181.

[30] Grossmann I, Varnum M E W. Social structure, infectious diseases, disasters, secularism, and cultural change in America [J]. Psychological science, 2015, 26 (3): 311–324.

[31] Ram S, Zhang W, Williams M, et al. Predicting asthma–related emergency department visits using big data [J]. IEEE journal of biomedical and health informatics, 2015, 19 (4): 1216–1223.

[32] Eichstaedt J C, Schwartz H A, Kern M L, et al. Psychological language on Twitter predicts county–level heart disease mortality [J]. Psychological science, 2015, 26 (2): 159–169.

[33] Settanni M, Marengo D. Sharing feelings online: studying emotional well–being via automated text analysis of Facebook posts [J]. Frontiers in psychology, 2015, 6: 1045.

[34] Garett R, Liu S, Young S D. The relationship between social media use and sleep quality among undergraduate students [J]. Information, Communication & Society, 2016: 1–11.

[35] Bollen J, Mao H, Zeng X. Twitter mood predicts the stock market [J]. Journal of Computational Science, 2011, 2 (1): 1–8.

[36] Bordino I, Battiston S, Caldarelli G, et al. Web Search Queries Can Predict Stock Market Volumes [J]. PLoS one, 2012, 7 (7): e40014.

[37] Preoţiuc–Pietro D, Volkova S, Lampos V, et al. Studying user income through language, behaviour and affect in social media [J]. PloS one, 2015, 10 (9): e0138717.

[38] Barchiesi D, Moat H S, Alis C, et al. Quantifying international travel flows using Flickr [J]. PloS one, 2015, 10 (7): e0128470.

[39] Caldarelli G, Chessa A, Pammolli F, et al. A multi–level geographical study of Italian political elections from

Twitter data [J]. PloS one，2014，9 (5)：e95809.

[40] Bond R，Messing S. Quantifying social media's political space：Estimating ideology from publicly revealed preferences on Facebook [J]. American Political Science Review，2015，109 (01)：62–78.

[41] Reed M. Social network influence on consistent choice [J]. Journal of choice modelling，2015，17：28–38.

[42] Sylwester K，Purver M. Twitter language use reflects psychological differences between Democrats and Republicans [J]. PloS one，2015，10 (9)：e0137422.

[43] Wojcik S P，Hovasapian A，Graham J，et al. Conservatives report，but liberals display，greater happiness [J]. Science，2015，347 (6227)：1243–1246.

[44] Lu X，Brelsford C. Network structure and community evolution on twitter：human behavior change in response to the 2011 Japanese earthquake and tsunami [J]. Scientific Reports，2014，4：6773.

[45] Botta F，Moat H S，Preis T. Quantifying crowd size with mobile phone and Twitter data [J]. Royal Society open science，2015，2 (5)：150162.

[46] 乐国安，董颖红，陈浩，等. 在线文本情感分析技术及应用 [J]. 心理科学进展，2013，21 (10)：1711–1719.

[47] 董颖红，陈浩，赖凯声，等. 微博客基本社会情绪的测量及效度检验 [J]. 心理科学，2015，38 (5)：1141–1146.

[48] 赖凯声，陈浩，钱卫宁，等. 微博情绪与中国股市：基于协整分析 [J]. 系统科学与数学，2014(5)：565–575.

[49] Dong Y，Chen H，Qian W，et al. Micro-blog social moods and Chinese stock market：the influence of emotional valence and arousal on Shanghai Composite Index volume [J]. International Journal of Embedded Systems，2015，7 (2)：148–155.

[50] Dong Y，Chen H，Tang X，et al. Collective Emotional Reaction to Societal Risks in China [C] //Systems，Man，and Cybernetics(SMC)，2015 IEEE International Conference on. IEEE，2015：557–562.

[51] Dong Y，Chen H，Tang X，et al. Prediction of social mood on Chinese societal risk perception [C] //Behavioral，Economic and Socio-cultural Computing(BESC)，2015 International Conference on. IEEE，2015：102–108.

[52] Inbar Y，Pizarro D，Iyer R，et al. Disgust sensitivity，political conservatism，and voting [J]. Social Psychological and Personality Science，2012，3 (5)：537–544.

[53] 高树青，陈浩，赖凯声，等. 厌恶情绪网络表达与地区民族主义氛围 [C] // 第十八届全国心理学学术会议摘要集——心理学与社会发展. 2015.

[54] Lai K，Chen H，Qi L，et al. Times makes heroes or heroes shape their times?：The emotion relationship between elites and masses on micro-blogging [C] //Behavior，Economic and Social Computing(BESC)，2014 International Conference on. IEEE，2014：1–7.

[55] 汪静莹，甘硕秋，赵楠，等. 基于微博用户的情绪变化分析 [J]. 中国科学院大学学报，2016，33 (6)：815–824.

[56] 叶勇豪，许燕，朱一杰，等. 网民对"人祸"事件的道德情绪特点——基于微博大数据研究 [J]. 心理学报，2016(3)：290–304.

[57] 黄璐，吴娜，游志麒，等. 情绪体验与社交网站使用行为的关系：基于新浪微博的研究 [J]. 中国临床心理学杂志，2016，24 (3)：409–412.

[58] 王莹，朱廷劭. 微博人格结构的词汇学研究 [C] // 全国心理学学术会议. 2014.

[59] Li L，Li A，Hao B，et al. Predicting active users' personality based on micro-blogging behaviors [J]. PloS one，2014，9 (1)：e84997.

[60] 朱廷劭. 大数据时代的心理学研究及应用 [M]. 科学出版社，2016.

[61] 管理，郝碧波，程绮瑾，等. 不同自杀可能性微博用户行为和语言特征差异解释性研究 [J]. 中国公共

卫生，2015，31（3）：349–352.
［62］彭凯平．“幸福中国”大数据研究［J］．心理技术与应用，2014（8）：3–4.
［63］汪静莹，朱廷劭，郝碧波，等．微博用户生活满意度微博语言及行为特征分析［J］．中国公共卫生，2016，32（2）：225–229.
［64］朱廷劭，白朔天，李昂．基于社会媒体大数据的群体事件风险预警［C］// 全国心理学学术会议．2013.
［65］Jia J S，Jia J，Hsee C K，et al. The Role of Hedonic Behavior in Reducing Perceived Risk：Evidence From Postearthquake Mobile–App Data［J］．2017，28（1）：23–35.
［66］Chen H，Dong Y，Lai K. Revisit hemline index theory：Forecasting daily trading of short skirts by stock market in China［C］//Behavioral，Economic and Socio–cultural Computing（BESC），2016 International Conference on. IEEE，2016：1–6.
［67］喻丰，彭凯平，郑先隽．大数据背景下的心理学：中国心理学的学科体系重构及特征［J］．科学通报，2015（5）：520–533.

撰稿人：乐国安　赖凯声

危机情境中个体与群体的身心互动效能模型

2010年3月28日14时30分，山西王家岭煤矿发生透水事故。被困井下的矿工们以超强的意志坚守待援，同疲劳、饥饿、病痛、恐惧作斗争。他们互相鼓励、互相安慰，合理使用矿灯和其他设备，靠吃松树皮、皮带、喝凉水、尿液坚守了8天8夜，终于盼来了救援队伍。事发时共有261人在井下作业，其中108人升井，153人被困井下，最后115人获救。他们用行动告诉人们，生命虽然脆弱却又是何等坚强！

这样的故事震撼人心，毫无疑问，是强大的心理能量突破了生理极限，托举起生命之重。当灾难将生理资源消耗殆尽的时候，个体的心理效能依然得以调动，整体能量延续了顽强的生命。此时，个体心理系统的功能往往超过了生理系统的作用。研究已经证实个体的某些特质因素起着关键性的作用，如神经质[1-3]、心理韧性（resilience）[4, 5]。但对于这样的危机条件下，个体的身心两个系统会如何相互作用的研究还十分欠缺。

本文首先对危机情境中个体的身心反应以及更广泛的生理与心理两大系统相互作用的过往研究进行了回顾，并介绍了本课题组提出的危机情境下身心互动效能模型的内涵。接下来，介绍了国内外对身心关系与利他问题研究的最新进展，分析了关注点的异同以及存在的差距。最后，课题组展望了未来研究的可能方向，并针对如何将研究成果运用于实践提出了详细建议。

1 领域研究综述

危机情境具有三大特征，即对社会及个人产生严重威胁、时间压力和高度不确定性[6]。因其突然发生、几无预兆，破坏性往往十分严重，瞬间就会对灾难经历者造成巨大的身心损害等负性影响。无论是微观层面的个体应对还是宏观层面的政府干预，首先都要充分理解危机事件下人们的身心状态与变化规律。过往对生理系统与心理系统之间关系的研究为这一问题的探讨提供了一些思路。本课题组在此基础之上创新性地提出了身心互动效能模型的理论框架，探讨危机情境中个体身心系统的交互影响过程，尤其关注具有更大可塑性的心理系统的功能。

1.1 危机事件下的身心状态

过往研究表明，在生理层面上，危机可能引发个体血压、激素水平等指标的异常波动[7]，造成一些医学原因不明症状（medically unexplained symptom，MUS），如肌肉纤维组织疼痛、非心源性胸痛、非溃疡性消化不良等[8，9]。在心理层面上，危机中个体会产生一系列强烈的负性情绪，包括指向外部的恐慌、急躁和愤怒以及指向自我的内疚和悲哀反应，甚至出现急性应激障碍、创伤后应激障碍、抑郁、广泛性焦虑障碍等心理问题[10，11]。在社会心理层面上，危机事件也会对个体造成严重冲击，社会支持和人际社交网络遭到破坏，家庭与工作关系受到影响；控制感、自我效能感、对自我和世界的积极信念显著降低[10–12]。

那么，危机事件是如何作用于个体的身心状态的呢？Selye从医学病理的角度提出了“应激”（stress）和“一般适应性综合征”（general adaptation syndrome，GAS）的概念[13–15]，认为当有机体面临环境出现的有害刺激时，会出现一系列非特异性反应来调节适应，以期恢复到正常的状态，即警觉－抵抗（alarmed–resistance）的过程；但如果刺激持续存在而无法达到“适应”，则会进入衰竭（exhaustion）状态，能量“耗竭”以致加重疾病甚至死亡。应激实际上就是在生理层面调动身体储备的资源（如免疫系统和神经内分泌系统）以应对有害刺激的过程，而应对的有效性在很大程度上取决于机体的应对能力和机体特征[16]。心理学家则从心理和行为反应层面进一步解读了这个过程，认为当个体面对压力或情绪事件时，会首先对事件进行认知评价，评价的结果决定事件是否需要应对[17，18]。在应对的过程中也需要消耗心理资源，相比生理层面的应对，调用心理资源进行应对有更大的灵活性和自主性：情绪取向应对关注痛苦情绪调节，如防御机制、认知重评、分散注意等；问题取向应对关注改变问题情境，如获取信息、改变应激源、寻求社会支持等[18，19]；意义取向应对关注将由灾难事件中获取的局部意义整合到个体的整体价值观中[20，21]。

基于前人的观点，本课题组认为应对危机情境的过程需要消耗大量的生理和心理资源，可能存在两类典型的身－心状态：唤醒－适应与持续－耗竭。具体来说，危机事件发生后，个体首先对所面临的应激源进行评估，一旦危机事件被评估为负性且需应对，个体的生理和心理应激系统就会被唤醒，并开始消耗身心资源来进行应对。无论是因为在应对的过程中应激源撤除（比如危机事件结束，获得解救），还是个体在其有限的生理／心理资源范围内完成了应对过程，都能达到适应状态；而如果应激源强度过大或持续存在，个体持续消耗应对资源后则可能会到达耗竭状态。

1.2 生理与心理系统的双向作用

从宏观意义上讲，对危机情境中身心状态的探讨可以纳入到身－心关系这个从古代哲学到现代科学心理学都备受重视的议题中。Williams和Bargh于2008年在《科学》(*Science*)杂志上发表的研究报告[22]一度掀起了心理学对具身认知的研究热潮。该项研究发现，手持温暖物体的个体相比于持冷物体的个体更容易将一个中性特征的陌生人评价为具有热情等温暖性的特征，也更愿意为自己的朋友挑选礼物，揭示了温度感觉的生理体验对认知过程的影响。根据具身认知的观点，认知过程植根于身体体验，心理系统对温暖感的表征与认知来源于生理系统的温度感觉，因此与温暖感相关的心理变量可能受到对温度的生理体验的影响。其他研究者进一步的研究发现，温度感觉还对社会接近性的知觉和信任行为存在影响[23，24]。

除了温度感觉，明度感觉也对心理系统存在影响，集中在与可见性相关的变量上。其背后的逻辑是明度差异会影响个体的视觉可见性，这种可见性的体验映射到认知层面就反映为匿名性的感知差异、认知建构水平的远近差异等。例如，Steidle，Werth和Hanke发现明度感觉影响个体对心理距离的知觉及认知的建构水平[25]。Zhong，Bohns和Gino证实明度感觉会影响个体对匿名性的知觉，进而影响个体是否做出不道德的欺骗行为[26]。

这些研究表明，生理系统的状态及生理性的体验确实会对心理系统层面的知觉、认知、行为等产生影响，演示了“由身到心”的路径。目前有部分研究则发现还存在反向的作用，即“由心到身”的路径。例如，对社会排斥的研究发现，社会排斥带来的心理层面的孤独感会减少个体的睡眠时间[27]、降低免疫系统的功能[28]、使个体感到更寒冷[29]。Ijzerman和Semin[30]反向验证了Ijzerman和Semin[23]揭示的温度感觉与社会接近性的关系，发现社会接近性（物理距离或相似性）同样能够影响个体生理层面的温度感觉。Banerjee，Chatterjee和Sinha[31]则在Zhong等人[26]研究的基础上，发现心理层面回忆不道德行为对生理层面的亮度感觉产生作用。此外，当个体被启动关于“老”的刻板印象后，实际行走的速度下降[32]，也支持了心理系统对生理系统（身体动作）的作用。

综合以上研究，生理系统与心理系统并不是完全独立存在和运行的，而是一个密不可分的统一整体，存在着双向的相互作用。这一结论也在一定程度上得到了认知神经科学研究的支持。例如，Gallese和Lakoff发现当人们在脑中想象某个具体动作时所激活的脑区与身体实际做出某个动作时相同[33]。再如，Eisenberger和同事发现社会排斥引起的心理疼痛与生理疼痛都激活大脑的前扣带回和腹侧前额叶皮质[34，35]。

简言之，具身认知的思路揭示了“由身到心”的作用过程，即生理系统的状态与变化对个体心理系统的状态产生影响，个体的情绪、认知等心理活动植根于生理系统的体验与特点，并且在生理体验与心理过程之间基于表征的连接存在一定程度的对应关系。反过来，“由心到身”的作用过程认为个体的生理系统同样会受到心理活动的影响，心理层面的认知过程与认知体验会导致生理系统的变化。值得一提的是，相比于具身认知的丰富成果，“由心到身”路径受到的关注还十分有限，有待深入探讨，从而构建起完整的“身心一体”的回路，增进对身心关系的理解。而将生理和心理这两大系统之间的关系整合起来置于危机情境中加以讨论，更是具有关乎生命的重要意义。

1.3 身心互动效能模型与危机应对

对个体而言，身心是一个统一的整体，个体的总效能可以分解为生理系统效能与心理系统效能。本课题组基于以下两个前提提出危机情境下的身心互动效能模型：第一，耗竭状态下的心理系统比生理系统具有更大的可塑性。这是由于，在危机情境中，面临物质条件的极度限制，个体的生理系统在得不到物质补充的情况下效能将逐步损耗，对其直接干预的可能性十分有限；而心理系统效能受客观物质条件的限制相对较小，外部环境或个体内在的因素都可能对心理系统效能产生影响，因而具有更大的可塑性；第二，身心互动是一个具有主动性的过程。即便在生理系统濒临耗竭的情况下，个体仍然有可能通过调动自身心理资源而获得一个较高的心理效能水平，从而维持较高的总能量。

危机是一个影响持续且破坏力巨大的应激源，个体想要避免出现耗竭的状态，就需要在调动生理和心理资源的过程中达到一个平衡。如能在初始阶段就以一个良性的方式调用生理和心理资源，就有助于维持整体的身心能量，使调用过程发挥最大的生存效果，适应危机情境中的应激需求。基于前文所述的两个前提，身心互动效能模型（如图 1 所示）在探讨个体身心系统的交互影响过程时特别关注心理系统的功能。该模型包含以下两个基本过程：

（1）心理系统的自循环过程

处于应激与耗竭状态的个体在生理资源极其有限的条件下，各种内外在因素（相对于影响生理系统）更可能通过影响个体的心理系统，引发其效能改变，形成心理系统的自循环。自循环包含心理维护的正性过程与心理损耗的负性过程，受到特质与情境等诸多因素的影响。

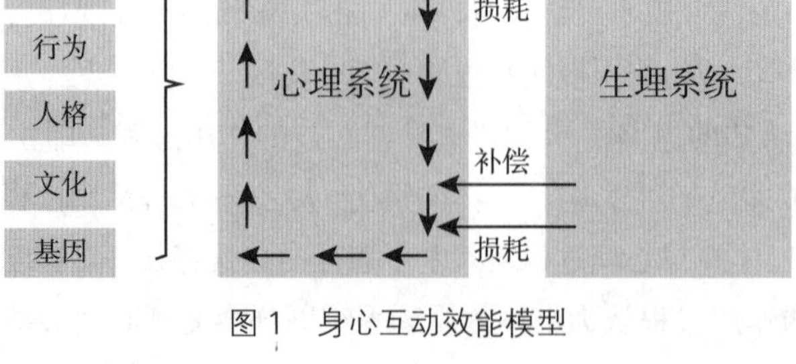

图 1　身心互动效能模型

（2）心理对生理系统的作用过程

个体的心理系统可能在受到自身或外界的各种因素调节后引发正性的过程。除了心理系统自身效能得到维持或提升外，还可能同时作用于生理系统，形成对生理系统的补偿过程；反之，心理系统的负性过程也可能对生理系统造成损耗。简言之，因为心理系统改变或调节而获得或损耗的能量可能反馈到生理系统，形成心理系统对生理系统的补偿或损耗的过程。

由于危机情境中资源匮乏，个体生理系统难以得到直接的补充，心理系统的反应往往成为启动正性或负性循环的关键所在。面对有限的资源，个体既可以选择“经济人”的本能反应尽可能占有资源，从而最大化自己的生存概率，也可能选择遵从社会道德规范互帮互助，甚至无私利他[36]。何种反应更能够启动个体身心资源相互作用的正性循环，真正有效地帮助个体在危机状态下达成最大化的适应性呢？直观来看，利己能够最大限度地保留资源，而利他则反而将有限的资源传递给他人，因此从资源占有的角度而言，利他行为对本人并不具有正性意义。但对利他惩罚现象的研究发现，在一个团体中存在一部分个体，他们愿意花费个人的资源去惩罚那些破坏群体规则的人[37]，并且个体在做出惩罚行为时纹状体尾核的活动水平显著提升[38]，表明利他惩罚给个体带来内部的奖赏体验。因此，本课题组认为，采取利他的应对方式尽管会减少个体所占有的物质资源，但却有可能促进个体心理效能的增加，促成个体内部的良性身心过程，进而补偿其生理状态的耗损。

2 国内外进展及差距分析

危机情境下个体生理－心理系统的互动具有重要的理论研究价值，也对应急管理工作具有实际启发意义。本课题组围绕这一主题进行了大量探索，尤其关注心理系统中“利他”的作用。下文将对课题组的研究成果以及近年来其他学者对利他相关主题的研究进行介绍，对比国内外的研究进展，并分析差异所在。

2.1 国内研究进展

2.1.1 由心到身：利他的自激励效应

身心互动的观点认为身心之间的关系既可以形成身与心的相互促进，也可能相互消耗。本课题组提出，利他的自激励效应是心理系统对个体内部产生的一种良性影响。“自激励”体现在，助人者由于做出利他行为而获得自身的某种生物性的反馈，从而提升正性感受。在特定条件下，利他产生的心理、生理层面的内部效用增益能够弥补甚至超过物质资源等外部效用的损失。因此，利他不仅仅是将资源传递给受助者的过程，更是对助人者本人的一种自我激励的过程。这一效应具有即时性、确定性和不依赖外部反馈三个突出特点[39]。自激励对助人者的益处依靠个体主动调动心理资源就可以实现，这种获益发生在当下而无须等待，并且由于这一过程是指向个体内部的而排除了外界的诸多不确定因素。

利他自激励效应的意义在日常情境下或许并不十分突显，但在危机情境下却非常具有适应性价值。当个体的生理资源受限甚至衰竭之时，个体的心理资源受客观环境和现实资源的限制较小，在耗竭状态下仍具有可塑性。如果个体此时能够以心理系统为突破点，通过主动性的利他行为，实现对生理系统的能量补充和正性影响，由此促进身心正性循环，就有可能维持相对较高的总能量，进而增加自身在危机情境下的生存概率。

基于上述思路，本课题组对利他对助人者的生理系统产生何种影响进行了探讨，得到了多个侧面的实验证据。比如，Hu 等探究了利他对温暖感（warmth）这一基本生存需要的影响，通过 6 个实验发现利他具有提升温暖感知的正性作用，在危机情境和日常情境中都成立[39]。实验 1 在 Amazon Mechanical Turk 网站上进行，以美国桑迪飓风为真实的危机背景，选取经历过飓风的美国居民为被试，请被试分别回忆利他经历（利他组）或利己经历（非利他组），然后报告当时体验的温度感知。结果发现，利他组被试报告的温度知觉显著高于非利他组。实验 2 进行两个实验室实验以重复验证利他对温度知觉的影响。实验 2a 在实验室中模拟地震情境，测量被试的利他意愿，结果发现对室内温度估计随利他意愿提高而增高；实验 2b 对被试的利他行为进行操纵，亦确认了利他对温度知觉存在正性影响，并且社会距离起到中介作用。实验 3（a & b）和实验 4 分别采用实验室实验和现场实验探讨日常情境中利他行为对个体温度知觉是否具有正性作用。采用为打工子弟修订材料的任务，发现与未接受利他任务的被试（非利他组）相比，接受利他任务的被试（利他组）的温度知觉和环境温度估计显著更高；采用为边远地区小学生寄明信片的任务，发现与非利他组和不做任务组相比，利他组被试的温度知觉显著更高。此外，在爱心捐赠的现场活动中，捐赠者对环境温度的估计也显著高于路人。

又如，在危机中，保持轻盈的身体感受对个体的生存具有重要意义，能使个体对自己的身体力量保持积极的认知，减少对外部环境的消极感知，增强求生的信心和力量。本课题组 Li 和 Xie 的研究[40]发现利他能够降低身体负重感（feeling of physical burden），即个体客观上背负或捆绑有重量的物体[41]，感知到需要更大的肌肉力量才能使身体可控地移动[42]。研究 1 发现在两难危机情境中，利他意愿越高的被试将同样的体力活动评价得越不费力，初步验证了利他意愿与身体负重感之间的负相关关系。研究 2 操纵被试在虚拟火灾情境中想象利他行为，结果发现，相比利己组的被试，利他组的被试将同样的体力活动评价得更为不费力，认为山坡没有那么陡峭。研究 3 在 Amazon Mechanical Turk 上实施，给两组美国被试做同样的写作任务，即写一段话描述他们所生活的地方，利他组被试被告知写作内容会寄给边远山区儿童帮助他们了解美国的生活，控制组被试被告知他们的写作内容只是用于研究使用。写作任务完成后，会让被试对一系列日常活动进行评分，结果发现，利他组被试认为相同的体力活动没有那么费力，身体负重感更轻。

研究 4 和 5 在日常情境中验证假设并选取了两种典型的利他行为：帮助别人搬东西和捐款，结果表明帮助别人将一箱东西搬上三楼的被试会将箱子重量估计地更轻；相比那些没有捐款的人，向贫困山区捐款的人会将同样的距离估计得更短，以及认为相同的体力活动没有那么费力。

此外，危机之中人际冲突时有发生，无疑将加剧情境的严峻性。本课题组申秀丽的研究[43]启示，利他行为或许可以帮助个体减少在危机情境中的人际知觉的负性偏差。她考察了危机情景下利他行为对表情的搜索和评价过程的影响。实验 1 以余姚水灾为事件原型，通过文字和图片的方式引导被试想象在情境中完成了利他行为或非利他行为，之后测量被试表情搜索的敏感性，结果发现，利他组相较于非利他组对开心表情表现出更快的搜索速度。实验 2 分别在雅安地震的现场情景和实验室情境下验证了利他对表情效价的作用，一致发现利他使个体对表情效价的知觉更正性。利他的正性影响还延伸到对周围他人的整体表情感知和对生活的整体感受。在经历了 H7N9 禽流感大规模爆发这一危机事件的被试者中，利他行为越多的人越能感知周围他人亲切友好和生活美好。

利他的自激励效应从心到身的路径为身心互动效能模型提供了支持。并且，实证研究证据表明自激励的过程能广泛作用于生理系统的不同层面，为危机情境下认知与行为的适时干预提供了可能。

2.1.2 身心一体：危机中的疼痛知觉

重大危机（如地震、水灾）发生后，由于救援工作受到主客观诸多因素的限制，难免出现人力物资分配不均、程序不公和沟通不畅的情况，在这样的背景下，民众非常容易体验到不公平感。这种心理层面的不愉悦感知将使民众在危机情境中的处境雪上加霜。常常与危机相伴而生的另一种负性体验是疼痛。损伤带来的生理疼痛和资源分配造成的不公平感这两个危机事件中相伴相生的因素是否存在联系呢？本课题组的研究发现，作为生理特质层面的疼痛敏感性的个体差异可以预测不公平体验[44]；反过来，操纵不公平体验也能影响状态性的疼痛知觉[45]。

前人研究表明，疼痛关系到人脑警报系统（alarm system）。当个体遇到威胁刺激时，警报系统会激活。对于高疼痛敏感性的个体，其警报系统更易激活[46]；而警报系统的激活会让人更容易注意到环境中的不公平线索，对模糊情境产生更高的不公平感[47]。因此，疼痛敏感性的个体差异或许可以预测不公平体验。为检验这一假设，Wang 等[44]首先选取了在医院进行体检并抽血的健康被试者，以扎针时的疼痛强度评估作为疼痛敏感性的指标，用量表测量对不公平的敏感性，初步发现对同一刺激强度的疼痛强度报告与不公平体验存在正相关。接着，在实验室中采用不同的疼痛诱发范式和不公平测量范式来进一步验证疼痛敏感性与不公平感的关系。研究 1 采用电击疼痛范式测量疼痛阈限、具有良好效度的不公平情景问卷测量程序不公平体验，发现疼痛阈限可以预测不公平体验。研究 2 采用冷压痛范式测量疼痛耐受性、互动不公平问卷测量不公平体验，发现耐受性越低，感知到的不公平越高。研究 3 则采用经典的最后通牒博弈来启动分配不公平，使用更为可靠的拒绝率和无差异点作为不公平感的指标，发现疼痛阈限可以稳定预测拒绝率和无差异点。研究 4 在研究 3 的基础上，引入刺激强度这一变量，试图说明疼痛敏感性与不公平感的关系是由于疼痛敏感性的稳定性造成的，而不是刺激强度造成的。结果发现，疼痛敏感性和刺激强度的交互作用显著。在高疼痛敏感性条件下，随机分配到高刺激强度下的被试者的拒绝率显著高于低刺激强度下的被试者的拒绝率；而在低疼痛敏感性条件下，高低刺激强度的差异不显著。

疼痛知觉不仅仅受到外部物理刺激的影响，也受到高级认知功能的影响。除了生理疼痛，还存在社会疼痛，即由于被排斥或自身价值被贬低而体验到的负性情绪。本课题组孙晶尧研究了不公平出现时，个体产生的社会疼痛对生理疼痛知觉的影响以及公平偏好的调节作用[45]。研究 1 通过博弈任务启动不公平，比较被试者体验到不公平感前后对冷压疼痛的知觉；研究 2 通过情境问卷引发被试者的不公平感，采用止血带范式测量疼痛知觉的变化，重复验证了不公平感增加疼痛知觉，并且验证了个体公平偏好的调节作用，自私自利者（预期投入小于回报）在不公平情境下体验到更多的疼痛。

这两项研究揭示了疼痛知觉与不公平体验之间的双向关系，为身心互动效能模型提供了直接的实证证据，也为管理实践提供了启示。生理疼痛与心理疼痛若形成负性循环，将恶化危机中心理资源的短缺情况。而“公平”很可能是一个抑制恶性循环、触发良性循环的开关。如果有更多的组织与个人能够在危机管理中打开这一开关，便可能在个体内部与社会层面形成正性循环。

2.1.3 危机中认知与行为的特殊规律

危机情境中个体如何认知与评价某一事件是一个很现实的问题。以道德判断为例，个体需要在抽象的普适价值标准与具体的情境约束之间进行权衡，当个体更关注前者而非后者时，就会对一个不符合价值标准的行为做出更为负性的评价。而危机情境会影响人们对这两类标准的关注程度。

本课题组胡天翊假设危机程度和解释水平会对危机情境中旁观者的道德判断产生交互影响，并且个体对道德标准和情境限制的关注中介这个过程[48]。具体来说，面对一个危机情境中发生的负性事件，不确定性、威胁性和时间紧迫性等特点[49, 50]会同时强化抽象价值标准和具体情境限制的突显性，放大情境的两难冲突，而哪一个过程会更多地主导旁观者的评价结果，则取决于旁观者表征事件的解释水平：当旁观者从一个较高的解释水平来知觉事件时（通常通过增加旁观者与事件的时间距离、空间距离和社会距离），抽象价值标准的影响会主导旁观者的判断，使其对负性事件作出更为消极的评价；而当旁观者对事件进行低解释水平表征时，具体情境限制的影响会主导旁观者的判断，减少其对负性事件的消极评价。

实验 1（a & b）用时间紧迫性操纵危机程度、时间距离操纵解释水平，两个子实验

分别采用与生命无 / 有直接关联的情境考察危机程度与解释水平对道德评价的直接影响。结果发现危机程度和解释水平的交互作用显著，面对情境中没有做出利他行为的主人公，当个体评价近期事件时，危机程度较高的情境会减少个体对行为的负面评价，评价远期事件时，危机程度较高的情境会引发更为消极的道德评价。实验 2 和实验 3 检验中介机制。实验 2 用不确定性操纵危机程度、空间距离操纵解释水平，并通过罗列判断理由的方式对价值标准 – 情境限制关注点进行测量，发现危机程度与解释水平的交互作用显著，判断理由内容的中介效应显著，判断理由顺序的中介效应也显著。实验 3 用威胁性操纵危机程度、社会距离操纵解释水平，并通过条目测量的方式对价值标准 – 情境限制关注点进行测量，发现危机程度与解释水平的交互作用显著，关注点的中介效应也显著。这两个实验重复验证了危机程度与解释水平的交互效应，说明当个体评价近距离事件或熟悉的主人公（低解释水平表征）时，危机程度较高的情境会使个体更为关注主人公在情境中遇到的实际限制，从而减少个体对行为的负面评价，而评价远距离事件或陌生的主人公（高解释水平表征）时，危机程度较高的情境会使个体更为关注情境中提倡的价值标准，从而引发更为消极的道德评价。实验 4 和实验 5 在操纵危机程度和解释水平的基础上，通过直接和间接的方式对个体的价值观 – 情境限制关注点进行操纵，再次考察关注点的中介作用。实验 4 通过指导语提示直接操纵个体对价值标准或情境限制的关注，发现关注点的主效应显著，操纵为关注价值标准的个体相比关注情境限制的个体对利己行为的主人公做出了更为消极的评价；实验 5a 通过死亡提醒操纵间接提升个体对价值标准的关注，结果发现死亡提醒操纵、危机程度和解释水平三者的交互作用显著，在死亡提醒条件下，个体对价值标准的关注主导了其道德评价，而危机程度与解释水平的影响不再显著，而在非死亡提醒条件下则仍然表现出危机程度与解释水平的交互作用；实验 5b 对情境中的情境限制程度进行操纵，结果发现情境限制程度主导了个体的道德评价。7 个实验的结果支持了假设。

2.1.4 利他研究的其他进展

除本课题组的研究外，国内也有少部分学者从利他行为对利他者有何积极影响的视角进行了探讨。一些学者从利他行为给利他者带来“良好信誉”的角度来解释利他行为的发生。这一角度来源于利他的高成本信号理论[51]，认为利他行为需要利他者付出额外的成本，因此传递了利他者的地位、积极人格特质、异性吸引力等方面的信号。例如，邢采、刘婷婷和张希尝试解释在危机情境下为何男性比女性更倾向于表现出助人行为[52]。根据高成本信号理论，危机中的冒险助人行为尽管可能给利他者带来一定受伤风险，但该行为可以展现个体作为一个好配偶的品质，从而使男性在择偶过程中更可能被女性偏爱。该论文探索了激发求偶动机对个体在危机情境下的冒险救助意愿的影响，发现启动择偶动机将会使男性的危机救助意愿提高，却反而降低女性的危机救助意愿。这一结果说明在危机情境下男性的冒险救助行为是一种高成本信号行为，具有吸引异性的功能，为高成本信号理论提供了证据。再如，谈晨皓、王逸博、崔诣晨和王沛对名与利不可兼得的情境下身份信息对舍利取义行为倾向的影响进行了综述[53]。根据竞争性利他理论，舍利取义行为是吸引他人对自己“投资”的策略，从而使自己获利。由于身份中蕴含代表获利可能性的信息，故成为名利博弈倾向的核心影响因素。这些学者认为，获利可能性信息可以分为以能力为代表的客观回应潜力与以社会距离为代表的主观回应潜力。前者限定了舍利取义者可能带来利益的上限，而后者反映着个体主观认为他人向自己提供利益的可能。

另一个关注点是利他行为与利他者幸福感的关系。例如，郑显亮和王亚芹通过问卷调查考察了网络利他行为、自我效能感、自尊和主观幸福感之间的关系[54]。被试者为 1376 名青少年。在控制人口统计学变量后，网络利他行为可以显著地正向预测青少年的主观幸福感；并且自尊对网络利他行为与主观幸福感之间的关系具有调节作用；此外，自我效能感在这一调节模型中起到完全中介作用。

2.2 国外研究进展

2.2.1 由身到心：具身认知研究

自 2008 年《科学》（*Science*）杂志发表温度感觉影响认知评价的研究报告起，心理学家对具身认知领域表现出了极大兴趣，并且取得了许多有趣的结果。例如，对温度感觉的进一步研究发现，其他与温暖感相关的心理变量也受到对温度的生理体验的影响，如社会接近性的知觉、信任行为[23, 24]。明度感觉方面的研究揭示，昏暗的暖色调光源会促进自我导向个体的人际相互依赖的自我构念，从而导致其对合作性冲突解决策略的偏好[55]。

Ackerman，Nocera 和 Bargh 同样在《科学》（*Science*）杂志上发表文章，探究了柔软 – 坚硬、光滑 – 粗糙以及分量轻重这一系列触觉感受对个体社会判断与决策的影响[56]。请被试手持重量不同的可以夹纸的文件板阅读关于工作应聘者的简历信息，之后对应聘者进行评估。结果发现，手持重物会让被试认为应聘者更加重要。在对光滑 – 粗糙感的研究中，研究者请被试先完成一个五块拼图游戏，而拼图的粗糙程度不同。然后再请被试阅读一段文字，让其评价文字中表现的人际关系的和谐程度。结果发现，触摸粗糙物体使被试感到人际关系更不和谐，人际互动更不顺畅。此外，与触摸柔软物体相比，触摸坚硬物体会使被试在谈判任务中更不容易改变最初的决定。该研究说明不同类型的基本触觉体验会对个体的高级社会认知过程产生特异的影响。

另外，还观察到味觉对心理系统的影响。一般认为人们在感到高兴的时候更容易花钱。但是，有研究表明让被试喝下苦味饮料增加了情绪快乐的被试省钱的倾向；而对于情绪低落的被试，则有相反的结果，即降低其省钱的倾向[57]。该结果在三个实验室实验中得到确认，并且在两个现场实验中也得到重复，表明可以扩展到真实的消费情境中。

具身认知的丰富研究揭示了生理系统的状态与生理性的体验对心理系统的知觉、认知、行为等多个方面产生影响，证明了“由身到心”的路径。

2.2.2 由心到身：利他的自助作用

近年来国外的一些研究也开始关注利他对助人者自身健康的益处，揭示出助人也有自助的作用，在一定程度上为“由心到身”的路径提供了支持。

Whillans，Dunn，Sandstrom，Dickerson 和 Madden[58] 通过纵向研究和实验研究发现，为他人花钱有利于促进老年人的心血管健康。研究 1 中，给别人花钱越多的老人（均被诊断为患有高血压）在两年后的收缩压和舒张压水平都越低，这一效应在控制了社会经济地位、体育活动等其他可能影响血压的因素之后依然成立。研究 2 中，研究者将 73 名 65 岁以上患有高血压的老年人随机分配到两个条件，他们需要在 6 周内将一笔研究经费花在自己或别人身上。结果发现，与为自己花钱相比，为他人花钱的老人收缩压和舒张压都下降了，并且效果与服用降压药和进行锻炼相当。另一项研究发现，捐款行为可以使人们感到身体更有力量[59]。捐款提升了利他者的耐力，在向 UNICEF 捐款之后，与未捐款的控制组相比，捐款者可以将 10 磅重的重物托举更长时间。

为他人付出时间对助人者同样有好处。比如，向室友提供社会支持的大学生在 10 周之内报告了更低的抑郁和焦虑症状[60]。再如，Doré，Morris，Burr，Picard 和 Ochsner 以一款自主开发的提供情绪调节训练的在线应用软件为平台，探究了帮助他人进行调节情绪对助人者自身的影响[61]。研究持续了 3 周，结果发现相比于仅仅在在线平台上分享自身问题和获得情绪支持的个体，帮助他人进行情绪管理的个体抑郁症状减少、心情改善、主观幸福感增加。这是因为，在帮助他人的过程中，个体也提高了自己调节情绪的能力，会在日常生活中更经常地使用重评的技巧。

为他人提供社会支持还能帮助个体更好地应对压力，减少对应激源的生理反应，其收缩压和唾液淀粉酶的变化更良性[62]，更容易从经历丧偶之痛的抑郁中恢复[63]。为他人提供社会支持程度高的个体在压力任务中威胁相关的神经活动更弱，而在看到亲密他人的照片时奖赏相关的神经活动更强[64]，表明利他对助人者而言也是一种奖赏[65]。

2.3 差距分析

综合以上研究进展，下文对国内外在身心关系和利他这两大领域研究中关注的重点问题与研究思路进行简要地对比与分析。

2.3.1 身心关系领域

身－心关系一直是哲学、心理学中的一个重要议题。其复杂性也使得该领域的研究颇具难度。具身认知为探讨这一关键的科学问题提供了新的思路和研究手段。国外在这方面的研究经验已经非常丰富，例如前文所提及的温度、触觉感受、明度以及味觉感受对个体的知觉、认知和行为产生影响。国内学者也在具身认知领域做了一些探索，例如发现在中国文化背景下，蜷缩的身体姿势对个体地位感知产生影响，使人感到地位更加卑微[66]。对温度感觉的研究发现，与冷感觉相比，温暖感受会使被试者高估自己预测未来积极事件和消极事件的情绪强度[67]。最新的研究发现疼痛敏感性与不公平体验共享人脑警报系统，疼痛敏感性这一生理指标的个体差异（无论是疼痛阈限、疼痛耐受性还是对相同疼痛刺激自我报告的疼痛强度）能够预测个体心理上的不公平体验[44]。简言之，生理系统、生理性体验如何影响心理系统的研究取得了比较丰硕的成果，增进了对身心关系的理解。

本课题组则主要从相反的方向（也就是“由心到身”的路径）研究身心关系，认为个体的生理系统同样会受到心理活动的影响，探索心理层面的认知过程与认知体验如何导致生理系统的变化。这种尝试丰富了关于身心两大系统相互影响的知识，为身心互动效能模型，即生理系统与心理系统是统一的密不可分的整体、存在双向作用提供了实证支持。同时，这一观点也得到了国内外的一些研究证据的支持。比如：唐佩佩、叶浩生和杜建政通过 3 个实验考察权力概念的空间大小隐喻效应。结果发现，权力与空间大小之间不仅存在隐喻关系，即权力强的被知觉为空间上大的，而权力弱的则被知觉为空间上小的；而且权力空间大小隐喻效应具有双向性，即空间大小会影响权力概念的加工，权力概念的加工也会影响到空间大小的知觉[68]。又如，Zhang，Zuo，Erskine 和 Hu 对情绪是否影响明度感知进行研究，用不同的方式启动被试的快乐或者悲伤情绪，发现与感到悲伤的被试相比，感到快乐的被试感觉房间更加明亮；而且会感到计算机屏幕上呈现出的黑白照片更加明亮[69]。

2.3.2 利他领域

国外对利他的研究起步很早，目前已经积累了相当丰富的实验证据。过往研究大多探讨哪些因素会影响利他行为，从而为回答如何促进利他行为这一问题提供基础。对利他的前因变量的新近研究包括动机[70, 71]、情绪[72]、受助者特征[73–76]等。

另一个研究重点则是利他对社会和受助者的影响[77]。现有研究已经揭示接受社会支持与受助者身体健康[78]和各种幸福感的指标有关，包括积极情绪、生活满意度、更低的抑郁和焦虑感（综述请查阅［79］）。并且，当受助者处于压力下时，社会支持的作用更加明显[80]。

然而，由于利他行为会降低利他者自己生存和繁殖的机会，它如何得到进化一直是吸引各学科学者不断探索的一个难题。本课题组从利他会给利他者本人带来何种积极反馈的角度切入，是一个独特的思路。课题组提出并验证了利他的“自激励”效应，揭示了利他对利他者生理系统即时、确定的正性作用，挑战了大众心目中认为无私的亲社会行为者比自私者更少从行为中获益[81]这一启发式认知。

近年来，国内外的研究者也越来越关注这一思路，发现了利他对利他者的心理系统和人际过程的一些益处。从长期的角度来看，国内外研究发现利他行为可以提高利他者自我效能感[82]、增加心理幸福感[54]、促进人际关系、有利于身体健康[79]等。从利他者与群体中其他人互动的角度来看，研究发现了利他行为通过传递出利他者个人品质[83]、地位[84]

以及择偶吸引力[85]的信号，使利他者在日后的人际互动中得到更多尊重、合作及择偶机会，从而使利他者获益。

3 未来研究展望及政策建议

3.1 研究展望

本课题组围绕身心互动效能模型对危机情境下的利他行为、疼痛知觉和认知规律开展了一系列研究，现阶段的研究成果为未来对这些问题的进一步探讨做了较好的铺垫。在此基础上，课题组指出了三个可能的方向，希望能对后续关于危机、身心关系、利他等问题的研究起到抛砖引玉的作用。

3.1.1 在身心关系的框架下探讨利他问题

成语云，“赠人玫瑰，手有余香。”古今中外，无论学者们还是社会大众，对利他这一美德都有着浓厚的兴趣。利他问题也是心理学中的研究热点。本课题组从身心互动的角度关注利他行为究竟会给利他者本人带来怎样积极或消极影响的研究，为利他研究贡献了新的思路和独到的切入点。近年来，我们也看到关注利他者福祉的研究[61]渐渐呈现出增长的趋势。捐钱、付出时间、提供社会支持等诸多形式的利他行为会如何作用于利他者的生理系统，其行为层面、心理层面、生理层面甚至更基础的基因层面的机制如何，都有待探索。可以说，在身心互动的框架下研究利他行为是一片方兴未艾的领域，具有广阔的前景。对利他者心理系统与生理系统互动过程的探讨也能为身心关系这一古老而经典的科学问题提供新的实验证据。

未来研究不妨从以下两个方向来考虑。从宏观层面上，可以尝试运用新兴的大数据研究方法直观地演示出长期从事利他行为的志愿者与非利他者在身心状态等方面的差异。从微观层面上，应当深入到个体的内部过程，揭示身心互动的动态过程与内在机理。例如，结合 fMRI 等认知神经科学技术手段和生物学研究方法，对利他者的脑区结构、神经活动、体内激素水平、神经递质变化等客观指标进行检测与分析。

3.1.2 挖掘正性循环的触发要素与边界条件

在危机情境中，防止身心资源耗竭是一个关系到生死存亡的重要目标；在日常生活中，维持较高水平的身体能量和活力则可能影响到个体的幸福感体验以及在工作场所中的绩效表现。因此，挖掘能够促使个体身心感受形成正性循环的因素对个体和社会都意义深远。

课题组对 200 位护理人员进行了持续两周每天 3 次的线上问卷的经验取样法调查，发现人际公民行为（OCB–I）是一种资源投资的行为，与正性情绪形成“促进资源增加”的互惠关系，表现为个体富有正性情绪时更容易做利他行为，而做利他行为又增进了正性情绪；与身体疲劳感形成“预防资源流失”的互惠关系，表现为较少的疲劳感能促进个体的利他行为，而利他行为又能减缓个体的疲劳感[86]。这项研究揭示了利他对身心感受的反馈机制，并且指出了一种可能性，即通过利他行为创造个体资源的上升螺旋；同时，也激发未来研究者继续探索触发身心资源正性循环的其他可能因素。

值得指出的是，OCB–I 增加正性情绪、降低疲劳感的积极作用可能存在临界点。Lanaj，Johnson 和 Wang 的研究就发现帮助他人对个人资源损耗的影响在一天当中是曲线的变化，帮助得越多则损耗得越厉害[87]。未来需要进一步研究在何种情况下 OCB–I 会对个体身心资源感受造成“过犹不及”的消极后果。

3.1.3 借助危机情境理解利他的进化难题

本课题组将利他问题置于危机情景中探讨，对于解答“利他行为是如何得以进化的？”这一世界性难题[88]是一个独到的视角，也为经久不衰的“人性本善还是本恶”争论提供了新的实验证据。课题组的研究发现，在危机情景中，当个体的自我控制水平较低时，亲社会动机更占主导，个体会因而更多做出利他行为，表现出与非危机情境下不同的规律[89, 90]。从进化的角度看，个体在危机中的这种行为反应是具有适应性意义的。在危机情境下，虽然利他在客观上消耗了利他者的物质资源，造成其外部效用的下降，但与此同时，利他的自激励效应能够为利他者带来在危机下极为关键的内部效用的增益；当内部效用的增益能够弥补甚至超过外部效用的损失时，利他者在整体上的适应性就会较自私取向的个体更高[91]。换言之，利他行为可能对个体应对危机产生积极影响，在这一特定条件下提高利他者的适应性，使其在自然选择中存活；相应地，危机也促成了利他倾向在群体中的保存。继而，利他倾向通过漫长的进化过程逐渐延伸到更广泛的一般情境。未来研究可以沿着这一思路，借助危机情境理解人们的利他 / 利己选择，从而深入对利他行为的适应性问题的认识。

3.2 政策建议

本课题组的多项研究发现利他行为能够给利他者自身带来认知和生理层面的积极影响。此外，危机情境下个体的某些认知与行为规律有别于日常情境。为使研究成果更好地服务于危机应对与管理的实践、落实利他对个体的积极意义，课题组提出以下三项建议：一是将利他作为一种危机应对的预先干预途径，纳入现行的应急教育体系；二是针对弱势群体，充分挖掘和落实利他对他们的积极意义；三是在危机管理的信息传播与沟通过程中，合理地进行时间维度和空间维度的选择。

3.2.1 利他作为危机应对的预先干预途径和危机管理的有效手段

身心互动效能模型为在危机应对的教育与宣传中开展预先干预提供了理论支持，一定程度上能够弥补事后干预模式的不足。课题组倡导学校、社区、公益组织等单位在应急教育中增加利他影响自身危机应对的知识与模拟练习。向民众科普利他可以激发自身心理资源、引发身心正性互动等知识点；创设可行的情景，引导个体发出利他行为，并体会在此过程中积极的身心体验。

同时，应当努力改变大众对“利他仅仅利他”的认知偏见。传统的文化宣传中往往将利他与自我牺牲、以群体利益为重相联系，一味地传达利他对他人有益的观点，使人们下意识地将利他与利己对立起来，视二者为不可兼容的选择。课题组认为，强调利他对自身有好处、使大众知晓助人者亦是利他行为的受益者或许具有更好的劝服效果，能够鼓励人们自发地去实施利他行为，将利他作为应对工作场所压力或危机应激状态的一种干预手段。

此外，自激励效应对解决危机中由于个体看重自保、忽视他人利益而产生的不利于群体和谐的失序事件有很强的启发意义。在危机管理中，安置、组织受灾人员关注其他人的受灾受伤状况，适当提供有组织的利他事件与环境，可能有效缓解危机引发的焦虑情绪和不安全感，并且可能通过利他行为触发良好的群体内与群体间互动。因此，管理者可以将利他作为加强危机管理、正确引导群众、减少群体矛盾的有效心理手段。

3.2.2 在日常生活中充分发挥利他对弱势群体的积极意义

利他对助人者的积极意义不仅仅在危机情境中得到彰显，将其置于日常情境中同样具有深刻的价值，尤其是对病人和老人等弱势群体。病人和老人在过去往往被当做利他行为的接收者，而非发出者。但倘若打破传统观念，倡导他们体验力所能及的利他行为，赋予他们发挥自身的主观能动性的机会，可能有利于他们更好地应对疾病带来的生理和心理上的不适。

20 世纪 70 年代哈佛心理学家埃伦·兰格（E. J. Langer）在养老院中进行的一项经典研究[92]很好地演示了这一思路。老人被随机分为两组，其中一组享受护工无微不至的照料，所有事情都无须他们亲自动手，而另一组则需要适当规划和照顾自己的生活，例如每天照顾花朵。一年半后，研究者发现后一组（而非无忧无虑的）老人更开心和健康，且存活的比例更高。这项说明，适当的责任和控制感能够让个体快乐健康。利他的自激励效应更进一步揭示利他行为不仅让个体获得控制感和主动性，而且同时激发心理资源。因此，课题组倡导在医院、养老院等特殊机构中增加切实可行的针对病人和老人的利他项目，将利他的益处落实于生活实践。

3.2.3 对危机管理中信息传播与沟通的启示

2008 年心理学家普罗宁（E. Pronin）在《科学》（*Science*）杂志发表综述指出，个体在知觉自我和他人时存在系统性的偏差[93]。因为“偏差盲点”（bias blind spot）的存在，当个体发觉他人与自己的观点相悖时，其直接的反应是认为他人存在偏差。也即，面对观点分歧，人们往往难以意识到所处的背景或知觉状态对自己或他人观点的影响，而会直接归因于他人的错误。在重大危机情境下，这一认知偏差极有可能加剧。不同个体由于知觉事件时所处的时间、空间或社会距离不同，对危机中的一些消极事件可能形成差异化的评价，并体现在多个层面，如对事件本身的评价，处于危机情境外围的普通民众可能有截然不同的看法，从而在网络上引发激烈争论；延伸到对事件的处理，处于情境中心的危机管理人员（如官员、救援人员）与情境边缘或外围的人员（如媒体和普通民众）观点可能存在分歧，进而在某个危机管理措施或具体事件的处理方式上产生误解。这些潜在的观点差异会进一步带来情绪上的对立和冲突，加大沟通的难度。对此，课题组提出，在危机管理中，无论是消极信息的传播，还是对特定处理方式的解释与沟通，都需要考虑到传播和沟通过程中的时空距离和社会距离因素。

对危机管理人员（信息的发布者和沟通者）而言，在信息发布和沟通时，需要更明确地将当前需要传递的信息重点突出，减少作为信息接收方的民众由于外部知觉条件变化（如与危机情境的时空距离）而对信息核心关注点的改变。对兼具信息接收者与传递者双重身份的媒体人员而言，应增加其对自身知觉状态的理解，这有助于减少他们在知觉信息时可能出现的偏差，也能使他们更有效地扮演信息传递的角色。对科普人员而言，应当有意识地将有关的研究成果介绍给民众，从而更好地理解危机情景中的各种矛盾冲突的前因后果，为减少观点分歧和情绪对立做出努力。

参考文献

[1] Boyce P，Parker G，Barnett B，et al. Personality as a vulnerability factor to depression [J]. The British Journal of Psychiatry，1991，159（1）：106–114.

[2] Muris P，Roelofs J，Rassin E，et al. Mediating effects of rumination and worry on the links between neuroticism，anxiety and depression [J]. Personality and Individual Differences，2005，39（6）：1105–1111.

[3] Wang Z，Gan Y. Coping mediates between social support，neuroticism，and depression after earthquake and examination stress among adolescents [J]. Anxiety，Stress，and Coping，2011，24（3）：343–358.

[4] Goodman R，West–Olatunji C. Transgenerational trauma and resilience：Improving mental health counseling for survivors of Hurricane Katrina [J]. Journal of Mental Health Counseling，2008，30（2）：121–136.

[5] Watson P J，Brymer M J，Bonanno G A. Postdisaster psychological intervention since 9/11 [J]. American Psychologist，2011，66（6）：482–494.

[6] Rosenthal U，Charles M T，t Hart P，et al. From case studies to theory and recommendations：A concluding analysis [J]. In U. Rosenthal，M. T. Charles，and P.'t Hart（Eds），Coping with Crises：The Management of Disasters，Riots and Terrorism.（pp. 436–472）. Springfield，IL：Charles C. Thomas.1989.

[7] Saito K，Kim J I，Maekawa K，et al. The great Hanshin–Awaji earthquake aggravates blood pressure control in treated hypertensive patients [J]. American Journal of Hypertension，1997，10（2）：217–221.

[8] Mayou R，Farmer A. Functional somatic symptoms and syndromes [J]. British Medical Journal，2002，325（7358）：265–268.

[9] van den Berg B，Grievink L，van der Velden P G，et al. Risk factors for physical symptoms after a disaster：a longitudinal study [J]. Psychological Medicine，2008，38（04）：499–510.

[10] Dirkzwager A J E，Grievink L，Van der Velden P G，et al. Risk factors for psychological and physical health

problems after a man-made disaster [J] . The British Journal of Psychiatry, 2006, 189 (2): 144-149.

[11] Norris F H, Friedman M J, Watson P J, et al. 60, 000 disaster victims speak: Part I. An empirical review of the empirical literature, 1981-2001 [J] . Psychiatry: Interpersonal and Biological Processes, 2002, 65 (3): 207-239.

[12] Kaniasty K. Predicting social psychological well-being following trauma: The role of postdisaster social support [J]. Psychological Trauma Theory Research Practice & Policy, 2011, 4 (1): 22-33.

[13] Selye H. A syndrome produced by diverse nocuous agents [J] . Nature, 1936, 138 (3479): 32.

[14] Selye H. Stress and the general adaptation syndrome [J] . British Medical Journal, 1950, 1 (4667): 1383-1392.

[15] Selye H. The Evolution of the Stress Concept: The originator of the concept traces its development from the discovery in 1936 of the alarm reaction to modern therapeutic applications of syntoxic and catatoxic hormones [J] . American Scientist, 1973, 61 (6): 692-699.

[16] 邵枫，林文娟. 应激对免疫作用机制的研究进展 [J] . 心理科学进展，1999，(3): 1-6.

[17] Lazarus R S, Folkman S. Coping as a mediator of emotion [J] . Journal of Personality and Social Psychology, 1988, 54 (3): 466-475.

[18] Lazarus R S. Progress on a cognitive-motivational-relational theory of emotion [J] . American Psychologist, 1991, 46 (8): 819-834.

[19] Lazarus R S, Folkman S. Transactional theory and research on emotions and coping [J] . European Journal of Personality, 1987, 1 (3): 141-169.

[20] Park C L. Making sense of the meaning literature: an integrative review of meaning making and its effects on adjustment to stressful life events [J] . Psychological Bulletin, 2010, 136 (2): 257-301.

[21] Park C L, Folkman S. Meaning in the context of stress and coping [J]. Review of General Psychology, 1997, 1 (2): 115-144.

[22] Williams L E, Bargh J A. Experiencing physical warmth promotes interpersonal warmth [J] . Science, 2008, 322 (5901): 606-607.

[23] IJzerman H, Semin G R. The thermometer of social relations mapping social proximity on temperature [J] . Psychological Science, 2009, 20 (10): 1214-1220.

[24] Kang Y, Williams L E, Clark M S, et al. Physical temperature effects on trust behavior: The role of insula [J] . Social Cognitive and Affective Neuroscience, 2011, 6 (4): 507-515.

[25] Steidle A, Werth L, Hanke E V. You can't see much in the dark [J] . Social Psychology, 2011.

[26] Zhong C B, Bohns V K, Gino F. Good lamps are the best police: Darkness increases dishonesty and self-interested behavior [J] . Psychological Science, 2010, 21 (3): 311-314.

[27] Cacioppo J T, Hawkley L C, Berntson G G, et al. Do lonely days invade the nights? Potential social modulation of sleep efficiency [J] . Psychological Science, 2002, 13 (4): 384-387.

[28] Cacioppo J T, Hawkley L C, Berntson G G. The anatomy of loneliness [J] . Current Directions in Psychological Science, 2003, 12 (3): 71-74.

[29] Zhong C B, Leonardelli G J. Cold and lonely does social exclusion literally feel cold? [J] . Psychological Science, 2008, 19 (9): 838-842.

[30] IJzerman H, Semin G R. Temperature perceptions as a ground for social proximity [J] . Journal of Experimental Social Psychology, 2010, 46 (6): 867-873.

[31] Banerjee P, Chatterjee P, Sinha J. Is it light or dark? Recalling moral behavior changes perception of brightness [J]. Psychological Science, 2012, 23 (4): 407-409.

[32] Dijksterhuis A, Bargh J A. The perception-behavior expressway: Automatic effects of social perception on social

behavior [J]. Advances in Experimental Social Psychology，2001，33：1–40.

[33] Gallese V，Lakoff G. The brain's concepts：The role of the sensory–motor system in conceptual knowledge [J]. Cognitive Neuropsychology，2005，22 (3–4)：455–479.

[34] Eisenberger N I，Lieberman M D，Williams K D. Does rejection hurt? An fMRI study of social exclusion [J]. Science，2003，302 (5643)：290–292.

[35] Eisenberger N I. Broken Hearts and Broken Bones A Neural Perspective on the Similarities Between Social and Physical Pain [J]. Current Directions in Psychological Science，2012，21 (1)：42–47.

[36] Frey B S，Savage D A，Torgler B. Interaction of natural survival instincts and internalized social norms exploring the Titanic and Lusitania disasters [J]. Proceedings of the National Academy of Sciences，2010，107 (11)：4862–4865.

[37] Fehr E，Gachter S. Cooperation and punishment in public goods experiments [J]. American Economic Review，2000，90 (90)：980–994.

[38] De Quervain D J F，Fischbacher U，Treyer V，et al. The neural basis of altruistic punishment [J]. Science，2004，305 (5688)：1254–1258.

[39] Hu T Y，Li J，Jia H，et al. Helping Others，Warming Yourself：Altruistic Behaviors Increase Warmth Feelings of the Ambient Environment [J]. Frontiers in Psychology，2016，7 (464).

[40] Li X，Xie X. The helping behavior helps lighten physical burden [J]. Basic and Applied Social Psychology. 2017.

[41] Proffitt D R. Embodied perception and the economy of action [J]. Perspectives on Psychological Science，2006，1 (2)：110–122.

[42] Turvey M T, Shockley K, Carello C. Affordance, proper function, and the physical basis of perceived heaviness [J]. Cognition，1999，73 (2)：B17–B26.

[43] 申秀丽. 让我们眼中的他人更美好——危机情境中利他对于表情感知的影响 [D]. 北京：北京大学心理学系，硕士学位论文，2014.

[44] Wang H，Li K，Xie X. Individual differences in pain sensitivity predict the experience of unfairness [J]. Journal of Health Psychology，2017：1359105316685902.

[45] 孙晶尧. 不公平感影响疼痛知觉 [D]. 北京：北京大学心理学系，学士学位论文，2013.

[46] Eisenberger N I，Lieberman M D. Why rejection hurts：a common neural alarm system for physical and social pain [J]. Trends in cognitive sciences，2004，8 (7)：294–300.

[47] Van den Bos K，Ham J，Lind E A，et al. Justice and the human alarm system：The impact of exclamation points and flashing lights on the justice judgment process [J]. Journal of Experimental Social Psychology, 2008, 44 (2)：201–219.

[48] 胡天翊. 义不容辞还是情有可原：危机情境下的道德判断 [D]. 北京：北京大学心理学系，博士学位论文，2013.

[49] Hermann C F. Some consequences of crisis which limit the viability of organizations [J]. Administrative Science Quarterly，1963：61–82.

[50] Rosenthal U，Kouzmin A. Crises and crisis management：Toward comprehensive government decision making [J]. Journal of Public Administration Research and Theory：J–PART，1997：277–304.

[51] Zahavi A. Mate selection—a selection for a handicap [J]. Journal of theoretical Biology，1975，53 (1)：205–214.

[52] 邢采，刘婷婷，张希. 危机情境下的亲社会行为：求偶动机对危机救助意愿的影响 [J]. 心理科学，2015，38 (1)：172–178.

[53] 谈晨皓，王逸博，崔诣晨，等. 名利博弈中的舍利取义行为 [J]. 心理科学进展，2016，24 (12)：1907–1916.

[54] 郑显亮，王亚芹．青少年网络利他行为与主观幸福感的关系——一个有中介的调节模型［J］．心理科学，2017，40（1）：70-75.

[55] Kombeiz O，Steidle A，Dietl E. View it in a different light：Mediated and moderated effects of dim warm light on collaborative conflict resolution［J］．Journal of Environmental Psychology，2017.

[56] Ackerman J M，Nocera C C，Bargh J A. Incidental haptic sensations influence social judgments and decisions［J］．Science，2010，328（5986）：1712-1715.

[57] Cai F，Yang Z，Wyer R S，et al. The interactive effects of bitter flavor and mood on the decision to spend or save money［J］．Journal of Experimental Social Psychology，2017，70：48-58.

[58] Whillans A V，Dunn E W，Sandstrom G M，et al. Is spending money on others good for your heart?［J］．Health Psychology，2016，35（6）：574-583.

[59] Gray K. Moral transformation good and evil turn the weak into the mighty［J］．Social Psychological and Personality Science，2010，1（3）：253-258.

[60] Crocker J，Canevello A，Breines J G，et al. Interpersonal goals and change in anxiety and dysphoria in first-semester college students［J］．Journal of Personality and Social Psychology，2010，98（6）：1009-1024.

[61] Doré B P，Morris R R，Burr D A，et al. Helping Others Regulate Emotion Predicts Increased Regulation of One's Own Emotions and Decreased Symptoms of Depression［J］. Personality and Social Psychology Bulletin，2017，43（5）：729-739.

[62] Inagaki T K，Eisenberger N I. Giving support to others reduces sympathetic nervous system-related responses to stress.［J］．Psychophysiology，2016，53（4）：427-435.

[63] Brown S L，Brown R M，House J S，et al. Coping with spousal loss：potential buffering effects of self-reported helping behavior.［J］．Personality and Social Psychology Bulletin，2008，34（6）：849-861.

[64] Inagaki T K，Haltom K E B，Suzuki S，et al. The Neurobiology of Giving Versus Receiving Support：The Role of Stress-Related and Social Reward-Related Neural Activity［J］．Psychosomatic Medicine，2016，78（4）：443-453.

[65] Inagaki T K，Orehek E. On the Benefits of Giving Social Support：When，Why，and How Support Providers Gain by Caring for Others［J］．Current Directions in Psychological Science，2017，26（2）：109-113.

[66] 黎晓丹，杜建政，叶浩生．中国礼文化的具身隐喻效应：蜷缩的身体使人更卑微［J］．心理学报，2016，48（6）：746-756.

[67] 刘悦．温度对个人决策中情感预测的影响研究［J］．心理学进展，2016，6（8）：884-889.

[68] 唐佩佩，叶浩生，杜建政．权力概念与空间大小：具身隐喻的视角［J］．心理学报，2015，47（4）：514-521.

[69] Zhang X，Zuo B，Erskine K，et al. Feeling light or dark? Emotions affect perception of brightness［J］．Journal of Environmental Psychology，2016，47：107-111.

[70] Hauser D J，Preston S D，Stansfield R B. Altruism in the wild：when affiliative motives to help positive people overtake empathic motives to help the distressed.［J］. Journal of Experimental Psychology General，2014，143（3）：1295-1305.

[71] Hirschberger G，Ein-Dor T，Almakias S. The self-protective altruist：Terror management and the ambivalent nature of prosocial behavior［J］．Personality and Social Psychology Bulletin，2008，34（5）：666-678.

[72] Schnall S，Roper J，Fessler D M T. Elevation Leads to Altruistic Behavior［J］. Psychological Science，2010，21（3）：315-320.

[73] Cameron C D，Payne B K. Escaping affect：how motivated emotion regulation creates insensitivity to mass suffering［J］．Journal of Personality and Social Psychology，2011，100（1）：1-15.

[74] Van Doesum N J，Tybur J M，Van Lange P A M. Class impressions：Higher social class elicits lower prosociality［J］.

Journal of Experimental Social Psychology，2017，68：11-20.
[75] Huneke M，Pinel E C. Fostering selflessness through I-sharing [J]. Journal of Experimental Social Psychology，2016，63：10-18.
[76] Kogut T，Ritov I. "One of us"：Outstanding willingness to help save a single identified compatriot [J]. Organizational Behavior and Human Decision Processes，2007，104（2）：150-157.
[77] Alvarez K，Leeuwen E. Paying it forward：how helping others can reduce the psychological threat of receiving help [J]. Journal of Applied Social Psychology，2015，45（1）：1-9.
[78] Tay L，Tan K，Diener E，et al. Social relations，health behaviors，and health outcomes：A survey and synthesis [J]. Applied Psychology：Health and Well-Being，2013，5（1）：28-78.
[79] Crocker J，Canevello A，Brown A A. Social motivation：Costs and benefits of selfishness and otherishness [J]. Annual Review of Psychology，2017，68：299-325.
[80] Uchino B N. Social support and physical health：Understanding the health consequences of relationships [M]. Yale University Press，2004.
[81] Lin-Healy F，Small D A. Nice Guys Finish Last and Guys in Last Are Nice：The Clash between Doing Well and Doing Good [J]. Social Psychological and Personality Science，2013，4（6）：692-698.
[82] Mogilner C，Chance Z，Norton M I. Giving time gives you time. [J]. Psychological Science，2012，23（10）：1233-1238.
[83] Fehrler S，Przepiorka W. Charitable giving as a signal of trustworthiness：Disentangling the signaling benefits of altruistic acts [J]. Evolution and Human Behavior，2013，34（2）：139-145.
[84] Hardy C L，Van Vugt M. Nice guys finish first：The competitive altruism hypothesis [J]. Personality and Social Psychology Bulletin，2006，32（10）：1402-1413.
[85] Farrelly D，Clemson P，Guthrie M. Are Women's Mate Preferences for Altruism Also Influenced by Physical Attractiveness? [J]. Evolutionary Psychology，2016，14（1）：1-6.
[86] Chuang Y，Zheng L，Song Z，et al. Dual Reciprocal Processes Between Feelings and Interpersonal Citizenship Behaviors：Exploring the Moderating Effects of Time and the DRD4 Gene. Working paper.
[87] Lanaj K，Johnson R E，Wang M. When lending a hand depletes the will：The daily costs and benefits of helping [J]. Journal of Applied Psychology，2016，101（8）：1097-1110.
[88] Kurzban R，Burton-Chellew M N，West S A. The evolution of altruism in humans [J]. Annual review of psychology，2015，66：575-599.
[89] 李靖宇. 低自我控制状态增加危机情景中的利他行为 [D]. 北京：北京大学心理学系，硕士学位论文，2014.
[90] Zhang X，Song Y，Li J，et al. The light in the darkness：Lowered self-control promotes altruism in crisis situations. Under-review.
[91] 谢晓非，王逸璐，顾思义，等. 利他仅仅利他吗？——从进化视角解释利他行为的实证证据. Under-review.
[92] Rodin J，Langer E J. Long-term effects of a control-relevant intervention with the institutionalized aged [J]. Journal of personality and social psychology，1977，35（12）：897-902.
[93] Pronin E. How we see ourselves and how we see others [J]. Science，2008，320（5880）：1177-1180.

撰稿人：北京大学心理与认知科学学院　风险认知与决策实验室

全面深化改革与心理学研究的“已然”和“应然”

1 引言

2013 年 11 月 12 日，中共十八届三中全会通过《中共中央关于全面深化改革若干重大问题的决定》(以下简称《决定》)，明确全面深化改革的总目标是完善和发展中国特色社会主义制度，推进国家治理体系和治理能力现代化。中国特色社会主义制度的完善和发展，本质上是从更加系统、整体和协同的角度，对不同社会行为主体的价值诉求及彼此间的利益关系进行调整和重塑。而对于国家治理体系和治理能力现代化的推进，其核心和逻辑出发点在于社会各阶层的认知调适、心智改善和行为引领。因此，全面深化改革能否顺利推进并取得最终的成功，在理论上和实践上都需要对社会各阶层的认知、心智和行为特征及其动态发展趋势进行准确定义、精准描述并积极干预，而这正是心理学密切关涉的研究主题。所以，当前我国正如火如荼推行的全面深化改革，为心理学的繁荣和发展提供了一个千载难逢的机会。

2 《决定》中与心理学研究密切关涉的相关专题

《决定》由总纲、经济等 7 个部分，坚持和完善基本经济制度等 16 个模块，积极发展混合所有制经济等 60 个专题组成，共计 21540 余字，从不同侧面深入解构了全面深化改革相关领域存在的问题及对应的改革思路，本质上是在对相关行为主体的认知、心智和行为进行程度不等的积极干预。因此，全面深化改革的各个环节和方面都需要心理学的理论贡献，其中与心理学研究最为紧密的有 8 个专题。表 1 列出了与心理学研究密切关涉的全面深化改革的 8 个专题的现实需求及对应的心理学研究课题。

表 1　与全面深化改革密切关涉的心理学研究课题

《决定》位置	《决定》主题	现实需求	心理学研究课题
第 2 专题第 6 条	积极发展混合所有制经济	利益共同体的建构	不同社会群体间一体感的形成和发展机制
第 2 专题第 7 条	完善国有企业现代企业制度	国有企业管理人员激励和约束机制的设计	国有企业管理人员激励和约束机制设计的多重正外部性及其影响因素
第 3 专题第 13 条	深化科技体制改革	产学研协同创新机制的建立及技术创新激励机制的健全	创新行为主体激励和约束机制设计的多重正外部性及其影响因素
第 4 专题第 14 条	转变政府职能	完善发展成果评价体系与新政绩观的重构	地方行政主体激励和约束机制设计的多重正外部性及其影响因素
第 13 专题第 47 条	改进社会治理方式	需求尊重与自觉培育相结合的社会治理机制的创新	重点社会群体多元需求指标体系的构建及配套数据库的建设
第 16 专题第 58 条	加强和改善党的领导	领导班子和领导干部能力的提高	优秀领导班子时空特征及其与领导任务的动态匹配性
第 16 专题第 59 条	全面深化改革的组织保证	干部选育用评制度的优化和完善	干部队伍建设与管理的时空特征及其与工作任务的动态匹配性
第 16 专题第 59 条	全面深化改革的人才支撑	人才潜能开发和具有国际竞争力的优秀人才引进	人才潜能开发和潜能涌现的时空特征及其与工作任务的动态匹配性

从表 1 中可以看出，第 2 专题第 7 条、第 3 专题第 13 条、第 4 专题第 14 条的研究对象虽然不同，但都聚焦相关行为主体的激励和约束机制的设计；第 16 专题第 58 条、59 条均以不同团队的时空特征及其与工作任务的动态匹配性为研究内容，只是 3 个专题的研究对象各有侧重。经归类整合后，可得与全面深化改革密切关涉的四个心理学研究主题：一是敏感群体间一体感的建构与促进；二是特殊社会行为主体激励和约束机制的设计；三是重点社会群体多元需求指标体系的构建及配套数据库的建设；四是关键群体中团队建设与管理的时空特征及其工作任务的匹配性。

3 《决定》发布以来学术界的研究进展

如上对全面深化改革理论和实践驱动下心理学研究的“应然”进行了分析。那么，《决定》发布以来，国内学术界在全面深化改革密切关涉的四个主题研究上都取得了哪些进展？还存在哪些不足？在接下来的几年中，在哪些方面还需进一步聚焦并加大投入？在此对《决定》发布 4 年来我国学术界的研究成果作一概要性回顾，以期为心理学及相关学科研究更好地回应并服务于全面深化改革提供应有的理论指导。

3.1 不同专题热度和产出差异明显，混改与治理创新基础数据建设亟待加强

遵循先森林、后树木的逻辑解构思路，我们分别以与心理学密切关涉的全面深化改革的八个专题对应的“混合所有制与利益共同体”“国有企业员工激励机制”“产学研协同创新机制”“地方政府发展成果评价”“群体心理需求调查”“领导干部与领导班子能力”“干部考核评价制度”“优秀人才吸引”作为主题检索词在中国知网（CNKI）上进行检索，结果见表2。

表2 与心理学密切关涉的全面深化改革八个专题研究文献一览表[①]

检索主题	CNKI 检索结果					
	文献总数	会议报纸	曝光热度	博硕论文	期刊论文	产出难度
混合所有制与利益共同体	67	0	0	13	54	0.24
国有企业员工激励机制	408	153	0.38	98	157	0.62
产学研协同创新机制	846	45	0.05	177	624	0.28
地方政府发展成果评价	304	2	0.01	282	20	14.1
群体心理需求调查	51	11	0.22	29	11	2.64
领导干部与领导班子能力	312	160	0.51	18	134	0.13
干部考核评价制度	605	351	0.58	44	210	0.21
优秀人才吸引	1423	132	0.09	603	688	0.88
总计或平均	4016	854	0.23	1264	1898	0.67

CNKI 检索到的文章，由学术期刊、博士和硕士学位论文、会议和报纸上刊发的文章三部分组成。其中会议报告和报纸上刊发的文章，多为社会关注度高、已（待）达成共识的观点或论断，因此检索期内某一主题在报纸和会议上的文章数量，从一个侧面反映了该主题研究成果的社会转化情况。在此将检索期内检索到的会议和报纸上刊发的文章数量及其与总文献数量的比率定义为“曝光热度”。从表2中数据来看，干部考核评价制度、领导干部和领导班子能力建设和国有企业员工激励机制三个专题，在过去4年中有较高的社会关注度，相关成果的转化也比较充分。而混合所有制与利益共同体、地方政府发展成果评价和群体心理需求调查社会关注明显不足，成果转化也很不理想，是亟待学界深入探究并加强转化的专题。

博士和硕士学位论文及学术期刊上发表文章，是学界研究投入（学位论文）及成果产出（期刊论文）的客观表征，可定义为“学界探索”。显而易见，检索期内“学界探索”

① 本文表2、表3、表4检索文献发表时间为2014年1月1日—2017年9月30日。

的文章数量越多，证明学界对此专题的投入越大，而在文献总数中的占比越高，“曝光热度”就越低。从表 2 中可以看出，学界投入大、曝光热度低的主题依次是地方政府发展成果评价、产学研协同创新机制和优秀人才吸引。证明这三个主题虽颇受学界关注，但共识性成果不多，在学界叫好但在共识上不叫卖，是需要尽快取得突破并切实转化为公共产品的研究主题。

在“学界探索”的两个组成部分中，学位论文数量与期刊论文数量之间的比率，反映了某个研究主题的研究投入和成果发表的难度，简称“产出难度”。从表 2 中可以看出，领导干部与领导班子能力、干部考核评价制度、混合所有制与利益共同体的产出难度相对较小，而地方政府发展成果评价、群体心理特征调查和优秀人才吸引的产出难度较大。综上所述，在过去 4 年中，学术界在与心理学密切关涉的全面深化改革中的八个专题在研究投入、成果产出、成果转化等方面之间存在程度不等的差距，具体结果见表 3。

表 3　过去 4 年与心理学密切关涉的全面深化改革八个专题投入、产出及转化情况对比表

主题	研究投入	成果产出	成果转化	过去 4 年学术界研究情况回顾 （未来研究建议等级）
混合所有制与利益共同体	低	低	低	投入不足，成果产出成果转化少（A）
国有企业员工激励机制	中	中	高	投入和成果产出都需进一步提高（B）
产学研协同创新机制	高	高	中	投入和产出都不错，需加强转化（C）
地方政府发展成果评价	高	低	低	成果产出及其转化与投入反差大（B）
群体心理需求调查	低	低	低	投入不足，成果产出成果转化少（A）
领导干部与领导班子能力	低	中	高	投入不足，产出优先，转化尚可（B）
干部考核评价制度	中	高	高	产出和转化高，但投入还可提升（C）
优秀人才吸引	高	高	中	投入和产出都不错，需加强转化（C）

注：各维度按数值排名，第 1~3 位为“高”，第 4~5 位为“中”，第 6~8 位为“低”。

从表 3 中可以看出，在过去 4 年中，混合所有制改革与利益共同体、群体心理需求调查两个研究主题，与其他六个主题相比，在研究投入（投）、成果产出（产）和成果转化（转）三个环节都处于低位，很显然，这两个主题在投、产和转三个环节上都需要加大投入或加快转化，是需要优先立项资助的 A 类研究课题；与之对应，在这三个环节中，至少有两个环节与其他主题相比未达高位主题，即地方政府发展成果评价（产和转都低）、领导干部与领导能力（投低产中）和国有企业员工激励（投和产均为中）三个主题列为重点资助的 B 类研究课题；将投、产、转三个环节中，至少有两个环节已处于高位的，即产学研协同创新和优秀人才吸引（投和产均处于高位）、干部考核评价制度（产和转处于高位）两个主题的研究，列为有选择性资助的 C 类研究课题。

3.2 代表性成果多理论思辨，实证研究还需深化和升华

为进一步深入了解过去 4 年来与心理学密切关涉的全面深化改革的八个专题的研究进展，我们综合文献引用和下载频次、发表文章内容与相关主题契合性及发表期刊影响因子等因素，从 8 个专题中各挑选了 2 ~ 3 篇最具代表性的文章，重点对这些代表性文章的研究方法和研究结论进行回顾，结果见表 4。

表 4 过去 4 年与心理学密切关涉的全面深化改革八个专题代表性文献研究方法及主要结论

主题	作者信息	研究方法	文章标题
混合所有制与利益共同体	张衔，胡茂（2015）	T	我国企业员工持股的发展困境与现实选择——员工持股的再思考[1]
	顾钰民（2014）	T	混合所有制经济是基本经济制度的重要实现形式[2]
	熊晓琳，李海春（2015）	T	积极发展混合所有制经济，巩固公有制的主体地位[3]
国有企业员工激励机制	苑泽明，薛文博（2015）	T	基于员工与企业两维度的国企激励机制与企业经营绩效关系研究[4]
	齐瑞福，陈春花（2014）	T	高管价值评价、选拔任用方式与国企改革进程的相关性[5]
	步丹璐等（2017）	P	晋升预期降低了国有企业薪酬差距吗[6]
产学研协同创新	何郁冰，张迎春（2015）	T	网络类型与产学研协同创新模式的耦合研究[7]
	中国教育科学研究院（2016）	T	完善先进制造业重点领域人才培养体系研究[8]
	邵云飞等（2017）	T	高校协同创新视角下的复合创新型人才培养模式探索——以电子科技大学为例[9]
地方政府发展成果评价	孙斐（2015）	P	中国地方政府绩效评价的价值冲突管理——基于四川省资中县政府的质性研究[10]
	韦小泉，王立彦（2015）	T	地方党政主要领导干部经济责任审计评价指标体系构建[11]
	江永清（2014）	T	绿色政府绩效研究：逻辑起点、模型构建与技术路径——基于绿色 GDP 核算的相容性设计[12]
群体心理需求调查	龚定宏（2014）	P	上海市某社区中小学学生心理健康状况[13]
	赵忻怡，潘锦棠（2014）	P	城市女性丧偶老人社会活动参与和抑郁状况的关系[14]
	杨磊（2016）	P	资源、支持与适应：失地农民市民化的影响因素研究——基于多样本的扎根理论分析[15]
领导干部与领导班子能力	王克群（2014）	T	提高党员干部法治思维和依法办事能力[16]
	王宇宾，郭京（2015）	T	国企领导班子和领导干部考核评价体系构建[17]
	臧秀清，李旭辉（2014）	T	创建县处级领导班子和领导干部考核体系数学模型的构想[18]

续表

主题	作者信息	研究方法	文章标题
干部考核评价制度	李景治（2014）	T	深化干部制度改革[19]
	丁晓永（2015）	T	分类分层差异化干部考核机制建设的实践探索与思考[20]
	万君，张琦（2016）	T	制度设计及影响：贫困县考核机制效果评估——基于贵州省的实证研究[21]
优秀人才吸引	苗绿等（2017）	T	科技人才政策助推世界科技强国建设——以国际科技人才引进政策突破为例[22]
	王飞飞等（2017）	T	美、日、德等发达国家人才资源开发与管理政策启示[23]

注：研究方法理论思辨为 T，实证研究为 P。

为保证信息的充分性，我们分别以上述八个主题对应的“混合所有制”“国有企业”“产学研协同创新”“政府绩效”“社会治理”“领导班子”“干部考核”和“优秀人才”作为检索词，对《心理学报》和《心理科学进展》两本国内心理学期刊 2014 年以后发表的文章进行检索，在《心理科学进展》上检索到两篇文献综述：一篇是段锦云等人采用可及数据，对人口统计学特征与员工建言行为之间的关系进行的元分析[24]；另一篇为陈晨等人对国内外职场排斥作用机制相关研究进行的梳理[25]。基于此结果并结合表 4 可以看出，在过去 4 年中，学术界在与心理学研究密切关涉的全面深化改革八个专题的代表性成果中，80%（20/25）的为理论思辨，实证研究仅占 20%（5/25）。这五项代表性的实证研究的研究对象、样本数及主要不足及未来展望如表 5。

表 5　与全面深化改革密切相关的五项实证研究情况一览表

作者（年度）	研究主题	研究对象及样本量	主要不足及未来展望
步丹璐（2017）	高管晋升预期与其自定薪酬与员工薪酬差距之间关系	6475 名国有非金融类上市公司任职且有职位变动的高管	如何修正国企高管亦官亦商的人事制度缺陷，亟待纵向对比实证研究提供理论支持
孙斐（2015）	地方政府绩效评价的价值冲突管理	四川资中县四大领导班子成员和县级各职能部门一把手共 30 人	样本少、代表性不足，对冲突管理有效性的多重交互变量关系，亟待纵向对比实证研究
杨磊（2016）	失地农民市民化的影响因素研究	湖北省某国家经济技术开发区——G 开发区 40 位失地农民	对如何建立起动态的、长期的征地补偿、内生的就业创业体系，亟待纵向对比实证研究
赵忻怡，潘锦棠（2014）	城市丧偶老人活动参与影响因素及其与抑郁情绪间关系	666 名城市丧偶老人，其中 133 名（占 20.0%），为女性，533 名为男性（占 80.0%）	发现老年丧偶群体心理和社会需求的性别差异，但提供何种活动能帮助他们有效对抗抑郁情绪，亟待纵向对比实证研究
龚定宏（2014）	中小学生心理健康状况及其有效干预策略	上海某区中学生 3010 名	对何种策略能有效减轻中学生负性心理水平，亟待纵向对比实证研究

从表5中可以看出，自《决定》发布以来学术界5项有代表性的实证研究中，孙斐（2015）对地方政府绩效评价中的价值冲突管理、杨磊（2016）对失地农民市民化的影响因素的探究，属于典型的基于横断面数据的质性研究。赵忻怡和潘锦棠（2014）对丧偶老人、龚定宏（2014）对中小学生的心理健康状况调查，数据也仅来自横断面的调查时点。步丹璐等（2017）对国企高管晋升预期及其结果变量的研究，虽然对研究对象的晋升去向进行了跟踪，但制度优化及其影响因素并未深入进行纵向对比研究。

相较于横向研究，纵向对比实证研究，不仅能有效揭示导致同一因变量的多种自变量及其组合之间的互动机制，还能将影响复杂因果关系的中介和/或调节变量的影响机制清晰地展现出来。因而纵向对比实证研究，对于制度的完善和发展，理论上更契合，实践上更有指导性，对全面深化改革对应专题的公共政策回应更为全面和深入，但目前这样的实证研究并不多见，亟待学界深化和升华。

4 发挥心理学研究优势，助力全面深化改革顺利推进

心理学的本土社会属性决定了我国心理学研究当“以研究我国改革发展稳定重大理论和实践问题为主攻方向”①，这也是心理学研究的价值体现和发展源泉[26]。当前我国改革发展稳定的重大理论和实践问题，莫过于全面深化改革的顺利推进。根据前文的理论回顾，在与心理学密切关涉的全面深化改革的八个专题中，心理学研究对于在积极发展混合所有制经济中利益共同体的建构、改进社会治理方式中需求尊重与自觉培育相结合的社会治理机制的创新等八个方面理论的建构及解决方案的提出，具有独到的学科优势。但过去4年来，国内学术界对这八个专题的关注和投入冷热不均，既有研究中思辨远多于实证，尚不能满足现实需求。

细品当前我国正如火如荼推进的全面深化改革之总目标，如果用不同层级变量关系来解构的话，那“让一切劳动、知识、技术、管理、资本的活力竞相迸发，让一切创造社会财富的源泉充分涌流”便是结果变量。结果不理想，自然要改革，所以全面深化改革的原因就是各生产要素活力不足或各要素活力并未“竞相迸发”，那怎么改呢？“完善和发展中国特色社会主义制度，推进国家治理体系和治理能力现代化”就是前因变量。与之对应，“改革的系统性、整体性、协同性”为调节变量，“让发展成果更多更公平惠及全体人民”为强化变量。所以，全面深化改革的顺利推进，制度的完善和发展、社会治理的现代化是基础，社会多元主体的活力竞相迸发是目标，系统、整体和协同是准则，成果惠及全体人民是归宿。

① 习近平. 致中国社会科学院建院40周年的贺信. 中国社会科学院研究生院学报，2017年第4期（总220期）：第5页.

"完善和发展中国特色社会主义制度"的行为主体是人，"推进国家治理体系和治理能力现代化"也是通过人这一行为主体来实施和表征，所以全面深化改革的核心主体就是人。根据不同层级变量之间的逻辑关系，全面深化改革就是从更加系统、整体和协同的角度，对不同社会行为主体之间的关系进行重塑并积极引领，最大程度激发和保护他们工作的积极性、主动性和创造性，并用"更多发展成果更公平惠及全体人民"来促进他们互信、共享和共荣，这就需要在不同社会行为主体的需求尊重与自觉培育之间取得恰当平衡，若不如此，社会治理现代化（向社会组织、私营部门等重新配置公共权力来提高国家管理的弹性和韧性）就会成为一纸空文，日益复杂的社会事务与相对集中的公共权力之间的矛盾就无法得到消除和根治，全面深化改革的顺利推进就无从谈起[27]。而不同社会行为主体的需求尊重与自觉培育，在理论上需要群体断层融合及其与心智共享的交互作用机制支撑。

4.1 社会治理体系和治理能力现代化的实践准则

"在世情、国情、党情发生深刻变化的新形势下，我们党面临的执政考验、改革开放考验、市场经济考验、外部环境考验是长期的、复杂的、严峻的，精神懈怠危险、能力不足危险、脱离群众危险、消极腐败危险更加尖锐地摆在全党面前。"① 对此，学界一致认为，当前及未来一段时间内，我国所面临的社会事务复杂性与公共权力集中性之间的矛盾主要包括：①公共需求的日益多样化与政府组织的有限容量之间的矛盾；②经济高速发展与改革目标全面性之间的矛盾；③威胁国家安全稳定的因素越来越多与责任主体的相对单一之间的矛盾；④国际"软实力"竞争的日趋激烈与中国制度优势尚未完全彰显之间的矛盾[28]。而这些矛盾的消解，是全面深化改革的逻辑归宿，有赖于社会治理体系和治理能力现代化基础作用的发挥。

治理体系和治理能力的现代化，关键在体制创新，核心是人，只有人与人和谐相处，社会才会安定有序②。而人是历史传承与社会改造的自然属性和社会属性的高度统一，所以人与人能否和谐相处，历史传承的充分尊重与社会环境的积极改造均不可或缺。因此，治理体系和治理能力的现代化，必然建构在历史传承、文化传统、经济社会发展的基础上，是经过长期发展、渐进改进、内生演化的结果。所以，治理体系和治理能力的现代化，必须有我们的主张和定力③。

那么，社会治理体系和治理能力的现代化，我们的主张和定力是什么呢？鉴于社会是多元主体交互耦合、动态演化、开放的复杂网络系统[29, 30]，因而社会治理之所以存在并

---

① 新华社．中共第十七届中央纪律检查委员会第八次全体会议公报．2012 年 11 月 4 日发布．

② 习近平．推进中国上海自由贸易试验区建设，加强和创新特大城市社会治理．人民日报，2014 年 3 月 6 日第 1 版．

③ 习近平．完善和发展中国特色社会主义制度，推进国家治理体系和治理能力现代化．人民日报，2014 年 2 月 18 日第 1 版．

亟待现代化，原因在于传统的社会管理模式对多元主体及其彼此之间的动态交互关系认识不清，从而导致社会治理的需求期望与供给提供之间的错位或相悖[31-34]。因而有效的社会治理，必然是在对社会多元主体价值肯定和诉求尊重的基础上，服务并服从于其自觉协同自治能力的培育[35]。因此，不同社会行为主体的需求尊重与自觉培育，就是社会治理体系和社会治理能力现代化的实践准则。

作为一种现代化的执政理念，依照其实践准则，社会治理与传统的社会管理思路有着很大的不同：在参与主体上，社会治理倡导多元主体的共治；在治理的方式上，社会治理更多地依靠民主协商的方式；在治理的目的上，社会治理强调的是社会矛盾消解；在具体实施上，社会治理非常重视推进精细化的思想[36-38]。这 4 个方面恰恰都与心理学研究有着密切的关系：一是社会治理中多元主体之间社会信任的构建及强化。二是社会活动中不同群体的心理需求尊重与积极引导。三是社会矛盾预防和消解中的社会心态的积极疏导。四是在精细治理，如精准扶贫等政策落实中的心理技术及其应用。这 4 个方面，汇聚成群体断层融合及其与心智共享的交互作用机制，构成了社会治理的心理学理论基础。

4.2　社会治理体系和治理能力现代化的理论基础

如前所述，在世情、国情剧烈变革，党情、政情亟待改进，社情、民情错综复杂的大背景下，在当前及今后很长一段时间内，我国还将面临：①越来越多有个人价值判断者未就业或就业不足；②智能通讯普及导致人们之间的联系更加随机且难以预测；③不同社会行为主体疏离感日渐加剧；④抵制或反对政府决策的群体性事件多发突发；⑤一些敌对势力有意遏制我国迅速崛起等挑战，在多重“内忧外患”的影响下，此前一直沉寂的地区、民族、性别、年龄、文化、需求和价值观等社会群体多样性特征，在当代社会中日渐成为群体裂变和社会动荡的主要原因。在这样的现实需求驱动下，亟待社会治理体系和治理能力的现代化。

社会治理是党和政府、社会组织、公民等不同利益群体的多元治理主体共同参与，在相互信任的基础上，为实现公共利益就社会事务管理而相互博弈、协商、合作的互动过程，包括治理理论、治理技术和治理手段多个层面的统一[39-41]。为了预防和化解矛盾，社会治理强调不同利益群体之间良性互动，因此它不能忽视对影响不同社会行为主体决策和行为的因素的分析[42]，更不能忽视特定的个体、群体和社会阶层的心态、诉求、社会行为等主观能动性及其互动过程。因此，培育和弘扬核心价值观，有效整合社会意识，是社会系统得以正常运转、社会秩序得以有效维护的重要途径，也是国家治理体系和治理能力的重要方面。① 这些都决定了社会治理现代化的理论基础必然是群体断层融合及其与心

① 习近平. 把培育和弘扬社会主义核心价值观作为凝魂聚气强基固本的基础工程. 人民日报，2014 年 2 月 26 日第 1 版.

智共享的交互作用机制。

4.2.1 群体断层裂变亟须社会治理现代化

“五湖四海、天南地北”的群体多样性本身具有“双刃剑效应”[43]。群体多样性的不同来源影响群体的形成和发展，进而影响群体效能、群体成员的情感状态和需求调适。“以往有关多样性的研究，多只对单独的某个人口统计特征进行检验”[44]，所得结论往往互相矛盾。在这样的背景下，Lau 和 Murnighan 提出了群体断层（group faultlines）的概念[45]。

群体断层是一组假想的分割线，基于一个或多个特征将群体划分为不同的亚群体。从横向上看，群体断层关注多重人口统计特征之间的交互作用对群体过程和群体效能的影响。从纵向上看，群体断层从亚群体的形成和演化这一动态视角切入，关注群体各个发展阶段的动态作用。因而群体断层概念能清晰展现全面深化改革和社会治理中不同社会行为主体的认知和行为特征，以及彼此之间的交互作用及社会溢出效应，是解构全面深化改革及对应的社会治理机制的最佳理论视角。

群体断层具有两面性，其正面性主要源于群体中不同个体在思维模式和工作技能方面能提供其他成员不能提供或不能有效提供的贡献，进而促进了群体的绩效产出。比如张景焕等人的研究显示，群体断层有助于独创性创造力的绩效产出[46]。Zhang 等人和卫旭华等人的研究也显示，团队知识和思维模式上的群体断层有助于管理或技术的创新[47，48]。

群体断层是不同群体成员异质性交互作用的结果表征。异质就是不同，就是差距，这种在行为表征上本来处于休眠状态差距和不同的变量，在特定因子的激活下，群体断层的负面效应就会自然涌现。如 Chrobot-Mason 等人通过对跨国组织中 134 个关键事件的访谈，发现群体断层负面效应的激活因子分别是晋升、薪酬等方面的区别对待（differential treatment，29%），成员既有信仰和价值观差异（different values，26%），不分文化、宗教和性别差异的强求一律（assimilation，23%），贬损性的用语或行为（insult or humiliating action，17%）和不同群体间敏感期的不当接触（simple contact，6%）[49]。又如，刘星和李新建的研究发现，人力资源政策差异、非正式员工的雇佣期限能直接激活正式工和雇佣工身份断层，而雇佣身份转换机制和人际关系氛围则对两者的激活具有调节作用[50]。

群体断层从全局和动态角度来解构群体成员多样性与群体过程及不同层面绩效产出之间的关系，因而它不仅是解构混合所有制经济中不同社会群体的利益共同体机制的最佳切入点，在宏观层面上如一带一路战略实施及对应的国际事务管理[51]、中观层面如不同民族之间的有效融合[52]、微观层面上如组织凝聚力的提高[53]和团队创造力的提升[54]等方面的应用前景都非常广阔。但目前国内对于群体断层的研究，多停留在理论探索的思辨阶段[55-57]与全面深化改革相关专题结合的理论和实证研究还很少见到。

4.2.2 社会治理现代化呼唤心智共享

人类正处在大发展大变革大调整时期。世界多极化、经济全球化深入发展、社会信息化、文化多样化持续推进，新一轮科技革命和产业革命正在孕育成长，各国相互联系、相互依存，全球命运与共、休戚相关，和平力量的上升远远超过战争因素的增长，和平、发展、合作、共赢的时代潮流更加强劲；“让和平的薪火代代相传，让发展的动力源源不断，让文明的光芒熠熠生辉，是各国人民的期待……构建人类命运共同体，实现共赢共享。”①

人类命运共同体的构建、共赢共享的实现，离不开各相关社会行为主体的心智模型共享（以下简称心智共享）。心智模型（Mental models）发端于团队认知相关研究领域[58]，其意为个体认识并理解周围世界时习以为常的思维框图和常识归属[59]。已有研究表明，即使在目标和行动一致的高绩效团队中，不同团队成员对任务完成所需的条件支持、任务本身的理解以及团队成员互动模式的心智模式也是异中求同，有时甚至是个体之异与团队之同的方差越大，团队生命力越强，绩效产出更为理想[60, 61]。因此，心智共享本质上是一种异中求同的社会增益效应。

显而易见，不同社会行为主体因为遗传和成长环境等诸多因素的不同，其心智模式并不相同，甚至完全相对。但如果不同社会行为主体之间能够心智共享（share mental models），他们就能尊重各自的存在，共同建构未来，就能主动合作、异中求同、心力同聚寻求共识并共同迈向未来[62-65]。因此，有效的社会治理就是识别并试图弥合不同社会行为主体心智上的鸿沟。我们以“共享心智 / 心智共享”为篇名在 CNKI 上进行检索，2014 年以来在 CSSCI 期刊上发表的文章有 14 篇，研究类型、研究对象、主要结论见表 6。

表 6　2014 年以来 CSSCI 期刊上发表“共享心智 / 心智共享”篇名文章

作者（发表年代）	研究对象	论文题目
薛会娟（2014）	高技术团队	高技术团队创造力的形成机理研究——基于交互记忆系统和共享心智模型视角[66]
陈艳艳，王萌（2014）	研发团队	共享心智模式对团队创新绩效的影响机制研究——基于知识密集型服务业研发团队的实证分析[67]
李柏洲等（2014）	多行业团队	团队知识转移风险对知识转移绩效的作用路径研究——知识网络的中介作用和团队共享心智模式的调节作用[68]
熊斌，葛玉辉（2014）	高管团队	基于团队生命周期的高管团队共享心智模型的绩效过程机制研究[69]
黄同飞，彭灿（2015）	研发团队	非正式网络对研发团队创造力的影响研究——以共享心智模型为中介变量[70]
熊斌等（2015）	企业高管团队	高管团队共享心智模型构建导向的互动动力特征[71]

① 新华社．习近平在“一带一路”国际合作高峰论坛开幕式上的演讲．2017 年 05 月 14 日．http：//news.xinhuanet.com/2017-05/14/c_1120969677.htm.

续表

作者（发表年代）	研究对象	论文题目
孙彤彤等（2015）	软件开发人员	共享心智模式、过程敏捷性与团队绩效关系研究——以软件开发团队为例[72]
李柏洲等（2015）	装备制造行业团队	基于 HLM 的共享心智模式与创新绩效关系的跨层次研究：学习空间的中介作用[73]
丁道韧，陈万明（2015）	企业员工	三维社会资本对低成本创新的作用——考虑共享心智模式的中介作用[74]
朱学红等（2016）	大学生被试	共享心智模型对 MTS 绩效影响的实证研究[75]
邓卫权等（2016）	足球运动员	竞技足球团队专项共享心智模型的混合研究[76]
许科等（2016）	新产品开发团队	快速信任与临时团队绩效：共享心智模型与团队互依性的角色[77]
聂峰英（2017）	学科服务团队	基于共享心智模型的学科服务团队效能研究[78]
杜玉帆（2017）	初中教师	教学团队共享心智模式与关系绩效的关系研究[79]

从表 6 中可以看出，自 2014 年以来，学术界对心智共享的研究虽然有相当的热度，但从研究对象和研究结论来看，共享心智不论作为自变量或因变量，还是中介变量或调节变量，既有研究关注的都是同一社会行为主体不同特征之间的关系机制，对不同社会行为主体之间心智共享的形成和发展机制及其影响因素的研究，以及这些变量及其彼此之间交互作用与社会治理现代化之间的关系研究，比如相邻的两个民族社区之间在公共事务上洽商的共享心智的形成和发展机制等，目前并不多见。

4.3 强化需求驱动，充分发挥心理学理论与实践互动增益的学科优势

全面深化改革的顺利推进，社会治理体系和治理能力的现代化，当以不同社会行为主体需求尊重与自觉培育为行动准则，以群体断层融合及其与心智共享的互动增益为理论依据。但《决定》发布 4 年来，学术界的研究与现实差距明显，都需要进一步有所加强（参见表 1、表 2 和表 3）。展望未来，心理学在如下四个方面大有可为。

4.3.1 敏感群体间一体感的建构与促进

国有企业混合所有制改革，成败的重要标志在于来自不同身份和地位的社会行为主体能否在预期的时间内建立起一体感，进而促进利益共同体的形成。这既需要群体断层的激活与融合机制提供应有的理论指导，也需心智共享为不同行为主体之间的有效互动提供行动准则。如表 3 所述，这是心理学需要优先资助的研究主题之一。

基于国有企业混合所有制操作实践提炼的敏感群体间一体感的建构与促进的研究成果，对中华民族团结的促进、“一带一路”战略的推进等诸多领域也很有借鉴意义。当今

世界充满不确定性，人们对未来既寄予期待又感到困惑①，“一带一路”应运而生，其顺利推进，需要以民心相通来促成和保证政策沟通、设施联通、贸易畅通、资金融通②，这就需要沿线各国团结互信、合作共赢，致力于利益共同体和命运共同体的建构和促成[80-82]。

4.3.2 重点群体多元需求指标体系的构建及配套数据库的建设

当前我国一些社会矛盾突出的领域，也是全面深化改革的重点关注的领域。比如失地农民市民化、单亲家庭孩子抚育、刑满释放人员的社会融入、丧独丧偶家庭的心理援助等需要社会关注的重点群体的多元需求及有针对性的公共政策制定和完善，这是当前我国心理学需要优先资助的又一研究主题。

重点群体需求调查是公共政策制定的前提和基础，在学理上是需求尊重与自觉培育的有机结合。如李建标等人利用部分地区失地农民的调研数据，从安全需求和尊重需求切入，得出治理征地冲突需保证政策的标准化和相对稳定性，并对不同年龄、性别和文化程度的农民实行分层治理、重点突破的结论[83]。

重点群体需求调查，首先要建构合理的指标体系，其次是配套数据库的建设，这两个方面，都需要基于特定的理论驱动和明确的研究假设，还要注重发挥大数据的科学功用[84]。大数据的出现是技术发展的必然产物，心理学作为以外部表现数据为分析对象的学科，大数据技术具有提高效率、增强效度的作用；尤其值得称道的是，大数据方法的特性与中国文化和中国人的认识论特征非常契合，所以大数据时代为中国心理学摆脱西化影响，重构中国化心理学学科体系提供了千载难逢的机遇[85]。将大数据同心理学问题和心理学研究范式有机结合，是拓展心理学研究的领域和思路，促进心理科学体系进一步发展，将学术和实践有机结合起来的一个千载难逢机会[86]。

4.3.3 特殊社会行为主体激励和约束机制的设计

如上所述，全面深化改革的结果变量就是“让一切劳动、知识、技术、管理、资本的活力竞相迸发，让一切创造社会财富的源泉充分涌流”，改革的重点要么是活力不足的国有企业，要么是活力没有竞相迸发的产学研协同体，抑或是两者兼具的地方政府，这三个特殊社会行为主体激励和约束机制的设计，都当从不同侧面强调其“多重正外部性及其影响因素”，这在本质上是对这些特殊行为主体需求满足与社会健康发展对其期望的自发自觉之间的平衡，这是当前心理学需要重点资助的研究主题。

激励和约束机制的设计，重在对相关社会行为主体创新潜能的激发和保护。Binyamin 和 Carmeli（2017）建言，要充分重视团队建设中的结构性协同效应来促进团队成员创新绩效的提升[87]。此外，影响团队绩效的因素，不仅包括组建团队时的团队规程，还包括团

---

① 习近平．共同构建人类命运共同体——在联合国日内瓦总部的演讲．人民日报，2017 年 1 月 20 日第 002 版．

② 习近平．携手推进“一带一路”建设——在“一带一路”国际合作高峰论坛开幕式上的演讲．人民日报，2017 年 5 月 15 日第 003 版．

队成员的选拔和团队发展的促进[88]。创新离不开企业家的决定性作用，所以企业家创新意识的强化当与政府对创新的政策鼓励有机结合起来，激励学习并不断自我超越，与社会合作有大我和公我之精神[89]。

产学研深度融合的协同创新体系的建构，不仅需要强化创新主体创新的可能性，还要兼顾专业性、安全性和有效性的政策和资金支持来促其现实性[90]。这是因为，管理创新对我国经济增长的贡献为28%，要远大于技术创新的12%[91]，如何为创新各方主体提供互动增益的发展平台[92]。如上这些，在理论上需要从心智共享、需求尊重与自觉培育及彼此之间交互作用视角来进行突破。

在这三大特殊社会行为主体中，地方政府绩效评价体系优化与社会公信重塑尤其关键。社会公信的强化是政府绩效评价最为重要的结果变量之一[93]，因此，地方政府评价一直是公共管理学界研究的重点和热点问题，诸多学者对此已进行了积极的探索和思考[94-97]。改革开放以来的很长一段时间里，由于中央对地方政府官员的政绩考核更偏向于易于测量的经济增长率指标，从而导致地方政府职能异化，在基础教育等投入大、见效慢的公共服务领域，异化倾向更明显，地方政府社会公信有普遍下降趋势[98]。所以，改革和完善地方政府发展成果评价，是建构并强化社会公信最为重要的路径，目前心理学界对此虽有所涉及[99, 100]但仍然不够系统和深入。对此，一些发展中国家的经验，很值得我们学习并结合中国现状进行改良[101]。未来的研究需要充分借鉴心智共享相关理论，在需求尊重与自觉培育之间的有效平衡上，发出中国心理学界自己的声音。

4.3.4 关键群体中核心团队建设与管理的时空特征及其工作任务的匹配性

全面深化改革因为各种“内忧外患”而起，关键群体中的核心团队建设与管理自当发挥中流砥柱的作用。在当今科技是第一生产力，全球经济社会发展依靠创新驱动的大背景下，关键群体就是领导班子、干部队伍和优秀人才。这三大关键群体的核心团队建设与管理，不仅要与当前的任务匹配、具有匹配的结构特征，而且还能有效引领未来，因而需要具有多维动态匹配性，这就需要心理学研究从理论上为这些关键群体中核心团队的建设与管理的时空特征及其多维动态匹配性在群体断层融合与心智共享、需求尊重与自觉培育提供应有的理论指导。

领导干部能力决定但不等于领导班子的领导能力，因此领导班子的建设，不仅要与领导任务相匹配，还要在尊重历史、直面现实的基础上足以引领未来，这需要从结构和时序上对领导干部与领导班子成员之间的关系进行深入研究[102]。同样，各种不同类型企事业单位干部的选育用留，以及具有国际竞争力的优秀人才的引进，在对其核心团队成员进行选拔和调配时，不仅要对候选人能力、素质和思维模式进行考察（岗位胜任），还要对拟选拔和调配进入某个团队的团队成员与团队内部其他成员的协同增益作用（团队胜任，结构性协同），其个性特征和个人人生价值诉求与组织发展阶段和既有文化特质的契合度（组织发展和文化胜任），以及个体进出团队的时机或先后顺序对团队绩效的影响作用（时序性协同）给予充分的考虑[103, 104]。因此，相关的公共政策设计当围绕“进得来、留得住、干得好、跟得久，且有持续绩效贡献”来推行实施，这既是理论依据，也是实践准则[105, 106]。

4.4 在研究方法上，要充分借鉴定性对比分析、系统事件理论等新方法优势

目前心理学最常用的是问卷调查和实验法，这两种方法均以理论驱动为主，通过相对准确的操作、测量和控制变量来获取数据，进而揭示变量之间的关系。但全面深化改革密切关涉的心理学问题，大多以不同社会行为主体为研究单元，单纯的问卷调查效度不高，实验也几无可操作性，且往往有悖于学术伦理，难以回应公共政策制定的现实需求，而案例研究、事件系统理论和定性对比分析方法正好具有这方面的优势。

案例研究与定量研究的假设检验不同，更倾向于归纳式理论构建，同时它能够帮助我们“原汁原味”地保留现实生活中有意义的特征——譬如个人生命周期、组织管理过程、社区变化等，因而它对于“怎么样”和“为什么”之类的问题，就比问卷调查或档案分析等更富有解释力，许多现代管理理论的发展与创新都是通过案例研究归纳出来的，尤其适合全面深化改革中各种复杂现象对应的理论建构[107]。

事件系统理论（Event System Theory，EST）由 Morgeson 等人（2015）提出[108]，其核心思想是研究样本以过程的形式存在，过程是理解研究样本的最好方式，而不是内生的稳定特征，因而与仅关注研究样本内部稳定特征的内涵与关系的实验法和问卷调查法往往忽视事件对研究样本的动态影响不同，EST 从事件强度（新颖性、颠覆性、关键性）、时间（事件时机、时长等因素）、空间（事件起源、扩散范围、实体与事件的距离等因素）三个属性界定事件对研究样本的影响，因而它在回答为什么（why）、怎样（how）类研究问题，即探索在何时、何地、发生了什么，有谁参加了事件，以及事件为什么会产生一系列结果等方面具有独到优势[109]。所以 EST 强调过程理论的研究范式，特别适合解构全面深化改革中重大事件的演进特征及其与改革成效之间的关系。

全面深化改革中不同社会行为主体在心智上能否共享、休眠的断层是否会激活，往往都是多种因素及这些因素组合互动结果，是非对称性、多重并发因果和等效性等复杂因果关系的现实表征[110, 111]，所以遵循物理学范式[112]和边际分析技术，采用对称和简单可累加性假定的变量分析方法就不太适用。而定性比较分析（qualitative comparative analysis，QCA）作为架构理论（configuration theory）的代表方法，既对研究对象进行统计分析，也对研究对象整体进行分析[113]，通过把案例整体视为条件（变量）的组态，一定程度上综合了案例研究与变量研究的优势[114]，认为若干要素的配置组合会产生一个特定结果，而单个要素的变化对结果的影响非常有限。所以 QCA 尤其适用于探究引致同一结果的多种路径、处理多个前因间复杂的互动关系以及对分类方法做出深化和补充这三类难题，且具有对样本量和数据来源要求较低、便于应对前因复杂性、主张因果非对称性、无须对跨层

变量进行特殊处理、降低现象复杂性和可完整解读案例等六大优势，因而是解构全面深化改革中相关心理学问题的很好方法[115]。

QCA 在国外社科领域已较为普及。近年国内率先在社会学引进后，在政治学、新闻传播、经济管理领域得到普遍认可，成果产出呈井喷状，很值得全面深化改革中的心理学研究借鉴和整合。

参考文献

[1] 张衔，胡茂．我国企业员工持股的发展困境与现实选择——员工持股的再思考［J］．社会科学研究，2015，(1)：67–73.

[2] 顾钰民．混合所有制经济是基本经济制度的重要实现形式［J］．毛泽东邓小平理论研究，2014，(1)：35–39.

[3] 熊晓琳，李海春．积极发展混合所有制经济，巩固公有制的主体地位［J］．思想理论教育导刊，2015，(3).

[4] 苑泽明，薛文博．基于员工与企业两维度的国企激励机制与企业经营绩效关系研究［J］．理论探讨，2015，(6)：91–94.

[5] 齐瑞福，陈春花．高管价值评价、选拔任用方式与国企改革进程的相关性［J］．改革，2014，(2)：131–140.

[6] 步丹璐，张晨宇，林腾．晋升预期降低了国有企业薪酬差距吗？［J］．会计研究，2017 (1)：82–88.

[7] 何郁冰，张迎春．网络类型与产学研协同创新模式的耦合研究［J］．科学学与科学技术管理，2015，(2)：62–69.

[8] 中国教育科学研究院课题组，田慧生，曾天山，等．完善先进制造业重点领域人才培养体系研究［J］．教育研究，2016，(1)：4–16.

[9] 邵云飞，曾勇，汪腊梅．高校协同创新视角下的复合创新型人才培养模式探索 - 以电子科技大学为例［J］．电子科技大学学报（社会科学版），2017，19 (1)：15–19.

[10] 孙斐．中国地方政府绩效评价的价值冲突管理——基于四川省资中县政府的质性研究［J］．公共管理学报，2015，12 (3)：139–150.

[11] 韦小泉，王立彦．地方党政主要领导干部经济责任审计评价指标体系构建［J］．审计研究，2015，(5)：20–27.

[12] 江永清．绿色政府绩效研究：逻辑起点、模型构建与技术路径——基于绿色 GDP 核算的相容性设计［J］．南京社会科学，2014，(1)：73–79.

[13] 龚定宏．上海市某社区中小学学生心理健康状况［J］．中国健康心理学杂志，2014，(8)：1248–1252.

[14] 赵忻怡，潘锦棠，ZHAOXin–yi，等．城市女性丧偶老人社会活动参与和抑郁状况的关系［J］．妇女研究论丛，2014，(2)：25–33.

[15] 杨磊．资源、支持与适应：失地农民市民化的影响因素研究——基于多样本的扎根理论分析［J］．华中科技大学学报（社会科学版），2016，30 (2)：122–129.

[16] 王克群．提高党员干部法治思维和依法办事能力［J］．前进，2014，(12)：31–33.

[17] 王宇宾，郭京．国企领导班子和领导干部考核评价体系构建［J］．中国电力企业管理，2015，(11)：82–83.

[18] 臧秀清，李旭辉．创建县处级领导班子和领导干部考核体系数学模型的构想［J］．领导科学，2014，(3)：35–37.

[19] 李景治. 深化干部制度改革 [J]. 江西师范大学学报（哲学社会科学版），2014，47（1）：11-17.
[20] 丁晓永. 分类分层差异化干部考核机制建设的实践探索与思考 [J]. 领导科学，2015，(6)：38-39.
[21] 万君，张琦. 制度设计及影响：贫困县考核机制效果评估——基于贵州省的实证研究 [J]. 贵州社会科学，2016，(2)：5-10.
[22] 苗绿，王辉耀，郑金连. 科技人才政策助推世界科技强国建设——以国际科技人才引进政策突破为例 [J]. 中国科学院院刊，2017，(5)：521-529.
[23] 王飞飞，张生太，张聚良，等. 美、日、德等发达国家人才资源开发与管理政策启示 [J]. 领导科学，2017，(23)：24-27.
[24] 段锦云，张晨，徐悦. 员工建言行为的人口统计特征元分析 [J]. 心理科学进展，2016，24（10）：1568-1582.
[25] 陈晨，杨付，李永强. 职场排斥的作用机制与本土化发展 [J]. 心理科学进展，2017，25（8）：1387-1400.
[26] Walton G M，Dweck C S. Solving Social Problems like a Psychologist [J]. Perspectives on Psychological Science，2009，4（1）：101-102.
[27] Stoker G. Governance as theory：five propositions [J]. International Social Science Journal，1998，50（155）：17-28.
[28] 郑言，李猛. 推进国家治理体系与国家治理能力现代化 [J]. 吉林大学社会科学学报，2014，25（2）：5-12.
[29] 杨冠琼，刘雯雯. 公共问题与治理体系——国家治理体系与能力现代化的问题基础 [J]. 中国行政管理，2014，(2).
[30] 范如国，Tan Yuehan，Gong Huayan. 复杂网络结构范型下的社会治理协同创新（英文）[J]. Social Sciences in China，2014，(4)：98-120.
[31] 俞可平. 中国治理变迁30年（1978—2008）[J]. 吉林大学社会科学学报，2008，(3)：5-17.
[32] 徐湘林. 转型危机与国家治理：中国的经验 [J]. 经济社会体制比较，2010，(5)：1-14.
[33] 姜晓萍. 国家治理现代化进程中的社会治理体制创新 [J]. 中国行政管理，2014，(2).
[34] 张康之. 论主体多元化条件下的社会治理 [J]. 中国人民大学学报，2014，28（2）：2-13.
[35] 张康之. 全球化背景下的公共行政研究取向 [J]. 中国行政管理，2015，(2).
[36] Samaddar，R. Government of Peace：Social Governance，Security and the Problematic of Peace [J].Chalgrove：Ashgate Publishing Ltd，2015.
[37] 赵孟营. 从新契约到新秩序：社会治理的现代逻辑 [J]. 北京大学学报（哲学社会科学版），2015，52（2）：106-114.
[38] 汪大海，柳亦博. 社会冲突的消解与释放：基于冲突治理结构的分析 [J]. 华东经济管理，2014，(10)：105-109.
[39] 王浦劬. 国家治理、政府治理和社会治理的含义及其相互关系 [J]. 国家行政学院学报，2014，(3)：11-17.
[40] 戚学祥，钟红. 从社会管理走向社会治理 [J]. 探索，2014，176（2）：66-69.
[41] 范如国. 复杂性治理：工程学范型与多元化实现机制 [J]. 中国社会科学，2015，(10)：69-91.
[42] 李凤英. 积极心理学视域下的社会治理创新探析 [J]. 经济研究参考，2015，(45)：45-48.
[43] Milliken F J，Martins L L. Searching for Common Threads：Understanding the Multiple Effects of Diversity in Organizational Groups [J]. Academy of Management Review，1996，21（2）：402-433.
[44] Thatcher S M B，Jehn K A，Zanutto E. Cracks in Diversity Research：The Effects of Diversity Faultlines on Conflict and Performance [J]. Group Decision & Negotiation，2003，12（3）：217-241.
[45] Lau D C，Murnighan J K. Demographic Diversity and Faultlines：The Compositional Dynamics of Organizational

Groups [J]. Academy of Management Review，1998，23（2）：325–340.
[46] 张景焕，刘欣，任菲菲，等. 团队多样性与组织支持对团队创造力的影响 [J]. 心理学报，2016，48（12）：1551–1560.
[47] Zhang J，Liang Q，Zhang Y，et al. Team faultline：types，configuration and influence – evidence from China [J]. International Journal of Conflict Management，2016，28（3）：346–367.
[48] 卫旭华，刘咏梅，岳柳青. 高管团队权力不平等对企业创新强度的影响——有调节的中介效应 [J]. 南开管理评论，2015，18（3）：24–33.
[49] Chrobot–Mason D，Ruderman M N，Weber T J，et al. The challenge of leading on unstable ground：Triggers that activate social identity faultlines [J]. Human Relations，2009，62（11）：1763–1794.
[50] 刘星，李新建. 基于扎根理论的多元雇佣工作群体的雇佣身份断层与激活因素研究 [J]. 管理学报，2015，12（7）：1001–1011.
[51] Ralph J，Gallagher A. Legitimacy Faultlines in International Society. The Responsibility to Protect and Prosecute after Libya [J]. Review of International Studies，2015，41（3）：553–573.
[52] 何生海. 论国家认同与构建和谐的民族关系 [J]. 贵州大学学报（社会科学版），2017，35（1）：87–92.
[53] 芦慧，陈红，周肖肖，等. 基于扎根理论的工作群体断层——群体绩效关系概念模型的本土化研究 [J]. 管理工程学报，2013，27（3）：45–52.
[54] 张景焕，刘欣，任菲菲，等. 团队多样性与组织支持对团队创造力的影响 [J]. 心理学报，2016，48（12）：1551–1560.
[55] 韩立丰，王重鸣. 群体断层强度测量指标的构建与检验：一个整合的视角 [J]. 心理学报，2010，42（11）：1082–1096.
[56] 韩立丰，王重鸣. 自我验证与人际一致性：团队多样性利用的新视角 [J]. 心理科学进展，2011，19（1）：73–84.
[57] 韩立丰，王重鸣，许智文. 群体多样性研究的理论述评——基于群体断层理论的反思 [J]. 心理科学进展，2010，18（2）：374–384.
[58] Uitdewilligen S，Waller M J，Pitariu A H. Mental Model Updating and Team Adaptation [J]. Small Group Research，2013，44（2）：127–158.
[59] Mohammed S，Ferzandi L，Hamilton K. Metaphor No More：A 15Year Review of the Team Mental Model Construct [J]. Journal of Management，2010，36（4）：876–910.
[60] Cannonbowers J A，Salas E，Converse S. Shared mental models in expert team decision making [J]. N.j.castellan Individual and，2001：221–246.
[61] Cooke，N. J.，Gorman，J. C.，Myers，C. W.，et al. Interactive team cognition [J]. Cognitive Science，2013，37：255–285.
[62] Herman R D，Renz D O. Nonprofit Organizational Effectiveness：Contrasts Between Especially Effective and Less Effective Organizations [J]. Nonprofit Management & Leadership，1998，9（1）：23–38.
[63] Marks M A，Zaccaro S J，Mathieu J E. Performance implications of leader briefings and team–interaction training for team adaptation to novel environments [J]. Journal of Applied Psychology，2000，85（6）：971–86.
[64] McClusky，J. E. Re–thinking nonprofit organizations governance：Implications for management and leadership [J]. International Journal of Public Administration，2002，25：539–560.
[65] Lim B C，Klein K J. Team mental models and team performance：a field study of the effects of team mental model similarity and accuracy [J]. Journal of Organizational Behavior，2006，27（4）：403–418.
[66] 薛会娟. 高技术团队创造力的形成机理研究——基于交互记忆系统和共享心智模型视角 [J]. 科技管理研究，2014，34（9）：102–105.
[67] 陈艳艳，王萌. 共享心智模式对团队创新绩效的影响机制研究——基于知识密集型服务业研发团队的实证

分析［J］. 华东经济管理，2014，(1)：133-137.
［68］李柏洲，徐广玉，苏屹. 团队知识转移风险对知识转移绩效的作用路径研究——知识网络的中介作用和团队共享心智模式的调节作用［J］. 科研管理，2014，35（2）：127-135.
［69］熊斌，葛玉辉. 基于团队生命周期的高管团队共享心智模型的绩效过程机制研究［J］. 现代管理科学，2014，(9)：96-98.
［70］黄同飞，彭灿. 非正式网络对研发团队创造力的影响研究——以共享心智模型为中介变量［J］. 科学学与科学技术管理，2015，(7)：57-69.
［71］熊斌，葛玉辉，陈思婷. 高管团队共享心智模型构建导向的互动动力特征［J］. 商业研究，2015，57（4）：154-163.
［72］孙彤彤，夏维力，魏星集. 共享心智模式、过程敏捷性与团队绩效关系研究——以软件开发团队为例［J］. 科技进步与对策，2015，(4)：16-23.
［73］李柏洲，徐广玉，苏屹. 基于 HLM 的共享心智模式与创新绩效关系的跨层次研究：学习空间的中介作用［J］. 管理工程学报，2015，29（4）：9-17.
［74］丁道韧，陈万明. 三维社会资本对低成本创新的作用——考虑共享心智模式的中介作用［J］. 技术经济，2015，34（11）：1-7.
［75］朱学红，邹佳纹，伍如昕. 共享心智模型对 MTS 绩效影响的实证研究［J］. 科技管理研究，2016，36（11）：227-232.
［76］邓卫权，杨杰，程浩. 竞技足球团队专项共享心智模型的混合研究［J］. 天津体育学院学报，2016，31（1）：1-5.
［77］许科，韩雨卿，于晓宇，等. 快速信任与临时团队绩效：共享心智模型与团队互依性的角色［J］. 管理评论，2016，28（9）：238-249.
［78］聂峰英. 基于共享心智模型的学科服务团队效能研究. 情报理论与实践［J］. 2017，40（9）：77-81.
［79］杜玉帆. 教学团队共享心智模式与关系绩效的关系研究［J］. 基础教育，2017，14（2）：90-95.
［80］袁新涛. “一带一路”建设的国家战略分析［J］. 理论月刊，2014，(11)：5-9.
［81］刘卫东. “一带一路”战略的科学内涵与科学问题［J］. 地理科学进展，2015，34（5）：538-544.
［82］霍红，李默. “一带一路”政策背景下符号认同理论的跨学科研究［J］. 信息记录材料，2017，18（3）：183-184.
［83］李建标，付晓改，牛晓飞. 要尊重，还是要实惠？——征地冲突中农民利益诉求的经验性研究［J］. 现代财经 - 天津财经大学学报，2015，(11)：3-11.
［84］Landers R N，Brusso R C，Cavanaugh K J，et al. A primer on theory-driven web scraping：Automatic extraction of big data from the Internet for use in psychological research［J］. Psychological Methods，2016，21（4）：475.
［85］喻丰，彭凯平，郑先隽. 大数据背景下的心理学：中国心理学的学科体系重构及特征［J］. 科学通报，2015，60（z1）：520-533.
［86］朱廷劭，汪静莹，赵楠，等. 论大数据时代的心理学研究变革［J］. 新疆师范大学学报：哲学社会科学版，2015，(4)：100-107.
［87］Binyamin G，Carmeli A. Fostering Members' Creativity in Teams：The Role of Structuring of Human Resource Management Processes［J］. Psychology of Aesthetics Creativity & the Arts，2016.
［88］Courtright S H，Mccormick B W，Mistry S，et al. Quality Charters or Quality Members? A Control Theory Perspective on Team Charters and Team Performance［J］. J Appl Psychol，2017.
［89］陈云娟. 企业家精神与民营企业创新动力机制研究——以浙商为例［J］. 经济纵横，2010，(4)：63-66.
［90］林敏. 中小企业技术创新的国际镜鉴［J］. 改革，2017，(5)：114-123.
［91］李子奈，鲁传一. 管理创新在经济增长中贡献的定量分析［J］. 清华大学学报（哲学社会科学版），2002，(2)：25-31.

［92］申海波，童星．经济新常态下创新、转型、治理的相互适应研究［J］．南京社会科学，2017，（7）：57–63.

［93］郑方辉，廖逸儿，卢扬帆．财政绩效评价：理念、体系与实践［J］．中国社会科学，2017，（4）：84–108.

［94］范柏乃，朱华．我国地方政府绩效评价体系的构建和实际测度［J］．政治学研究，2005，（1）：84–95.

［95］彭国甫．地方政府公共事业管理绩效评价指标体系研究［J］．湘潭大学学报（哲学社会科学版），2005，29（3）：16–22.

［96］包国宪，曹西安．我国地方政府绩效评价的回顾与模式分析［J］．兰州大学学报（社会科学版），2007，35（1）：34–39.

［97］周志忍．我国政府绩效管理研究的回顾与反思［J］．公共行政评论，2009，2（1）：34–57.

［98］徐鹏庆，杨晓雯，郑延冰．政治激励下地方政府职能异化研究——以基础教育的供给为例［J］．财政研究，2016，（5）：39–53.

［99］俞国良，赵凤青．社会转型：国民信任感的社会心理学分析［J］．河北学刊，2017，（1）：148–154.

［100］俞国良，王浩．社会转型：社会心理变迁影响社会舆论引导［J］．西北师范大学学报（社会科学版），2017，54（4）：97–103.

［101］Gonzaga R P，Frezatti F，Ckagnazaroff I B，et al. Performance Evaluation in the Minas Government：Analysis of Changes of Indicators and Targets［J］．Rev.adm.contemp，2017，21.

［102］Farh C I C，Lanaj K，Ilies R. Resource–based Contingencies of when Team–member Exchange Helps Member Performance in Teams［J］．Academy of Management Journal，2016，60（3）．

［103］黄海刚．从人才流失到人才环流：国际高水平人才流动的转换［J］．高等教育研究，2017，（1）．

［104］朱军文，李奕嬴．国外科技人才国际流动问题研究演进［J］．科学学研究，2016，34（5）：697–703.

［105］魏浩，赖德胜．文化因素影响国际留学生跨国流动的实证研究——兼论中国扩大来华留学生教育规模的战略［J］．教育研究，2017，（7）：55–67.

［106］周建中，施云燕．我国科研人员跨国流动的影响因素与问题研究［J］．科学学研究，2017，35（2）：247–254.

［107］苏敬勤，张琳琳．理论构建型案例研究规范性评估——基于内容分析的对比研究［J］．管理评论，2015，27（8）：223–233.

［108］Morgeson F P，Mitchell T R，Liu D. Event system theory：An event–oriented approach to the organizational sciences［J］．Academy of Management Review，2015，40（4）：515–537.

［109］Langley，A.Strategies for theorizing from process data［J］.The Academy of Management Review，1999，24（4）：691–710.

［110］Ragin C C. Redesigning social inquiry：fuzzy sets and beyond［J］．Social Forces，2008，88（4）：1936–1938.

［111］Misangyi V F，Greckhamer T，Furnari S，et al. Embracing Causal Complexity：The Emergence of a Neo–Configurational Perspective［J］．Journal of Management，2017，43（1）．

［112］Meyer A D，Tsui A S，Hinings C R. Configurational approaches to organizational analysis［J］．Academy of Management Journal，1993，36（6）：1175–1195.

［113］Lacey，R. and P.C. Fiss. Comparative Organizational Analysis across Multiple Levels：A Set–Theoretic Approach. In Whetten，D. A.，T. Felin and B. G.King. Studying Differences between Organizations：Comparative Approaches to Organizational Research［M］，2009，pp.91–116，Emerald Group Publishing Limited.

［114］Ragin C C. The Comparative Method：Moving Beyond Qualitative and Quantitative Strategies［M］．University of California Press，2014.

［115］张驰，郑晓杰，王凤彬．定性比较分析法在管理学构型研究中的应用：述评与展望［J］．外国经济与管理，2017，39（4）：68–83.

撰稿人：李永瑞　张　珂　徐　佩　黄　佳　吴　璇

早期逆境影响个体健康发展的生理机制研究进展

1 早期逆境影响个体的心理和生理健康

早期逆境（early adversity）是指个体在生命早期（如婴幼儿期、童年期、青少年期等）所经历的不利处境。以往研究揭示，早期逆境涉及的范围非常广，包括家庭贫困、不良的父母教养方式（如忽视和虐待）、不良的家庭氛围（如父母冲突、母亲抑郁）、不利的学校和社区环境（如同伴侵害、社会歧视、创伤性事件）等[1-8]。大量研究结果显示，早期逆境会对个体的身体和心理健康产生诸多不利影响，导致一系列情绪和行为问题，如抑郁、焦虑、攻击行为、违抗行为、甚至自杀等[9]，以及各种躯体疾病，特别是心血管、内分泌方面的疾病（如高血压、糖尿病等）[10]。

就早期逆境的危害而言，它会影响儿童的情绪调节能力、依恋关系、自我概念、同伴关系以及学校适应，并影响其社交和情绪功能的正常运作。在一项针对全美儿童进行的关于童年早期逆境对其心理健康影响的追踪研究中，研究者发现儿童早期受虐经历常常会增加儿童青少年出现内化（如抑郁、焦虑等）和外化心理（如物质滥用）病理问题的风险[11, 12]，并与之后的行为不端、反社会人格障碍、攻击行为，以及高风险的健康和社会问题显著正相关[13]；在生理层面，早期受虐待经历和内侧前额叶皮质、杏仁核和海马等区域的容积改变相关[14, 15]，同时，还会影响儿童的神经内分泌系统的正常运作，引发下丘脑 - 垂体 - 肾上腺轴（Hypothalamic-Pituitary-Adrenal axis，HPA）的持续激活，削弱个体的生理机能，增加儿童患上各种心理问题的风险[16]。

总之，早期逆境会引发儿童青少年的一系列内、外化问题，导致神经内分泌系统功能紊乱，而神经内分泌系统的功能紊乱会进一步导致个体当下以及成年之后的大脑结构和功能受损，由此进一步增加认知缺陷、降低社会适应能力，进而加重情绪和行为问题，甚至可能引发人格障碍[14]。但另一方面，人类又并非是早期逆境的被动受害者，越来越多的研究结果表明，具有保护功能的心理资源（如心理弹性、自尊或乐观等）可以调节或缓冲早期逆境的不利影响，从而帮助个体获得健康、正常的发展。本文将通过分别回顾早期逆境影响个体健康的生物学通路，以及保护性资源调节早期逆境影响的生物学机制，从内在机制与影响因素两个层面揭示早期逆境影响个体健康的生物机制，并提出整合性的理论模型，以期对未来的研究提供理论基础和指导。

2 早期逆境影响健康的生物学通路

2.1 早期逆境影响个体的大脑结构和功能

目前，国内外关于早期逆境对大脑影响的研究多集中在贫困与早期虐待两种类型的环境变量，也有少数几个关注特殊处境儿童，如受艾滋病影响的儿童青少年，作为研究对象开展的大脑研究。

首先，有研究表明，作为一种涵盖家庭收入、受教育程度和职业声望的衡量指标，家庭社会经济地位（socioeconomic status，SES）与多种身心健康、认知功能和社会情感发展结果相关联，这种影响始于出生，持续到成年阶段[17，18]。童年时期低 SES 的不利影响会让贫困家庭的孩子更难向上进行阶层流动，相比于来自高 SES 家庭的孩子，他们的成功会受到更大的阻碍[19]。研究者们通过行为实验、电生理学和神经影像学等研究发现，SES 不同的孩子在大脑的五个相对独立的系统上存在差异，它们分别是左外侧裂周区的语言系统、前额叶的执行系统、内侧额叶的存储系统、顶叶的空间认知系统和枕叶的视觉认知系统[19]。在语言系统方面，高 SES 家庭的 3 岁孩子的平均词汇量是低 SES 家庭中同年龄孩子的两倍多[20]；对于执行系统方面，Mezzacappa 等通过采用 Posner 注意网络任务发现[21]，SES 的差异可以预测“执行注意”的差异，并且，SES 能显著预测一年级儿童的工作记忆，来自中 SES 家庭与来自低 SES 家庭的 11 岁儿童的工作记忆存在显著差异[22]，同时，贫困对工作记忆的负面影响会一直延续至成年时期[23]。最近，Noble 等人[24]分析了来自全美 10 个地区的、拥有不同 SES 的 1099 名儿童和青少年的大脑结构。他们发现，父母的受教育程度和家庭收入均与儿童大脑皮质的表面积相关。家庭年收入低于 2.5 万美元的儿童的皮质表面积比超过 15 万美元的儿童小 6%。这种相关性广泛存在于大脑的众多区域，并尤为明显地体现在一些负责语言加工、冲动抑制及其他自我调节的脑区中，而此前的研究已经反复证实，这些能力受 SES 影响。

总结大量来自人类与动物的研究结果可以发现，贫困主要通过母亲孕期照料、父母教养方式、认知刺激丰富性，以及增加的压力水平四条路径影响儿童大脑的发展[25]。首先，贫困家庭中的母亲早在孕期就必须面对各种不利因素，如孕期营养状况不佳、护理不周、以及压力过大等，从而更有可能导致胎儿发育不良，出生后多个大脑区域（如海马体、前扣带回和眶额皮质等）灰质密度减少，最终造成大脑重量偏低、海马体体积偏小，进而影响儿童出生以后乃至成年时期的身心健康与认知功能[26]；其次，贫困的父母会由于收入不高、受教育水平低或者工作压力大等，更多体验到如焦虑、沮丧等消极情绪，所以，倾向于更多采用粗暴专横、喜怒无常的管教方式对待他们的孩子，而不良的父母教养方式会通过基因表达的表观遗传机制来影响儿童的神经系统，从而改变其压力调节方式、复原力和认知能力[25]。比如，有研究显示，生命中第一年遭受家长虐待会引发儿童“社会脑”网络功能的变化，使其更易出现愤怒等消极情绪，而不善于表达积极的情感[27]；再次，贫困的家境还会导致儿童更小的学习空间[28]、更少的学习材料和更少参加各类技能培训班的机会，从而极大降低贫困儿童受到环境刺激的丰富性。动物研究揭示，大批与神经元结构、突触传递与可塑性、兴奋性保护等相关的基因会因环境的丰富而改变自己的表达水平[25]。并且有研究显示，5 —羟色胺和多巴胺等神经递质多态性的作用也受社会经济地位的影响[29]。来自于贫困家庭的儿童长期暴露于慢性压力下，使其内稳态系统受到破坏。研究发现，9 岁时处于低收入家庭的个体在 24 岁表现出腹外侧和背外侧前额叶皮层活动的减少且难以抑制杏仁核的激活[30]。总之，低 SES 会导致多种不利因素阻碍儿童大脑的健康发展[31-34]。

其次，和贫困一样，受虐经历也会对儿童造成诸多不利影响。在心理方面，虐待经历会影响儿童的正常心理功能；在生理方面，虐待会影响儿童的神经内分泌系统的正常运作，进而增加儿童患上各种心理问题的可能[35, 36]。多个研究证实，早期受虐会影响个体大脑的健康发展。比如 De Brito 等[37]比较了受虐儿童和非受虐儿童在前额叶、颞叶、杏仁核、海马和小脑灰质体积的差异，发现了受虐儿童的中部眶额叶皮层和中部颞叶灰质体积更小。Lim 等[38]通过对 12 个数据库中的文献进行元分析，发现相较于控制组，有过虐待经历个体的杏仁核、脑岛、海马旁和右眶额叶和颞上回，以及左下额叶、中央后回的灰质体积显著较小，而其在右下额叶和枕下中回部分的灰质体积则显著较大，从而较为全面地揭示了早期受虐经历对于个体大脑的影响。

最后，相对于生于贫困或受过早期虐待的个体，受艾滋病影响的个体是另外一个特殊的群体，近几年他们也被用来研究早期逆境对个体大脑的影响。比如，国内林丹华团队[39]首次采用磁共振成像技术探讨了机构收养的艾滋孤儿（人数 =20，男 =10，年龄 = 15.75 ± 1.97 岁）和健康青少年（人数 =20，男 =12，年龄 =15.85 ± 2.35 岁）在大脑结构灰质体积上的差异。结果发现，艾滋孤儿的海马体积要显著小于正常对照组，同时，其前扣带回，胼胝体下皮层和中央前回的灰质体积明显大于正常对照组。其中，前扣带回是唯一通过多重比较、显著大于正常对照组的区域，说明受艾滋影响的经历会对个体大脑的发展产生显著影响。该研究首次采用磁共振成像技术揭示了艾滋孤儿与正常青少年在大脑结构间的差异，其结果有助于揭示早期逆境如何影响以及塑造个体的大脑。

总之，早期逆境会通过作用于个体的大脑结构和功能（如海马、杏仁核和前额叶等）影响个体的身心健康与心理功能。而这种大脑结构和功能的改变又被认为是由于早期逆境所诱发的应激系统功能紊乱所导致的[40，41]。

2.2 早期逆境影响应激系统功能

大量研究证实，长期的压力情境或严重的创伤事件会导致 HPA 轴出现功能紊乱[42，43]。随着慢性应激的持续存在，机体的应激系统将持续激活直至出现衰竭、功能受损，表现为 HPA 轴过度激活或激活不足的现象。由于 HPA 轴释放的激素对机体的多个生理系统（如中枢神经、代谢以及免疫系统）有非常广泛的调节作用[44-46]，因此慢性应激导致的机体损耗会体现在多个系统的功能改变上，例如细胞调节免疫功能的下降、动脉粥样硬化的形成、海马体积变化和记忆问题等[47-49]。相应的，国内外针对经受不同类型（如贫穷或早期虐待等）早期逆境儿童的研究结果均提示，HPA 轴功能的改变可能是早期逆境影响身心健康的关键生理机制。

首先，早期逆境对儿童应激系统功能的影响在受虐待儿童、寄养儿童、丧失父母的儿童以及福利机构抚养的儿童（如孤儿院）等人群的研究中得到了广泛的支持[9，50，51]。目前，国外关于早期逆境与儿童应激系统功能的研究主要关注受虐待和贫困等早期逆境对儿童的 HPA 轴功能的影响，且大多采用唾液皮质醇应激反应（cortisol response to stress）和唾液皮质醇昼夜节律（diurnal cortisol rhythm）作为 HPA 轴功能的指标[52]。研究表明，经历过早期逆境的儿童比普通儿童更可能出现迟钝的（blunted）日间皮质醇下降趋势、偏高或偏低的日间皮质醇分泌总量，以及对实验室急性压力的皮质醇反应更为迟钝[50，53]。例如，Conradt 等[54]对 860 名儿童的追踪研究发现，相比于普通儿童，经历过早期逆境（即 6 岁前的贫困和受虐待等经历）的儿童，在 11 岁时的实验室急性压力下表现出更迟钝的皮质醇反应。也就是说，经历了早期逆境的儿童出现了 HPA 轴应激反应功能紊乱，当面对新的压力源时，皮质醇几乎不产生反应或反应不足。另外一项在儿童中开展的研究也发现，早期逆境会预测儿童迟钝的日间皮质醇斜率，表现为上午皮质醇水平偏低，下午皮质醇水平偏高，偏离个体正常的日间皮质醇分泌模式[55]。

近几年，国内学者也越来越多地关注压力对儿童应激反应的影响。如国内研究者陈光辉和孔艳红[56]考察了受欺负经历与儿童 HPA 轴应激功能之间的关系，根据受欺负得分挑选出 31 名受欺负和 21 名未受欺负的儿童，考察两类儿童对实验室急性应激源（即兴演讲和心算）的唾液皮质醇反应是否存在差异。结果发现在应激反应中，受欺负者的皮质醇浓度显著高于未受欺负者。此外，国内研究者王争艳团队[57]采用酶联免疫吸附法分析唾液皮质醇和日志记录上呼吸道感染的方法，考察新入园的 59 名幼儿皮质醇变化与两个月内患上呼吸道感染次数和持续时间的关系。结果发现，新入园幼儿在国庆小长假后的第一周内，其皮质醇变化的整体趋势表现为下午的皮质醇水平比上午的皮质醇水平高；上、下午皮质醇水平的变化幅度与其患上呼吸道感染次数显著负相关。该研究表明，幼儿面对新入园这一压力事件时，皮质醇水平的暂时性升高对免疫系统产生了一定的刺激作用来抵抗上呼吸道感染。

此外，尤其需要提到的是，河南大学的赵国祥研究团队以受艾滋病影响的儿童为研究对象，自 2005 年至今开展了长期而系统的追踪研究[58]。该团队从河南省的 80 个村庄招募 800 名受艾滋病影响儿童（8~17 岁）及其抚养人参与研究，对受艾滋病影响儿童的心理社会变量和生理应激系统功能指标（即唾液皮质醇昼夜节律）之间的关系进行考察，已得出了多个能够预测受艾滋病影响儿童的应激系统功能的危险性和保护性因素。其中，早期逆境、感知到的歧视（perceived stigma）、消极应对方式和消极情绪等危险性因素能显著间接或直接地预测受艾滋病影响儿童较不健康的日间皮质醇节律[41, 59-61]。例如，歧视知觉能够预测儿童较低的晨起皮质醇水平和较迟钝的日间皮质醇斜率[62]。同时，心理弹性、积极应对方式和自尊等保护性因素能够显著预测受艾滋病影响儿童较健康的皮质醇节律[60, 63]。例如，Chi 等[62]发现，心理弹性能够预测儿童较高的晨起皮质醇水平和较陡峭的日间皮质醇斜率，这些都是 HPA 轴功能良好的表现。

还值得注意的是，早期逆境还会通过作用于个体的应激系统功能（如 HPA 轴的活动性）影响儿童的身心健康，包括内化问题（主要包括退缩、焦虑和抑郁）、外化问题（主要包括违纪行为和攻击行为）和身体健康问题[64]。例如，Susman 提出了问题行为的神经生理模型来解释压力、皮质醇与外化行为之间的关系[65]。他认为早期发展过程中遭受的压力会导致个体的日间皮质醇水平偏低，由于生理唤醒水平较低，这些低皮质醇水平的儿童可能会更倾向于寻求刺激以及对不良行为的消极后果不敏感。他还指出 HPA 轴功能异常可能会消极地影响正在发育的大脑区域，尤其是与自我调控和执行功能相关的大脑区域，导致儿童的自我控制能力较弱，从而出现更多问题行为。这一观点得到了新近研究结果的支持[66]。另一项在 3~7 岁儿童中考察早期逆境（包括贫困和受虐待）与儿童日间皮质醇模式、外化问题行为的研究发现，迟钝的日间皮质醇斜率能够中介受虐待经历与外化问题之间的关系，而在贫困和外化问题行为之间中介作用不显著[67]。此外，还有一项研究表明儿童的皮质醇应激反应能够中介童年早期逆境（包括贫困和受虐待等经历）与童年中期（11 岁）外化行为、执行功能之间的关系[68]。

总之，国内外研究结果均表明，HPA 轴功能的改变（主要是指皮质醇分泌模式的改变）可能是早期逆境影响身心健康的关键生理机制[44, 45]。

3　保护性资源调制早期逆境影响的生物学通路

尽管已有研究表明，早期逆境能够预测个体较差的生理功能和健康结果，但这种预测可能存在个体差异，也就是说并不是所有经历过逆境或严重压力的个体都会适应不良。例如，已有的虐待与儿童皮质醇之间关系的研究结果并不一致[69]，一些研究发现了虐待会导致较低的上午皮质醇水平和迟钝的日间皮质醇斜率，而另一些研究则发现虐待和皮质醇之间没有显著相关。这表明，早期逆境对儿童日间皮质醇斜率的影响存在个体差异，一些关键的调节变量可能影响了二者之间的关系。正如有机体—环境相互作用模型（organism-environment interaction model）提出，具有特定内在特质的个体会对相似的环境刺激做出不同的反应，即个体和环境的动态交互导致了个体的适应结果[61]。因此，有必要检验环境中或个体内的重要保护性因素，深入揭示这些因素是否会调节早期逆境对应激系统功能和健康结果的影响[70, 71]。

之前大量关于心理资源保护作用的研究结果显示，诸如高自尊、乐观和良好的父母教养方式等因素都会有助于个体抵御早期逆境的伤害[72-75]。根据社会心理资源来源（内部或外部）的不同，本文将所有可给予早期逆境中的个体以保护的因素归为两类：一类是内部保护性资源，指的是个体的力量或能力，包括心理弹性、自尊、乐观和积极应对等；另一类为外部保护性资源，指的是来自不同环境中的外在因素或积极资源，包括积极的父母教养方式、亲密的家庭关系、良好的学校氛围、积极的同伴关系、邻里支持等[76, 77]。通过探究这些保护性因素发挥作用的生物学机制，将会有助于我们找到促进处境不利儿童青少年健康发展的路径。

3.1 心理弹性

心理弹性（resilience）是指个体在逆境或压力中，利用内部或外部保护性因素与风险性因素的相互作用，从而达到适应良好的发展过程[78, 79]。国内的席居哲团队（2011，2012）对于心理弹性进行了较为系统和深入的研究，结果发现，相比于中、低心理弹性的青少年，高心理弹性的青少年报告更多的积极情绪情感和更少的消极情绪情感，且对积极情绪和消极情绪的调节方式也更为适当[80]。此外，心理弹性高的儿童相比于缺乏心理弹性的儿童有更高水平的社会能力自我觉知、人际关系认知和压力 / 逆境敏感度，且他们觉知到的严重压力（或逆境）的影响也没后者那么持久[81, 82]。这些研究结果均表明，心理弹性高的儿童青少年有更好的心理社会适应能力，但国内还少有在生理层面针对高、低心理弹性儿童青少年的对比性研究。

心理弹性不仅能够从行为层面缓冲逆境对个体的危害，近年的大量研究发现，心理弹性对个体的脑结构和脑功能以及 HPA 轴功能也具有保护作用[83]。在探讨脑结构、脑功能以及 HPA 轴功能时，研究者常常采用两种方法来测量心理弹性：第一种方法是根据发展的结果进行定义，将经历逆境但未出现心理病理症状（如创伤后应激障碍，post-traumatic stress disorder，PTSD）的个体作为弹性组，将经历逆境并出现心理症状的个体作为 PTSD 组，通过对比两组个体大脑或者 HPA 轴功能的差异，深入分析与心理弹性相关的神经机制或神经内分泌机制。另一种方法是根据量表的得分进行定义，采用问卷法，以心理弹性量表的得分作为心理弹性高低的指标，并进一步探究心理弹性与大脑或 HPA 轴功能的关系。

首先，近些年的脑成像研究发现，与心理弹性相关的某些脑结构或者脑功能特点，能够从生理层面降低早期逆境的不良影响[84]。研究者通过比较弹性组和非弹性组的脑结构，发现两组在前扣带回、海马、杏仁核等脑区上具有差异显著[83, 85]。最近，刘嘉团队的静息态脑成像研究结果发现，扣带回、丘脑、前额叶、杏仁核等脑区的功能与心理弹性密切相关[85]。其次，Yan 等人的研究比较了经历战争的 PTSD 组和弹性组在静息态下的大脑自发活动，结果发现弹性组在杏仁核、前扣带回等脑区的活动程度更弱，而在丘脑等脑区上的活动更强[86]。其中，杏仁核和前扣带回是“恐惧回路”中的核心脑结构，该结果表明弹性个体即使经历了压力事件，也能保持杏仁核和前扣带回的功能稳定，平衡认知过程和情绪过程。而丘脑的活动增强说明个体能够有效地整合感觉信息，避免创伤记忆的长时间保留。而一项以地震幸存者为被试的研究发现，弹性组在静息状态下的丘脑与额中回、前扣带回的正连接均加强，而与双侧额下回的正连接减弱[87]，可能与弹性个体未出现夸大恐惧反应的情况，且创伤记忆持续时间更短有关，这有利于个体调节创伤事件对自身的影响[88]。所有这些研究结果均显示，高、低心理弹性个体在大脑结构（如前扣带回、海马或杏仁核）或活动特点（如丘脑、前扣带回或杏仁核等）上存在显著性差异，从而为寻找到提升个体心理弹性的神经生理机制奠定了良好基础。

最近，林丹华团队首次以艾滋孤儿为研究对象，采用心理干预的方法，通过比较干预前后的变化，从更加严格的角度探讨心理弹性和静息态脑功能之间的关系[89]。结果发现，心理弹性的提升与左侧前扣带回、右侧扣带回的 fALFF 值提升显著负相关，也就是说，心理弹性提升越多，静息态脑功能变化越小。该结果在一定程度上说明了心理干预使得艾滋孤儿在静息态下大脑的自发活动强度更低，而这种“波澜不惊”的平静状态能够令个体更加有效地适应不良环境。总之，林丹华团队的研究发现，经历逆境但适应良好的弹性个体，往往表现出某些脑结构或功能的特点，总结这些脑区所具有的功能，暗示心理弹性高的个体可能拥有更强的情绪调节、认知控制以及对创伤记忆的加工能力，从而帮助个体降低逆境带来的危害，获得积极的发展。

最后，心理弹性也被发现可以缓解早期逆境对个体 HPA 轴功能的不良影响。比如心理弹性可以缓解经历早期逆境个体的心理痛苦、生理疾病以及睡眠问题等[90]，对处境不利儿童的 HPA 轴功能也具有保护性作用。有研究者对 35 名大屠杀幸存者的后代进行研究，结果发现，相比于父母患有 PTSD 的幸存者后代，未患 PTSD 的幸存者后代 24 小时的尿液皮质醇分泌量显著高于患有 PTSD 的幸存者后代[91]。一项包含 14 个早期逆境研究的元分析也发现，经历过创伤但未患 PTSD 的控制组被试的日间皮质醇水平高于 PTSD 组被试的日间皮质醇水平[92]。此外，直接测查心理弹性的研究也发现，对于经历过躯体虐待的儿童来说，高心理弹性的儿童比低心理弹性的儿童表现出更高的晨起皮质醇水平[9]。在父母感染艾滋病的儿童中也发现，心理弹性能够预测儿童更高的皮质醇日常分泌量和更陡峭的日间皮质醇斜率[93]。这些研究结果均表明，心理弹性可以保护经历早期逆境的儿童的 HPA 轴功能免受损伤。

3.2 自尊

自尊（self-esteem）是指个体对于自我的总体评价[94]，它代表了自我概念中涉及情绪性和评价性的成分[95]。大量研究结果证实，“高自尊”具有重要的心理功能，高自尊既可让个体拥有更高的成就，帮助他们抵抗负面情绪的侵扰，还有助于提升其心理幸福感[96–98]。

更为重要的是，高自尊还被发现能够有效缓冲低 SES 给个体带来的不良影响[99]。比如，在一项为期 60 多年的追踪研究中，研究者记录了夏威夷 Kauai 岛上出生于 1955 年的 698 名儿童的成长经历。他们发现那些来自于贫困家庭但是高自尊的孩子长大后多成为了稳重、能干、自信和多产的人[98]。除了以上在行为层面的发现以外，国内刘嘉团队首次将高自尊对心理健康的保护作用拓展至生理健康层面，脑成像研究结果表明贫困环境对个体海马体积的破坏尤为严重。为了验证高自尊个体是否真的能够避免这种对海马体积的不良影响，刘嘉团队收集了大样本量成年被试的大脑与 SES 的数据（$N = 280$）。结果发现，虽然 SES 低的个体往往拥有更小的海马体积，但是，高自尊可以有效缓冲贫困对个体海马体积的不利作用，换句话说，当个体的自尊水平较高时，SES 和海马体积无关，从而首次揭示高自尊可以给贫困环境中的个体的大脑提供保护[100]。此外，研究者还发现，自尊能够对经历早期逆境的儿童的 HPA 轴功能起到保护性作用。例如，Zilioli 等人[60]在父母感染艾滋病的儿童中发现，高水平的自尊能够预测儿童更高的晨起皮质醇水平和更陡峭的皮质醇斜率，表明高自尊的儿童的 HPA 轴功能更良好。

3.3 乐观

乐观（optimism）是指个体对未来持积极期望以及确信能够成功应对挑战的倾向[101]。乐观被认为是个体的一种重要的心理资源，当个体面临挑战性或威胁性事件时变得尤其重要[102]。一项元分析研究表明，乐观者面对压力时，更可能采用积极的应对方式，优先使用面对问题而不是回避问题的应对方式[103]。这些心理资源有助于缓解压力带来的主观不适体验和生理应激，随着时间的累积，乐观可能会减小个体的生理应激系统出现损耗和功能紊乱的可能性，从而降低出现健康问题的风险[100]。

已有研究考察了早期逆境、乐观与 HPA 轴功能之间的关系，发现乐观能够对处境不利儿童的 HPA 轴功能起到保护性作用。例如，Chen 等[104]在 645 名受父母感染艾滋病影响的儿童中发现，乐观能够预测儿童更陡峭（更健康）的日间皮质醇斜率。此外，还有研究者发现乐观能够缓解童年期低社会经济地位对包括 HPA 轴在内的生理系统功能的消极影响。

3.4 应对方式

应对方式（coping）是指个体面对压力情境时所采取的问题解决风格，通常被分为积极应对方式和消极应对方式[105]。积极应对是一种以问题为中心的应对方式，包括解决问题、寻求内外部资源、积极的重新建构等应对策略，而消极应对是一种以情感为中心的应对方式，包括自我责备、逃避、否认、幻想等应对策略[106]。积极与消极两种不同的应对方式可能导致不同的事件结果，从而对个体的情绪状态以及生理健康和应激系统功能产生不同的影响[107]。研究发现，积极的应对方式在早期逆境和 HPA 轴功能间具有保护作用。如研究者以 122 名青春期的女生为被试，探究应对方式在人际压力和 HPA 轴功能之间的关系。结果发现，具有积极的应对方式的女生表现出更加适应性的皮质醇分泌模式，包括更陡峭的日间皮质醇斜率等[108]。在父母感染艾滋病的儿童中也发现，更积极的应对方式能够预测儿童更高的晨起皮质醇水平，而更消极的应对方式则能够预测儿童更低的晨起皮质醇水平和更迟钝的日间皮质醇斜率[63]。

3.5 未来取向

未来取向（future orientation）是指个人的思想和行为对未来的偏好，同时也是个体对未来思考和规划的过程[109]。未来取向与目标设定、对未来的积极期望以及个体的计划水平有着密切的关系，因而对于个体的发展具有积极的促进作用，在健康行为、物质滥用和学业成绩等方面起着积极的影响作用。近年来，越来越多的研究开始重视未来取向在缓解逆境伤害和应激管理中所起到的重要作用[110]。例如，国内学者张锦涛等[111]的研究揭示，积极的未来取向（包括未来期待、未来希望和未来控制三个部分）可以在受艾滋病影响的儿童所遭遇的压力事件和其心理健康间的关系起到中介作用。此外，赵国祥团队[112]最新的研究直接证实，受艾滋病影响儿童的心理弹性、信任和未来取向之间存在显著的正相关，并且，信任可以在心理弹性和未来取向间的关系中起到部分中介的作用，从而说明通过增强遭受早期逆境个体的未来取向可以提升他们的心理弹性，从而尽可能减少早期逆境的伤害。

此外，甘怡群团队尝试采用分子生物学手段揭示未来取向的分子遗传学机制，他们的最新研究发现，FKBP5 基因上的 SNP rs1360780 能够通过调控 FKBP5 基因的表达进而影响个体的未来取向功能[113]。因为 FKBP5 是 HPA 功能的重要调控基因，已被发现与个体的创伤后应激障碍、抑郁、焦虑相关，该研究结果表明，FKBP5 基因除了负向效应外，还能够与早期家庭亲密性共同作用于未来取向的发展过程，表现出积极效应。

最近，在林丹华团队的一项旨在提升艾滋孤儿心理弹性的干预实验中，研究发现，艾滋孤儿的积极未来取向在心理弹性干预后得到显著增强，同时，这些变化在干预 8 个月依然得以保持[114]。更为重要的是，积极未来取向的提升不但与大脑中壳核（putamen）区域活动的变化显著负相关，还可以被壳核的基线活动水平所预测。之前的研究表明，壳核的功能涉及社会厌恶（social disgust），而此种情绪又经常为艾滋孤儿所体验到。本研究发现积极未来取向的改变和壳核活动相关，提示心理干预可以通过降低艾滋孤儿感受的社会厌恶水平，进而提升他们的积极未来取向。该研究增强了人们对于积极未来取向乃至心理弹性干预生物学机制的认识，对于未来发展出具有针对性的干预方案具有重要的理论和现实意义。

3.6 父母教养方式

父母教养方式（parenting）是父母的教养观念教养行为及其对儿童的情感表现的一种组合方式[115]，其质量如何不但关乎每个种族的延续，而且会对后代的生理、心理和大脑发育产生深远影响。近年来，一些研究表明，良好的父母照料/教养可以适当地弥补家庭贫困所造成的对子女大脑的不利影响。比如，来自动物（如老鼠）身上的研究证据表明，海马是一个对于父母教养行为反应尤其敏感的区域，父母照顾得越多，子女长大后的海马体积就会越大[116]。

同时，人类研究也发现，当处于母爱缺失状态时，出生时体重较轻者其海马体积显著小于常人；而在母亲照顾质量高的情况下，二者并无显著差异。这说明海马体积受产前和产后环境的交互影响[117]。Luby 等针对两组学龄前儿童（健康组对抑郁组）的前瞻性研究结果显示，来自父母更多的照顾可以预测子女长大后拥有更大的海马体积[118]。此外，Miller 等人的研究表明，童年期父母更好的照顾会降低个体成年后代谢综合征（如糖尿病、心脏病或卒中等）的发病几率[119]。国内刘嘉团队也发现，在父母的过度保护水平较低时，父母的照顾水平越高，子女成年后的海马体积越大[120]。总之，良好的父母教养被发现可以缓冲早期逆境对个体大脑发展的不良影响。

此外，不同的父母教养方式会通过塑造不同的亲子依恋关系影响儿童的心理和生理健康[121]。依恋（attachment）指的是个体在发展过程中与他人建立的一种深层的、坚固的、持久的情感联结[122]。如果童年早期的儿童感知到与抚养者之间的依恋关系是稳定而且安全的，那么儿童就会认为自己是有价值的、重要的，他人是可信赖的、可依靠的，这个工作模式会影响个体的思想、情感和行为和生理健康[123]。那么，依恋如何影响个体的生理健康？研究者认为可能的路径是，依恋类型会影响个体情绪调节、自我调节以及亲密关系中的行为策略（如，支持寻求），通过塑造个体应激反应的模式，进而影响个体的健康和疾病结果[124]。以往的实证研究一致发现，安全型依恋对处境不利儿童的 HPA 轴功能具有保护作用。例如，一些研究考察了 48 名患哮喘风险的个体 2 岁之前的依恋关系和青少年时期（17~19 岁）应激下皮质醇反应的关系，结果发现，不安全依恋的个体在应激下表现出更低的皮质醇反应，而安全依恋的个体表现出更加正常的皮质醇反应模式[125]。此外，一项为期 10 周的基于依恋的干预研究也发现，对于有被忽视风险的儿童，相比于控制组，干预组的儿童在干预后表现出更典型的皮质醇分泌模式，即更高的晨起皮质醇水平和更陡峭的日间皮质醇斜率[126]。

4 国内外研究比较与未来发展趋势

相比较于国外积累多年的有关早期逆境影响个体身心健康的大量成果，国内相关领域的研究在近 10 多年才刚刚兴起，尚处于零散研究的状态，既缺少整合性的理论模型，研究也缺乏系统性。在方法学上，国内研究多采用量表法针对早期逆境的不利影响进行研究，缺少全国范围内大样本的纵向追踪数据。此外，国内早期逆境领域更多关注心理和行为层面的研究，探究心理过程背后的生理和神经机制的研究尚少。随着该领域研究的不断推进，国外研究者越来越多地借助生物学和神经科学的方法探究早期逆境的作用机制及其影响因素，近 5 年来，国内的几个研究团队（如林丹华团队、赵国祥团队、刘嘉团队、甘怡群团队等）也开始深入探讨中国文化下早期逆境及其保护性因素背后的生理机制，以丰富我国该领域的理论和研究成果。

通过综合分析国内外已有的研究成果，我们提出了一个早期逆境影响个体身心健康的整合理论模型，以深入揭示早期逆境对个体身心健康的影响和作用机制，以期指导未来的研究（如图 1）。具体来说，早期逆境会通过作用于个体的大脑（如海马、杏仁核与前额叶等）和生理应激功能（HPA 轴，SNS 系统与免疫系统），对个体的身心健康造成长期的消极影响，并进而导致出现多种内外化问题（如焦虑、抑郁）和生理疾病（如糖尿病和心脑血管疾病等），其中出生之前、生命早期和青春期（或青少年时期）是早期逆境影响个体健康的关键时期。然而，人类并非早期逆境的被动受害者，很多内部资源（如心理弹性、乐观、自尊和应对方式）和外部资源（如父母教养方式）能够缓冲早期不利处境对个体的消极影响，从而促进经历早期逆境儿童的健康发展。

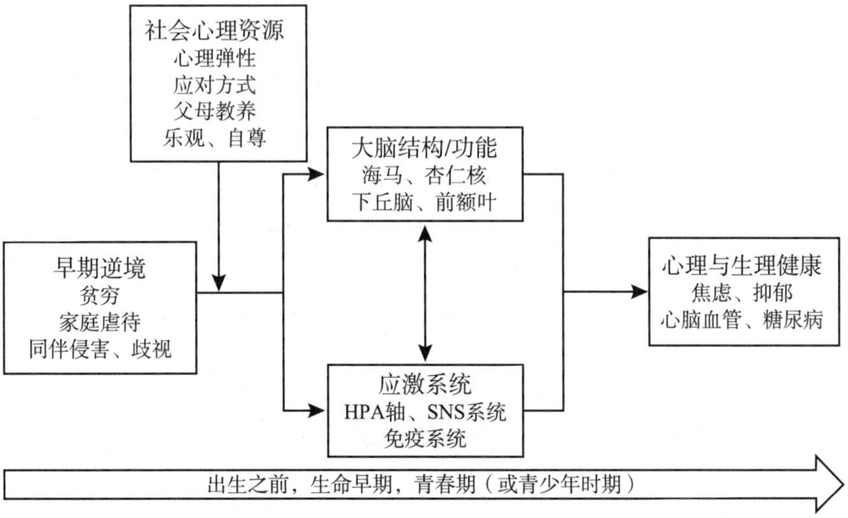

图 1　早期逆境影响个体健康发展的生理机制

尽管如此，目前我们尚缺乏足够的证据来解释早期逆境与儿童大脑、神经内分泌与健康发展之间的因果性关系。因此，未来的研究还需要继续寻找究竟是什么导致了早期逆境和大脑发育与应激功能间的关联。是营养、邻居、学校质量、父母教养方式、家庭压力，还是这些因素的综合作用？我们是否可以确定，所有这些差异可以用后天的经历加以解释，还是遗传也在其中起到了作用？未来的研究亟需采用大样本长期追踪的研究设计，系统揭示早期逆境与儿童大脑、神经内分泌与健康发展之间的因果性关系。

此外，未来的研究有待进一步揭示多个生理系统在早期逆境影响儿童健康发展中所扮演的角色。已有研究表明，早期逆境对生理应激系统的影响不仅局限于 HPA 轴，交感神经系统（sympathetic nervous system，SNS）和免疫系统（immune system）也会受到早期逆境的影响。在经历早期逆境的儿童中，免疫系统的炎症反应和抑郁症状是相伴随发生的，且炎症反应可以预测之后的抑郁症状[127]，这表明其他生理应激系统可能也参与到早期逆境对个体身心健康的影响机制中。国内外已有研究显示，测量多个应激系统的指标有利于比较不同应激系统的反应模式，并且对于揭示个体的精神病理学问题具有重要意义，对儿童问题行为的早期识别和干预亦具有重要的作用[128, 129]。

同时，未来的早期逆境研究有待聚焦关键性的保护性因素，针对这些因素开展有效的心理干预研究，深入考察干预对个体“生理—大脑—行为”等多个层面的作用，并找出影响干预效果的重要调节性变量，为下一步的精准干预奠定坚实的基础。

再次，应从“个体—家庭—学校—社会”多个层面构建促进处境不利儿童身心健康发展的体系。在个体层面，通过整合认知神经科学和遗传生物学等多种先进技术手段，系统揭示保护性因素的大脑与遗传生物学机制；在家庭和学校层面，家长和教师应改进自己的教育方式，通过减少简单粗暴的不良教育方式减轻儿童的心理与社会压力[130, 131]；在国家和社会层面，应通过政策的制定切实保护儿童的身心健康发展。

最后，未来研究及干预应在积极心理学的框架下，立足本土文化，着重探讨促进处境不利儿童积极心理资源的多层面因素，力争让干预措施系统化、标准化和操作化。在中国文化中素有“天将降大任于斯人也，必先苦其心志……”(《孟子·告子下》）等大量化解逆境消极影响的智慧，未来的研究应该一方面挖掘中国传统文化转化逆境为力量的智慧；同时，借助认知神经科学的研究工具，参考国际上相对成熟的干预方案，如“思维工具课程”[132]，自我肯定式干预[133]，成长式思维训练课程[134]，让处境不利儿童能够借由干预和训练，缓解早期逆境对其身心方面的伤害，获得健康、充分的发展。

参考文献

[1] Stroud C B, Chen F R, Doane L D, et al. Individual differences in early adolescents' latent trait cortisol (LTC):

Relation to early adversity [J]. Developmental Psychobiology, 2016, 58 (6): 700–713.

[2] Trickett P K, Negriff S, Ji J, et al. Child maltreatment and adolescent development [J]. Journal of Research on Adolescence, 2011, 21 (1): 3–20.

[3] 范兴华，方晓义，刘杨，等. 流动儿童歧视知觉与社会文化适应：社会支持和社会认同的作用 [J]. 心理学报，2012，44 (5)：647–663.

[4] 刘霞，赵景欣，申继亮. 歧视知觉对城市流动儿童幸福感的影响：中介机制及归属需要的调节作用 [J]. 心理学报，2013，45 (5)：568–584.

[5] 俞国良，辛自强. 学习不良儿童孤独感，同伴接受性的特点及其与家庭功能的关系 [J]. 心理学报，2000，32 (1)：59–64.

[6] 张晓，陈会昌，张银娜，等. 家庭收入与儿童早期的社会能力：中介效应与调节效应 [J]. 心理学报，2009 (7)：613–623.

[7] 郭海英，陈丽华，叶枝，等. 流动儿童同伴侵害的特点及与内化问题的循环作用关系：一项追踪研究 [J]. 心理学报，2017，49 (3)：336–348.

[8] 纪林芹，陈亮，徐夫真，等. 童年中晚期同伴侵害对儿童心理社会适应影响的纵向分析 [J]. 心理学报，2011，43 (10)：1151–1162.

[9] Cicchetti D, Rogosch F A, Gunnar M R, et al. The differential impacts of early physical and sexual abuse and internalizing problems on daytime cortisol rhythm in school - aged children [J]. Child Development, 2010, 81 (1): 252–269.

[10] Adam S. Critical care nursing: science and practice [B]. 2017: Oxford University Press.

[11] McLaughlin K A, Green J C, Gruber M J, et al. Childhood adversities and first onset of psychiatric disorders in a national sample of US adolescents [J]. Archives of General Psychiatry, 2012, 69 (11): 1151–1160.

[12] Lansford J E, Dodge K A, Pettit G S, et al. A 12–year prospective study of the long–term effects of early child physical maltreatment on psychological, behavioral, and academic problems in adolescence [J]. Archives of Pediatrics & Adolescent Medicine, 2002, 156 (8): 824–830.

[13] Ford J D. Treatment implications of altered affect regulation and information processing following child maltreatment [J]. Psychiatric Annals, 2017, 35 (5): 410–419.

[14] Lupien S J, Mcewen B S, Gunnar M R, et al. Effects of stress throughout the lifespan on the brain, behaviour and cognition [J]. Nature reviews. Neuroscience, 2009, 10 (6): 434–445.

[15] McCrory E, De Brito S A, Viding E. Research review: the neurobiology and genetics of maltreatment and adversity [J]. Journal of Child Psychology and Psychiatry, 2010, 51 (10): 1079–1095.

[16] Tarullo A R, & Gunnar M R. Child maltreatment and the developing HPA axis [J]. Hormones and Behavior, 2006, 50 (4), 632–639.

[17] Bradley R H, Corwyn R. F. Socioeconomic status and child development [J]. Annual Review of Psychology, 2002, 53 (1): 371–399.

[18] Hackman D A, Farah M J. Socioeconomic status and the developing brain [J]. Trends in Cognitive Sciences, 2009, 13 (2): 65–73.

[19] Hackman D A, Farah M J, Meaney M J. Socioeconomic status and the brain: mechanistic insights from human and animal research [J]. Nature Reviews Neuroscience, 2010, 11 (9): 651–659.

[20] Hart B, Risley T R. Meaningful differences in the everyday experience of young American children [J]. 1995: Paul H Brookes Publishing.

[21] Mezzacappa E. Alerting, orienting, and executive attention: Developmental properties and sociodemographic correlates in an epidemiological sample of young, urban children [J]. Child Development, 2004, 75 (5): 1373–1386.

[22] Farah M J, Shera, D M, Savage J H, et al. Childhood poverty: Specific associations with neurocognitive development [J]. Brain research, 2006, 1110 (1): p. 166–174.

[23] Evans G W, & Schamberg M A. Childhood poverty, chronic stress, and adult working memory. Proceedings of the National Academy of Sciences of the United States of America, 2009, 106 (16): 6545–6549.

[24] Noble K G, Houston S M, Brito N H, et al. Family income, parental education and brain structure in children and adolescents [J]. Nature neuroscience, 2015, 18 (5): 773–778.

[25] 高振宇. 社会经济地位对儿童大脑发展的影响机制及其教育启示 [J]. 教育发展研究, 2016 (6): 31–38.

[26] Seckl J R. Glucocorticoids, developmental 'programming' and the risk of affective dysfunction [J]. Progress in Brain Research, 2007, 167: 17–34.

[27] Cicchetti D and Curtis W J. An event-related potential study of the processing of affective facial expressions in young children who experienced maltreatment during the first year of life [J]. Dev Psychopathol, 2005, 17 (3): 641–677.

[28] McEwen B S. Protection and damage from acute and chronic stress: allostasis and allostatic overload and relevance to the pathophysiology of psychiatric disorders [J]. Annals of the New York Academy of Sciences, 2004, 1032 (1): 1–7.

[29] 杨帅, 符明秋, 张瑞平, 等. 社会经济地位影响大脑发展的神经基础 [J]. 心理研究, 2017 (2): 3–10.

[30] Kim P, Evans G W, Angstadt M, et al. Effects of childhood poverty and chronic stress on emotion regulatory brain function in adulthood [J]. Proceedings of the National Academy of Sciences, 2013, 110 (46): 18442–18447.

[31] Evans G W, English K. The environment of poverty: Multiple stressor exposure, psychophysiological stress, and socioemotional adjustment [J]. Child Development, 2002, 73 (4): 1238–1248.

[32] Lupien S J, King S, Meaney M J, et al. Child's stress hormone levels correlate with mother's socioeconomic status and depressive state [J]. Biological Psychiatry, 2000, 48 (10): 976–980.

[33] Lupien S J, King S, Meaney M J, et al., Can poverty get under your skin? Basal cortisol levels and cognitive function in children from low and high socioeconomic status [J]. Development and Psychopathology, 2001, 13 (3): 653–676.

[34] Badanes L S, Watamura S E, Hankin B L. Hypocortisolism as a potential marker of allostatic load in children: Associations with family risk and internalizing disorders [J]. Development and Psychopathology, 2011, 23 (3): 881–896.

[35] Cicchetti D, Toth S L. Child maltreatment [J]. Annu Rev Clin Psychol, 2005, 1: 409–38.

[36] Kelly P A, Viding E, Puetz V B, et al. Sex differences in socioemotional functioning, attentional bias, and gray matter volume in maltreated children: A multilevel investigation [J]. Dev Psychopathol, 2015, 27 (4 Pt 2): 1591–609.

[37] De Brito S A, Viding E, Sebastian C L, et al. Reduced orbitofrontal and temporal grey matter in a community sample of maltreated children [J]. Journal of Child Psychol Psychiatry, 2013, 54 (1): 105–12.

[38] Lim L, Radua J, Rubia K. Gray matter abnormalities in childhood maltreatment: a voxel-wise meta-analysis [J]. American Journal of Psychiatry, 2014, 171 (8): 854–63.

[39] 左培颖, 王轶楠, 林丹华, 早期逆境对大脑的影响: 针对艾滋孤儿大脑结构的像素形态学分析 [J], in 第十八届全国心理学学术会议摘要集——心理学与社会发展, 中国心理学会, Editor. 2015.

[40] Raposa E B, Hammen C L, Brennan P A, et al. Early adversity and health outcomes in young adulthood: the role of ongoing stress [J]. Health Psychology, 2014, 33 (5): 410–418.

[41] Zilioli S, Imami L, Slatcher R B. Socioeconomic status, perceived control, diurnal cortisol, and physical symptoms: A moderated mediation model [J]. Psychoneuroendocrinology, 2017, 75: 36–43.

[42] Lazarus R S, Folkman S. Coping and adaptation [B]. The handbook of behavioral medicine, 1984: 282–325.

［43］Adam E K，Kumari M. Assessing salivary cortisol in large-scale，epidemiological research［J］. Psychoneuroendocrinology，2009，34（10）：1423-1436.

［44］Saxbe D E. A field（researcher's）guide to cortisol：tracking HPA axis functioning in everyday life［J］. Health Psychology Review，2008，2（2）：163-190.

［45］Miller G E，Chen E，Zhou E S. If it goes up，must it come down? Chronic stress and the hypothalamic-pituitary-adrenocortical axis in humans［J］. American Psychological Association，2007，25.

［46］Sapolsky R M，Romero L M，Munck A U. How do glucocorticoids influence stress responses? Integrating permissive，suppressive，stimulatory，and preparative actions［J］. Endocrine Reviews，2000，21（1）：55-89.

［47］McEwen B S. Stress and hippocampal plasticity［J］. Annual Review of Neuroscience，1999，22（1）：105-122.

［48］Kumari M，Hammen C L，Brennan P A，et al. Association of diurnal patterns in salivary cortisol with all-cause and cardiovascular mortality：findings from the Whitehall II study［J］. The Journal of Clinical Endocrinology & Metabolism，2011，96（5）：1478-1485.

［49］Sephton S E，Sapolsky R M，Kraemer H C，et al. Diurnal cortisol rhythm as a predictor of breast cancer survival［J］. Journal of the National Cancer Institute，2000，92（12）：994-1000.

［50］Koss K J，Hostinar，C E，Donzella B，et al. Social deprivation and the HPA axis in early development［J］. Psychoneuroendocrinology，2014，50：1-13.

［51］Fisher PA，Van Ryzin M J，Gunnar M R. Mitigating HPA axis dysregulation associated with placement changes in foster care［J］. Psychoneuroendocrinology，2011，36（4）：531-539.

［52］Engert V，Efanov S I，Dedovic K，et al. Increased cortisol awakening response and afternoon/evening cortisol output in healthy young adults with low early life parental care［J］. Psychopharmacology，2011，214（1）：261-268.

［53］Fisher P A，Kim H K，Bruce J，et al. Cumulative effects of prenatal substance exposure and early adversity on foster children's HPA-axis reactivity during a psychosocial stressor［J］. International Journal of Behavioral Development，2012，36（1）：29-35.

［54］Conradt E，Abar B，Lester B M，et al. Cortisol reactivity to social stress as a mediator of early adversity on risk and adaptive outcomes［J］. Child Development，2014，85（6）：2279-2298.

［55］Wolf J M，Nicholls E，Chen E. Chronic stress，salivary cortisol，and α-amylase in children with asthma and healthy children［J］. Biological psychology，2008，78（1）：20-28.

［56］孔艳红，陈光辉. 儿童受欺负与急性社会应激中应激反应的关系［J］. 心理科学，2017，40（3）：734-740.

［57］贺琼，王争艳，王莉，等. 新入园幼儿的皮质醇变化与上呼吸道感染的关系：气质的作用［J］. 心理学报，2014，46（4）：516-527.

［58］赵国祥，赵俊峰，李晓铭，等. 受艾滋影响儿童的心理需求追踪评估及心理弹性干预：八年研究之旅［J］. 心理科学，2013（5）：1201-1215.

［59］Zilioli S，Slatcher R B，Chi P，et al. The impact of daily and trait loneliness on diurnal cortisol and sleep among children affected by parental HIV/AIDS［J］. Psychoneuroendocrinology，2017，75：64-71.

［60］Zilioli S，Slatcher R B，Chi P，et al. Childhood Adversity，Self-Esteem，and Diurnal Cortisol Profiles Across the Life Span［J］. Psychological Science，2016，27（9）：1249.

［61］Chen L，Chi P，Li X，et al. The effects of trait and state affect on diurnal cortisol slope among children affected by parental HIV/AIDS in rural China［J］. Aids Care，2016，29（8）：1-7.

［62］Chi P，Slatcher R B，Li X，et al. Perceived Stigmatization，Resilience，and Diurnal Cortisol Rhythm Among Children of Parents Living With HIV［J］. Psychological Science，2015，26（6）：843-852.

［63］Slatcher R B，Chi P，Li X，et al. Associations Between Coping and Diurnal Cortisol Among Children Affected by

Parental HIV/AIDS [J]. Health Psychology, 2015: 802–810.

[64] Repetti R L, Taylor S E, Seeman T E. Risky families: family social environments and the mental and physical health of offspring [J]. Psychological bulletin, 2002, 128 (2): 330–366.

[65] Susman E J. Psychobiology of persistent antisocial behavior: Stress, early vulnerabilities and the attenuation hypothesis [J], In Neuroscience & Biobehavioral Reviews, 2006, 30(3): 376–389.

[66] Koss K J, Gunnar M R. Annual Research Review: Early adversity, the hypothalamic–pituitary–adrenocortical axis, and child psychopathology [J]. Journal of Child Psychology and Psychiatry, 2017, Jul.

[67] Bernard K, Zwerling J, Dozier M. Effects of early adversity on young children's diurnal cortisol rhythms and externalizing behavior [J]. Developmental psychobiology, 2015, 57 (8): 935–947.

[68] Conradt E, Abar B, Lester B M, et al. Cortisol reactivity to social stress as a mediator of early adversity on risk and adaptive outcomes [J]. Child Development, 2014, 85 (6): 2279–2298.

[69] Bernard K, Frost A, Bennett C B, et al. Maltreatment and diurnal cortisol regulation: A meta–analysis [J]. Psychoneuroendocrinology, 2017, 78: 57–67.

[70] Chi P, Li X, Tam C C, et al. Parenting Mediates the Impact of Caregivers' Distress on Children's Well–Being in Families Affected by HIV/AIDS [J]. Aids & Behavior, 2015, 19 (11): 2130–2139.

[71] Li N, Liang J, Crant J M. The role of proactive personality in job satisfaction and organizational citizenship behavior: A relational perspective [J]. Journal of Applied Psychology, 2010, 95 (2): 395–404.

[72] Li X, Harrison S E, Fairchild A J, et al. A randomized controlled trial of a resilience–based intervention on psychosocial well–being of children affected by HIV/AIDS: Effects at 6– and 12–month follow–up [J]. Social Science & Medicine, 2017, 190: 256–264.

[73] Zhao G, Li X, Fang X, et al. Care arrangement, grief, and psychological problems among children orphaned by AIDS in China [J]. Aids Care, 2007, 19 (9): 1075–1082.

[74] Taylor S E, Broffman J I. Psychosocial Resources : Functions, Origins, and Links to Mental and Physical Health [J]. Advances in Experimental Social Psychology, 2011, 44: 1–57.

[75] 邢小莉，赵俊峰，赵国祥．神经及内分泌系统对社会支持缓冲应激的调节机制 [J]．心理科学进展，2016，24 (4)：517–524.

[76] Luthar S S. Resilience in development: A synthesis of research across five decades [J]. In D. Cicchetti & D. J. Cohen (Eds.), Developmental psychopathology: Risk, disorder, and adaptation (p. 739–795). Hoboken, NJ: John Wiley. 2006.

[77] 曾守锤，李其维．儿童心理弹性发展的研究综述 [J]．心理科学，2003，26 (6)：1091–1094.

[78] Luthar S S, Cicchetti D, Becker B. The construct of resilience: a critical evaluation and guidelines for future work [J]. Child Development, 2000, 71 (3): 543–562.

[79] 马伟娜，桑标，洪灵敏．心理弹性及其作用机制的研究述评 [J]．华东师范大学学报 (教育科学版)，2008，26 (1)：89–96.

[80] 席居哲，左志宏．心理韧性研究诸进路 [J]．心理科学进展，2012，20 (9)：1426–1447.

[81] 席居哲，桑标，左志宏．心理弹性儿童的压力 / 逆境认知 [J]．心理科学，2011 (1)：102–107.

[82] 席居哲，左志宏，桑标．心理韧性儿童的社会能力自我觉知 [J]．心理学报，2011，43 (9)：1026–1037.

[83] Werff S J, Van S M, Pannekoek J N, et al. Neuroimaging resilience to stress: a review [J]. Frontiers in behavioral neuroscience, 2013, 7 (39): 1–14.

[84] Vansteenkiste M, Ryan R M. On psychological growth and vulnerability: Basic psychological need satisfaction and need frustration as a unifying principle [J]. Journal of Psychotherapy Integration, 2013, 23 (3): 263–280.

[85] Kong F, Wang X, Hu S, et al. Neural correlates of psychological resilience and their relation to life satisfaction in a sample of healthy young adults [J]. Neuroimage, 2015, 123: 165–172.

[86] Yan X, Brown A D, Lazar M, et al. Spontaneous brain activity in combat related PTSD [J]. Neuroscience Letters, 2013, 547: 1-5.

[87] Yin Y, Jin C, Hu X, et al. Altered resting-state functional connectivity of thalamus in earthquake-induced posttraumatic stress disorder: a functional magnetic resonance imaging study [J]. Brain Research, 2011, 1411: 98-107.

[88] Tulving E, Kapur S, Craik F I, et al. Hemispheric encoding/retrieval asymmetry in episodic memory: positron emission tomography findings [J]. Proceedings of the National Academy of Sciences, 1994, 91 (6): 2016-2020.

[89] 卜钰. 心理弹性的神经机制——以艾滋孤儿心理干预研究为例 [M]. 2017, 北京师范大学硕士论文.

[90] Matthews K A, McGrath J, Chen E, Miller G. Childhood roots of adult cadiovascular risk: Focus on ealry resilience [J]. Paper presented at the 71st Annual Scientific Meeting of the American Psychosomatic-Society; 2013, Apr.

[91] Yehuda R, Bierer L M, Schmeidler J, et al. Low cortisol and risk for PTSD in adult offspring of holocaust survivors. American Journal of Psychiatry [J], 2000, 157 (8): 1252-1259.

[92] Morris M C, Compas B E, Garber J. Relations among posttraumatic stress disorder, comorbid major depression, and HPA function: a systematic review and meta-analysis [J]. Clinical Psychology Review, 2012, 32 (4): 301-315.

[93] Chi P, Slatcher R B, Li X, et al. Perceived Stigmatization, Resilience, and Diurnal Cortisol Rhythm Among Children of Parents Living With HIV [J]. Psychol Sci, 2015, 26 (6): 843-852.

[94] Rosenberg M. The measurement of self-esteem, in Society and the adolescent self image [J]. M. Rosenberg, Editor. 1965, Princeton University Press: New York. 297-307.

[95] Leary M R, Baumeister R F. The nature and function of self-esteem: Sociometer theory [J]. Advances in Experimental Social Psychology, 2000, 32: 1-62.

[96] Taylor S E, Brown J D. Illusion and well-being: a social psychological perspective on mental health [J]. Psychological Bulletin, 1988, 103 (2): 193-210.

[97] Sowislo J F. Orth U. Does low self-esteem predict depression and anxiety? A meta-analysis of longitudinal studies [J]. Psychological Bulletin, 2013, 139 (1): 213-240.

[98] Werner E. Resilience in development [J]. Current Directions in Psychological Science, 1995, 4 (3): 81-85.

[99] Creswell J D, Welch W T, Taylor S E, et al. Affirmation of personal values buffers neuroendocrine and psychological stress responses [J]. Psychology Science, 2005, 16 (11): 846-51.

[100] Wang Y, Zhang L, Kong X, et al. Pathway to neural resilience: Self-esteem buffers against deleterious effects of poverty on the hippocampus [J]. Human Brain Mapping, 2016, 37 (11): 3757-3766.

[101] Friedman H S, Kern M L. Personality, well-being, and health [J]. Annual Review of Psychology, 2014, 65: 719-742.

[102] Taylor S E, Kemeny M E, Reed G M, et al. Psychological resources, positive illusions, and health [J]. American Psychologist, 2000, 55 (1): 99-109.

[103] Nes L S, Segerstrom S C. Dispositional optimism and coping: A meta-analytic review [J]. Personality and Social Psychology Review, 2006, 10 (3): 235-251.

[104] Chen L, Zilioli S, Li X, et al. Caregiver's Resilience, Child's Optimism, and Diurnal Cortisol Among Children Affected by Parental HIV/AIDS [J]. Paper presented at The 3nd International Symposium on Health and Development of Vulnerable Children, Henan University, Kaifeng, China, 2017, May.

[105] Folkman S, Lazarus R S, Dunkel-Schetter C, et al. Dynamics of a stressful encounter: Cognitive appraisal, coping, and encounter outcomes [J]. Journal of Personality and Social Psychology, 1986, 50 (5): 992-1003.

[106] 邓林园, 许睿, 方晓义. 父母冲突, 亲子三角关系与青少年应对方式之间的关系 [J]. 北京师范大学学

报(社会科学版),2017,(1):83–91.

[107] Wadsworth M E, Bendezú J J, Loughlin–Presnal J, et al. Unlocking the Black Box: A Multilevel Analysis of Preadolescent Children's Coping [J]. Journal of Clinical Child & Adolescent Psychology, 2016, 53: 1–15.

[108] Sladek M R, Doane L D, Stroud C B. Individual and day–to–day differences in active coping predict diurnal cortisol patterns among early adolescent girls [J]. Journal of Youth and Adolescence, 2017, 46 (1): 121–135.

[109] 刘霞,黄希庭,普彬,等. 未来取向研究概述 [J]. 心理科学进展,2010,18 (3):385–393.

[110] 甘怡群. 未来取向应对的双阶段序列模型及其时间透视机制 [J]. 心理科学进展,2011,19 (11):1583–1587.

[111] Zhang J, Zhao G, Li X, et al. Positive future orientation as a mediator between traumatic events and mental health among children affected by HIV/AIDS in rural China [J]. AIDS Care, 2009, 21 (12): 1508–1516.

[112] 陈琼,张玮琦,王长福,等. 信任在受艾滋病影响儿童心理弹性与未来取向间的中介作用 [J]. 中国特殊教育,2017,(7):91–96.

[113] 郑磊,甘怡群. 未来取向的时间感知特征和分子遗传学研究概述 [J]. 西南大学学报:社会科学版,2017,43 (5):105–110.

[114] Wang Y, Lin D. Resilience based intervention enhances AIDS orphans' psychosocial resources and related neural activity [J]. 2017, unpublished manuscript.

[115] 王丽,傅金芝. 国内父母教养方式与儿童发展研究 [J]. 心理科学进展,2005,13 (3):298–304.

[116] Liu D, Diorio J, Tannenbaum B, et al. Maternal care, hippocampal glucocorticoid receptors, and hypothalamic–pituitary–adrenal responses to stress [J]. Science, 1997, 277 (5332): 1659–1662.

[117] Buss C, Lord C, Wadiwalla M, et al. Maternal care modulates the relationship between prenatal risk and hippocampal volume in women but not in men [J]. The Journal of Neuroscience, 2007, 27 (10): 2592–2595.

[118] Luby J L, Botteron K N. Maternal support in early childhood predicts larger hippocampal volumes at school age [J]. Proceedings of the National Academy of Sciences, 2012, 109 (8): 2854–2859.

[119] Miller G E, Lachman M E, Chen E, et al. Pathways to Resilience Maternal Nurturance as a Buffer Against the Effects of Childhood Poverty on Metabolic Syndrome at Midlife [J]. Psychological Science, 2011, 22 (12): 1591–1599.

[120] Wang Y, Song Y, Li X, et al. Influence of parental care on offspring hippocampal volume in young adults varies as a function of overprotection [J]. Scientific Reports, 2017, 7: 46429.

[121] Barnett D, Kidwell S L, Leung K H. Parenting and preschooler attachment among low - income urban African American families [J]. Child Development, 1998, 69 (6): 1657–1671.

[122] Bowlby J. On knowing what you are not supposed to know and feeling what you are not supposed to feel [J]. The Canadian Journal of Psychiatry, 1979, 24 (5): 403–408.

[123] Puig J, Englund M M, Simpson J A, et al. Predicting adult physical illness from infant attachment: a prospective longitudinal study [J]. Health Psychology, 2013, 32 (4): 409–417.

[124] Pietromonaco P R, Powers S I. Attachment and health–related physiological stress processes Predicting adult physical illness from infant attachment: a prospective longitudinal study [J]. Current Opinion in Psychology, 2015, 1: 34–39.

[125] Kelsay K, Leung D Y, Mrazek D A, et al. Prospectively assessed early life experiences in relation to cortisol reactivity in adolescents at risk for asthma [J]. Developmental Psychobiology, 2013, 55 (2): 133–144.

[126] 王路晗,苏普玉. 童年期性虐待对青少年认知功能和心理健康影响及其机制 [J]. 中国公共卫生,2016,32 (5):697–701.

[127] Gordis E B, Granger D A, Susman E J, et al. Salivary alpha amylase–cortisol asymmetry in maltreated youth [J].

Hormones and Behavior, 2008, 53 (1): 96–103.

[128] Gordis E B, Granger D A, Susman E J, et al. Asymmetry between salivary cortisol and α-amylase reactivity to stress: Relation to aggressive behavior in adolescents [J]. Psychoneuroendocrinology, 2006, 31 (8): 976–987.

[129] Bauer A M, Quas J A, Boyce W T. Associations between physiological reactivity and children's behavior: Advantages of a multisystem approach [J]. Journal of Developmental & Behavioral Pediatrics, 2002, 23 (2): 102–113.

[130] 刘文，刘娟，张文心. 受心理虐待儿童的心理弹性发展 [J]. 学前教育研究，2014 (3): 43–49.

[131] 雷明雪，李超. 生命早期逆境的影响及其对早期教育的启示 [J]. 教育生物学杂志，2017，5 (2): 89–94.

[132] Diamond A, Barnett W S, Thomas J, et al. Preschool Program Improves Cognitive Control [J]. Science, 2007, 318 (5855): 1387–1388.

[133] Cohen G L, Garcia J, Apfel N, et al. Reducing the Racial Achievement Gap: A Social-Psychological Intervention [J]. Science, 2006, 313 (5791): 1307–1310.

[134] Dweck C S. The secret to raising smart kids [J]. Scientific American, 2007, 18 (6): 36–43.

撰稿人：王轶楠　陈丽华　王晓蕾　卜　钰　刘　旭　林丹华

ABSTRACTS

Comprehensive Report

Psychology and Social Governance

In the new era of building socialism with Chinese characteristics, it is the specific requirements for the Party and the country to strengthen the construction of the psychological service system in our society, improve self-esteem and self-confidence, and cultivate rational, peaceful and positive social mentality. Meanwhile, these requirements are also the missions that Chinese psychological researchers must complete. In this background, Chinese psychologists have begun to pay much attention to the psychological problems faced by Chinese society in the new era, and explore the psychological and behavioral sciences closely related to social governance. "Social governance" is a process in which multiple subjects will participate. It emphasizes positive interaction and communication between different interest groups, so as to prevent and resolve conflicts. Therefore, social governance cannot dissociate itself from people in the society, nor can it ignore the mentality, demands, social behaviors and interactive processes of specific individuals, groups and social classes. Psychology is dedicated to exploring these problems and their internal mechanisms, so psychology plays a significant role in social governance.

With "psychology and social governance" as its theme, this report will focus on the psychological research around the issues of social governance in contemporary China. Attention is paid not only to the applied research on social governance carried out by Chinese psychological researchers, but also to the fundamental research on social psychology for the purpose of social governance. The notion of social governance is different from the traditional notion of social management. It reflects the innovation of the governing ideology of the Party and the country, and the change from the traditional unitary, linear management mode to the social governance paradigm of co-construction, co-governance and mutual sharing. This innovation includes at least the following four aspects: firstly, social governance relies more on democratic negotiation as its major operational mode; secondly, social governance tends to emphasize social norms and the capacity of social self-regulations; thirdly, social governance attaches great importance to the establishment and improvement of public and national security systems; fourthly, in terms of the subject, social governance, under the premise of adhering to the leadership of the party, more advocates the coordination of multiple subjects. These four aspects are all related to complicated social psychological problems. Specifically, the democratic consultation depends on the accurate grasp of the social public mentality; in order to utilize and mobilize the capacity of social self-regulation, it should engage the social norms and values at many levels; in order to realize the co-governance by multi-subject, it demands a deep insight into the psychological characteristics of both individual and group in the process of organization and management; and in order to assure the national and public security, it is necessary to understand the psychological and behavioral characteristics of the public in the crisis. Thus, the report covers four aspects, namely, the public attitude in social governance, social norms and values, organization and management, and psychological problems in crisis management.

The first aspect is the study of public attitude towards social governance. In recent years, domestic psychological research has paid much attention to the reality of the public mentality, and has described the general psychological characteristics of the whole society, involving the basic psychological processes of the public. The specific research topics discussed in this report include sense of fairness, social emotion and social trust. Research on sense of fairness reveals that people from the lower class usually feel more unfair than those from the upper class. They are more sensitive even if their injustice experiences are same or similar with the latter. The research on social emotion mainly discusses the internal mechanisms of the group emotional agglomeration and its influencing factors. The research on social trust focuses on the factors that influence trust as well as the impact of trust on society and the economy. It is also found that the social trust in our country has experienced the transitions from inner group trust to outer group trust, from interpersonal trust to institutional trust, and from lower social trust to higher social trust.

Then, there is the psychological research on social norms and values, where researchers not only explore the moral psychology advocated by the society, but also investigate the mentality and behaviors that violate social norms (such as crime) and its treatment. The studies of moral psychology mainly focus on the mechanisms of moral judgment, as well as the origin and influence of morality. In recent years, neuroscientists have explored the brain mechanisms of moral behavior and the mechanisms of gene-culture co-evolution. It is suggested that moral cognition and emotion are also physiological and biochemical reactions to a certain extent. Furthermore, issues such as the social conflicts caused by morality, the moral differences caused by social stratification, and the deterioration and progress of morality are the moral psychological problems closely related to social governance. The research of Chinese criminal psychology focuses not only on the psychological background or basic problems of the occurrence of criminal behaviors, but also the extensive applications. For example, scholars have made very prominent research in the areas such as the criminal psychological portrait, psychological tests, micro-expression in criminal detection, assessment techniques of criminal psychology and evidence-based correction, and so on.

In addition, there is also research on the organization and management issues in social governance, whose topics mainly include performance, change, emotion, leadership and so on. Through the analysis of these topics, we can see that the research in the field of organizational behavior focuses on the psychological and behavioral characteristics of individuals and groups in the organization, which involve individual, interpersonal, inter-group and other levels. Researchers synthesize various factors such as traits and situations, attempting to scientifically explain, predict and even control the feelings and behaviors of the subjects in the organization. The studies of organizational behaviors focus on results from two aspects: one is the achievement and performance of individuals as an "economic man", the other is the satisfaction and happiness of individuals as a "social man". Both of which require "managers" in the organization to pursue.

Finally, research on psychological problems in crisis management investigates people's psychological processes in crisis, such as risk cognition, sense of security, risk decision-making, and mass incidents. The social amplification framework of public risk perception, the ternary model of public psychological security and the psychological mechanism of mass events caused by management errors are discussed respectively. These analyses will provide insights and reference on how to manage emergent crisis with a good, orderly and efficient manner, especially when handling psychological and behavioral responses of the people involved in the emergency.

This report then compares the domestic and foreign studies in this field, analyzing them with examples from four aspects: concept and theory, cultural difference, research methods, and application. On the aspect of concept and theory, this report takes the content of public attitude as an example, and finds that there is a remarkable consistency in concepts, theories and research paradigms between domestic and foreign researches. In many conclusions, Chinese and western subjects also show roughly the same effect, so these conclusions can be verified by each other. However, in some specific research issues and approaches, there are still many differences between domestic and foreign studies. For example, foreign research on social trust gives more attention to the psychological process model. In terms of cultural differences, studies have found that Chinese people show the same motives of self-esteem and self-enhancement as the Westerners at the implicit and neural levels, but do not show the same obvious self-enthusiasm as the Westerners in the explicit level. In addition, Chinese people are very different from westerners in some classical moral cognition. This leads to different research positions on many issues in moral psychology between domestic and foreign researches. Moreover, in moral education, domestic research also has obvious cultural specificity. In terms of research methods, domestic researchers have begun to follow foreign researchers, using multi-layer model analysis, Bayesian estimation, and other new statistical methods, as well as experimental methods. Of course, most of the domestic studies are still based on the more traditional research methods, and in this regard, there is still a gap between domestic and foreign research. In terms of application, taking the Chinese application of crisis management as an example, there are two main strategies to deal with the problem: one is to "fix the problem", which belongs to the remedial response after the incident; the other is "prevention", which belongs to the proactive pre-incident response. This reflects that the domestic scholars conduct research related to the special conditions of our country. Rather than just following foreign research methods and results, they have more unique and realistic thinking, showing the research tendency of focusing on the practical problems.

The final part of the comprehensive report looks at the future directions of this field from several different angles. In terms of public attitude, in order to better promote psychological research of social class and social justice, we need to achieve more breakthroughs and innovations in the localization of the theories, the diversification of the methods, and the application of the conclusions. And it is necessary to conduct in-depth research on the occurrence and development of the group emotions in the network, and monitor real-timely the emotional changes of different groups with the help of the network, and quickly and effectively carry out interventions on group emotions. Future research also needs to meet the requirements of social development, focus on how to improve social trust, and investigate the various factors that affect the trust on the whole, so as to put forward a more integrated theory. And more research results should be applied to social development and governance. In the field of social norms and values, future research should address the issue of bias, prejudice and its restoration. In addition, more ecological research should be done, while new technologies should be introduced to explore new areas. In the aspect of organization and management, researchers should not only pay more attention to the reality of the organizational environment and management situation, go deeply into practice, and study the real problems, but also open the horizon, and listen to the theories and concepts of other disciplines in communications with them, so as to produce more creative and vital research. In particular, it should be noted that future research can promote the use of nudge instead of direct compulsory intervention. The so-called "nudge" is to change people's choice through the design of the choice environment and decision-making process, without the use of coercion or reward and punishment methods. At last, in the aspect of crisis management, future studies should keep track of the characteristics of people's risk cognition and their sense of security. And it is also necessary to verify and revise the risk cognition model, psychological security model and the iceberg model of mass incidents through empirical research.

Written by Yang Yufang, Guo Yongyu, Yang Shenlong, Zhang Yanchi, Qiang Ruichao, Li Kai, Xu Buxiao, Feng Wenqian, Xu Yan, Wu Shengtao, Yang Bo, Li Meijin, Zhang Zhixue, Lu Xi, Chen Lifan, Xie Xiaofei, Hu Tianyi, Lu Jingyi, Zhang Shuwei

Reports on Special Topics

Report on Research Advances in Human Cooperative Behavior

Social dilemmas, the situations in which self interest is at odds with collective interests, apply to a wide range of real-world problems. In these situations, cooperation is beneficial for the common good, while is at the cost of the cooperator. And the free riders could reap the benefits of others' generosity. Since then, although the consensus of cooperation exist among most individual, it is still difficult for people to cooperate. Arguably, two fundamental questions were concerned among the extensive research of human cooperation. One question mainly focused on the assumption about human nature, involving the puzzle that whether people want to cooperate. The other question challenged the hypothesis of rational man, examining humanity are either rational or bounded rational.

Cooperation is that people pays a cost to benefit others. Nature selection seems to oppose the evolution of cooperative behavior since individual fitness is crucial to surviving over the long term. The dilemma that traditional theory can not fully explain the reality raises the possibility that some specific mechanisms are at work. Recently five such mechanisms have been proposed: kin selection, direct reciprocity, indirect reciprocity, spatial selection and multilevel selection. These mechanisms could account for the evolutionary process of human cooperative behavior from relatives to non relatives, from two to many, from individuals to groups. And these mechanisms further suggest that human are not only evolved to compete but also evolved to cooperate.

Early economists assumed that individuals are rational, which emphasizes the reasoned pursuit of self-interest and the internal consistency. According to the self-interest approach to defining rationality, people should be meant to defeat rather than cooperate. The insight from psychology showed another picture. Applied the dual-process framework to cooperative decision-making, a great deal of research has suggested that intuition supports cooperation, and that reflection can undermine these cooperative impulses. Further research found that this relationship was moderated by some individual or environmental variables. The social heuristic hypothesis was proposed to explain why (and for whom) intuition favors cooperation. At least, these researches suggested that people are not always self-interest, and are sometimes intuitively cooperative.

The internal consistency approach to defining rationality contended that individuals should have consistent preference when making decisions in social dilemmas. In others words, the cooperative decision will keep unchanged unless the profit or loss matrix changed. Whereas enormous studies we reviewed here found that the cooperative decision making are affected by individual variables, including the social value orientation, the cooperative and competitive orientation, the social status and the individual emotion, and environmental variables, such as the natural environment, the social norm and culture, suggesting an inconsistent preference. These evidences converge on the idea that, when making decision in social dilemmas, human are bounded rational but not rational.

The empirical research reviewed above has significant implication for social governance. Since human are bounded rational, the nudge theory, a concept in behavioral science, may play an effective way to promote cooperation. For example, people are always concerned about the social norm and reputation, the announcement of others' cooperative behavior may encourage individuals to cooperative. At last, several suggestions for further research were proposed.

Written by Liu Yongfang, Wang Xiuxin

Report on Research Progress of Ethnic Identity and Ethnic Relations

In recent years, domestic researchers have carried out some empirical studies on ethnic identity and ethnic relations, the main content of which is the significance of ethnic identity to individuals and groups, the relationship between ethnic identity and national identity, etc. Study on the current psychology shows that ethnic identity and national identity is one of multiple identities for members of the society in multi-ethnic countries, they are important part of individual self-concept, thus, has important psychological function and significance. The author thinks that the multi ethnic countries want to improve the ethnic relations, to enhance the national identity of members of all ethnic groups, is to build a "pluralistic unity" psychological identity, including the path and strategy of building: first, respect the ethnic identity of ethnic groups is the premise of constructing pluralistic unity identity; two, create groups contact and interact opportunity is the most effective strategy for improving ethnic relations; three, weaken the classification of ethnicity, strengthen common identity can enhance pluralistic unity identity; four, reduce intergroup threat is the psychological strategy to reduce ethnic conflict and violence; five, reduce prejudice and discrimination for the majority ethnic groups toward ethnic minority is the key factor to improve the ethnic relations; six, vigorously develop the ethnic education, promote the comprehensive development of all ethnic groups, is the best way to solve the ethnic problems. The future of the domestic ethnic identity and ethnic relations should integrate multi disciplinary views, drawing on the latest research progress abroad, empirical research should expand the research object, take a variety of research methods, the research results should be analyzed localized, and to build localized ethnic identity theory.

Written by Wan Minggang, Gao Chenghai

Report on the Research Progress of Values from the Perspective of Psychology

In social activities, people's cognitive evaluation and action choice are not only restricted and influenced by legal customs, but also regulated and guided by people's values. Value is of great significance to the individual and society. It also plays an important part in explanation and prediction of the effect on individual behavior, social change, and cultural heritage. Especially in the period of rapid development of the national economy and social transformation, values play a vital role in social governance. Since the 18th CPC National Congress, the central government attaches great importance to cultivate and practice the socialist core values. From three aspects of country, society and individuals, the central government clearly puts forward the 24 words, in order to effectively integrate social consciousness, and promote the harmonious development of society.

In recent years, in order to solve these epochal problems, the researchers, who are studying values, have developed new theoretical tools and research methods that increase the explanatory power of the theory, and provide a new perspective for understanding the psychological mechanism of values. On this basis, researchers have successfully applied the emerging information science and cognitive neuroscience technology to the research process of values, which produced a number of new research paradigms. In the study of the structure of values, after Hofstede and Schwartz proposed their theory of values, it has gradually become the mainstream of the contemporary study of values. At the same time, the Hofstede model of cultural values adds a new dimension, and classification of Schwartz values theory has also conducted a large-scale expansion. It has become a new growth point of the research of values, and relevant researches emerge in an endless stream. In the study of the causes of values, the theory of social-ecology provides theoretical guidance for this field. The research orientation of social-ecological psychology focus on the influences between natural environment, social environment and interpersonal environment (e.g., climate, regulations and social network) and people emotion, cognition and behavior of the individual and organizational behavior. At present, more and more researchers began to analyze different social ecological factors of region cultural values, including micro family environment, intermediate social relations and macro natural environment etc. In the study of values function, values, as the guiding beliefs, are undoubtedly affect the individual psychology and behavior in all aspects in people's daily life. The influence of values on individuals and society is enormous. At the individual level, values profoundly affect well-beings. At the societal level, values can also influence important social issues such as corruption. Besides the sense of happiness and corruption, the influence of values has been gradually discussed by researchers in other fields. In the study of the change of values, social changes have brought about the changes in social and cultural values, and the change of cultural values has also promoted social changes. Therefore, the historical evolution of values has become an important topic in the study of values. Meanwhile, the rapid changes in modern society also provide a realistic basis for the study of values change. At present, researchers have begun to analyze the changes and laws of various values in the international, national, population and individual levels, and provide the basis for the study and guidance of values. In the study of the research methods, the development of big data network and cognitive neuroscience technology provides strong support for the research on the values. Researchers can analyze values from the micro and macro perspective phenomenon. In recent years, scholars at home and abroad are more and more interested in using emerging technologies to study values. It becomes a hot research method in this period.

In recent years, researchers domestic pay more attention to empirical research than theoretical construction on the study of values. More attention has been paid to the application of theory. Although few theories have been modified, a number of outstanding achievements have been achieved with the help of these theoretical tools. Moreover, due to the vigorous development of the values theory of Hofstede and Schwartz abroad, many domestic study of values also focus on verifying the effect of values under Chinese cultural background. For example, many researchers try to analyze the situation and the influence mechanism of individualism and collectivism in China. In the study of research tools, macro value research needs mass survey data. In this aspect, foreign countries started earlier. They have the World Values Survey (Worldwide Veterinary Service, WVS), which survey content is rich. Instead, the domestic resources in the investigation of large-scale surveys are still relatively limited, which restricts the expansion of the research to some extent. In the study of research method, the current advanced methods, like big data and cognitive paradigm, emerged in the domestic research. The diversity of research methods has become a trend. However, compared to the overall research, the frequency of the use of advanced methods is still less. The application of big data and cognitive neural methods are less than foreign research. In the study of research level, due to big data and large survey appears gradually, domestic researchers gradually focus on the macro level changes in the values. These studies have extended the application value of values.

Finally, the study of values has been closely concerned by scholars in various fields. The interdisciplinary cooperation is a significant, especially in the situation that big data method and cognitive neural technology was widely introduced. A good research usually requires collaboration among researchers in multiple fields. Scholars both at home and abroad have made great efforts in cooperation, and it is becoming more and more common in studies.

Written by Xu Yan, Gao Shuqing, Jiang Jiang, Wang Fang, Ren Xiaopeng, Jiao Liying, Ma Yixing

Report on Research Advances in Web Big Data in Social Psychology

While the web big data is changing our lifestyle, it also brings about profound revolution for academic research paradigms. It has been successfully applied to several fields, including Astronomy, Physics, Genomics, biology etc. The combination of Psychology with big data, is inevitable for psychology to meet the demands of times and make continuous innovation with the aid of modern science and technology. It not only provides a broader platform for traditional psychology to explore large population's psychological and behavioral mechanism at the individual level, but makes it possible to study the emerging group psychology and behavior patterns of large population at the group level. The data sources of web big data include social media, web searching, web surveys, experiments and mobile intelligent terminals etc. The core characteristics of the psychological study combined with web big data are its sample representativeness, timeliness and objectivity, which are also its main advantages.

Since Computational Social Science was proposed, big data has been applied to exploring social psychology issues, such as from personality psychology, emotional psychology, cultural psychology, healthy psychology, economic psychology and political psychology. The domestic research teams are also actively applying web big data to explore social psychological issues, presently including emotional psychology issues (e.g. the measuring instrument and application of Weibo's emotion), as well as personality, mental health, subject well-being and other research topics. These teams have made a series of achievements in big data researches and discipline construction, but there is still a gap with the teams overseas. The psychology combined with big data is confronted with great challenge in the aspects of causality problem, data opening & data privacy and interdisciplinary talents training. In general, on the one hand, we should pay attention to the theoretical innovation and attach importance to the organic integration of big data and Chinese Domestic Psychology in the future. On the other hand, it's also necessary to be cemented with issues of great practical significance in China and be concerned about applied researches on the exploration of psychological patterns and its intervention of important groups, so as to fulfill the mission of psychology to serve the society.

Written by Yue Guo, an, Lai Kaisheng

Report on the Mind-Body Interactive Function Model under Crisis

Vivid examples of people breaking through physiological limits and creating life miracles during disasters imply the enormous potential of individuals' psychological system. The mind-body relationship is not only of theoretical significance, but also has profound practical values. When crisis is concerned, this relationship even develops into a matter of life and death. In this article, we began with a review of previous literature on physical and mental reactions in crisis situations, and then put this issue under a broader framework of mind-body interactions. Studies on embodied cognition revealed a route from body to mind, by showing impact of physiological experience on psychological system, such as perception, cognition, and behaviors. These findings suggest that the physiological and psychological systems are integrated rather than separated.

The two systems operate coordinately and interdependently. On this basis, our group proposed a theoretical framework of *the mind-body interactive function model*. Our model hypothesizes that individuals under the state of stress and burnout are extremely limited in physical resources and that their psychological system possesses greater plasticity as well as initiative. Psychological efficacy thus plays a critical role in crisis situations, the strength of which depends on various factors including traits and contexts. Specifically, two processes, including the psychological self-circulation and psychological compensation toward physical system, decide the maintenance and exhaustion of one's psychological function.

Next, we reviewed current research progress in the field of mind-body interaction at home and abroad. Our group have been working on this topic during recent years, particularly focusing on altruistic behaviors. First, we proposed *the self-incentive effect of altruism*, and verified the effect in empirical studies on warmth perception, feelings of physical burden, and facial expression perception. By carrying out altruistic behaviors, the actor evokes a self-incentive process, which might facilitate a positive interaction between his psychological reactions and physiological experiences. Such process is immediate, certain, and independent from external feedback. These internal benefits are critical to the altruist's survival under certain circumstances and might promote the altruist's fitness. Second, we found mutual influence between physical pain perception and sense of unfairness, which provided direct evidence for the mind-body interactive function model. Third, we investigated the unique cognitive rules in crisis situations. Crisis level and construal level were found to interactively influence spectators' moral judgment. Moreover, the relationship was mediated by spectators' focus on moral standard and contextual constraints. Other domestic research also studied altruism based on competitive altruism hypothesis, as well as examined the relationship between altruism and well-being. Foreign researchers, in contrast, have accumulated fruitful results in the domain of embodied cognition, and revealed multiple impacts of physiological system on the psychological system. The altruism research abroad has a long history, with an early focus on its benefits to receivers and the whole society, together with exploration of its antecedents. Recent years have witnessed growing research interest in how altruists might benefit from their good deeds, in other words, the self-help role of altruistic behaviors. Researchers are especially intrigued by outcomes such as physical and mental health.

In the final part of the article, we pointed out three possible directions to stimulate future research, including a) studying altruistic behaviors in the framework of mind-body relationship, b) investigating the triggers and boundary conditions of forming a virtuous mind-body interactive circle, and c) understanding the altruism puzzle with the aid of crisis situation. We also provided three applications of our research findings in practice. First, we suggest altruistic behaviors could serve as a proactive coping toward crisis and should be incorporated into existing emergency education system. Second, the positive implication of altruistic behaviors is well worth attention, especially among the vulnerable groups. Third, time and space dimensions should be taken into account and selected properly in risk communication under emergency.

Written by The Lab of Risk Cognition and Decision, School of Psychological and Cognitive Sciences, Peking University

Report on Comprehensively Deepening Reform with Psychological Research's Having Been Already So and Ought to Be

The smooth progress of comprehensive deepening reform is inseparable from the theoretical support and practical guidance of psychological research. This paper is based on the "Decision of the Central Committee of the Communist Party of China on Some Major Concerning Comprehensively Deepening the Reform" (hereinafter referred to as the "decision") of the content analysis, summarize and promote the four psychology subject that urgent need to research according to the comprehensive deepening reform: (1) The construction and promotion of the sense of integration between sensitive social groups. (2) The design of incentive and restraint mechanism of special social behavior subjects. (3) Construction of multi index system of key groups and construction of supporting database. (4) Temporal and spatial characteristics of core team construction and management in key groups and the matching of tasks. And have made a comprehensive review of the domestic academic circles research progress in the past four years since the decision was promulgated, the results show that: different themes research is uneven, the article of speculative type is far more than the empirical type, the response to the psychological problems in the comprehensive deepening reform can not meet the actual needs.

This paper is based on the logical relationship of all levels of variables in the comprehensive deepening reform, combining the connotation characteristics of psychological research, put forward the future research need to use the respected of demands and consciously cultivated to different social behaviors as the practice guidelines, and use the theory of interaction between swarm fault fusion and mental sharing as theoretical guidance. In the method, we should pay attention to the advantages of qualitative comparative analysis (QCA), case study and event system theory, At the same time, we should pay more attention to the research input, achievement output and achievement transformation of different research topics.

Written by Li Yongrui, Zhang Ke, Xu Pei, Huang Jia, Wu Xuan

Report on the Physiological Mechanisms Linking Early Adversity and Children's Development

Early adversity, such as poverty, abuse and neglect, or peer victimization, has profound impact on mental and physical well-being not only in childhood but across the lifespan. It will bring forth a predisposition toward psychological and behavioral disorders including depression, anxiety, externalizing behavior problems, and even suicide. This article reviewed the neurological and neuroendocrinological pathways underlying the association between early adversity and individuals' mental and physical health outcomes and identified the possible protective factors for people. Further, an integrative theoretical model was provided to the urgent need in prevention and intervention for early adversity in the future.

Numerous studies have confirmed that both cerebral cortex function (such as hippocampus, amygdala, hypothalamus and frontal lobe) and physiological stress-related regulation function (i.e., hypothalamic-pituitary-adrenal (HPA) axis, sympathetic nervous system (SNS), and immune system) could play important roles in mediating the association between early stress exposure and later developmental and health outcomes. Specifically, the HPA axis dysfunction is the key pathway leading to children having more internalizing and externalizing problems and more physical health problems. However, despite exposure to risk factors, more than half of children who experienced early adversity grew up into competent, confident and caring individuals. And these differences may depend on their protective characteristics of children themselves, such as resilience, optimism and self-esteem. By examining the moderation effects of these protective factors, it will help us to find a more effective way to promote the healthy development of those children and adolescents who have experienced early adversity.

As for the research on early adversity in Western countries, it has shifted from the earlier various variables focused on psychological phenomenon and behavioral expression into the physiological and neurological mechanisms underlying them. With the advancement of research in China, researchers have begun to utilize neuro-biological methods to find out the psychological mechanism of resilience, such as both Prof. Danhua Lin's team and Prof. Guoxiang Zhao's team, and have had some important findings with international influence.

The present study suggested future studies to promote the development and well-being of children and adolescents with early adversity from the four aspects of "individual, family, school, and community", in particular noted the rich protective resources in Chinese traditional culture. Moreover, this study also highlighted the urgent need to provide more systematic, standardized, and operationalized intervention to help children and adolescents cope with early stressful events.

Written by Wang YiNan, Chen Lihua, Wang Xiaolei, Bu Yu, Liu Xu, Lin Danhua

索 引

R

S

T

W

X